建设中的 20000 英镑住房 IV，纽伯恩，亚拉巴马州（2009）。图片来源：郊野工作坊（Rural Studio）（p.184）

艾希叶·伊塔夫勒尼（Asiye eTafuleni），“在沃维克（Warwick）项目中的工作：将街道商贩容纳到城市规划中”。
摄影：Dennis Gilbert（p.80）

一期《让政策公开》(Making Policy Public)杂志，城市教育学中心(CUP)2009. 摄影：普鲁登斯·凯兹(Prudence Katze)(p.95)

通道 56 项目社区花园。摄影：自我管理建筑工作室（atelier d' architecture autogérée）（p.83~p.84）

包豪斯勒（Bauhäusle）。摄影：彼得・布伦德尔・琼斯（Peter Blundell Jones）（p.85）

PS^2 组织。城市增补巡游参观。图片来源：鲁斯·莫罗（Ruth Morrw）（p.71）

圣约瑟夫重建中心。图片来源：底特律协作设计中心（p.108）

雅高桑提（Arcosanti）。西区住房屋顶的覆泥建造方式。摄影：伊万·平塔尔（Ivan Pintar）（p.115）

日间看护中心——梦想树。图片来源：鲍彼勒腾（Baupiloten）（p.110）

德雷尔班肯（Drejerbanken）协作住房。摄影：威廉姆·夏洛（William Sherlaw）（p.102~p.103）

Booklet accompanying the roundtable discussion:
Year Out as first encounter with architectural practice.
Front members room, 1st Dec 2006, 2pm

Exploring Practice

Year Out Accounts

Alternative Practices &
Research Initiatives Cluster
Architectural Association

公共事务（public works）实践组。"探索实践"项目（p.180）

豪斯－拉克尔协作组（Haus-Rucker-Co）。七号绿洲项目（Oase No.7）。摄影：海恩·恩格尔斯基兴（Hein Engelskirchen）（p.140）

新炼金术研究中心（New Alchemy Institute）。科德角方舟（Cape Cod Ark）。图片来源：约翰·托德（John Todd）（p.164）

劳姆雷柏（Raumlabor），凯普菲尔（Cape Fear）。图片来源：劳姆雷柏（Raumlabor）（p.181）

足球屋，加利福尼亚。图片来源：泽西·戴维（Jersey Devil）（p.144）

城市空地，费城。城市机理自修复策略。图片来源：城市生态系统（Ecosistema Urbano）

森林中的艺术痕迹。摄影：马福（muf）（p.162~p.164）

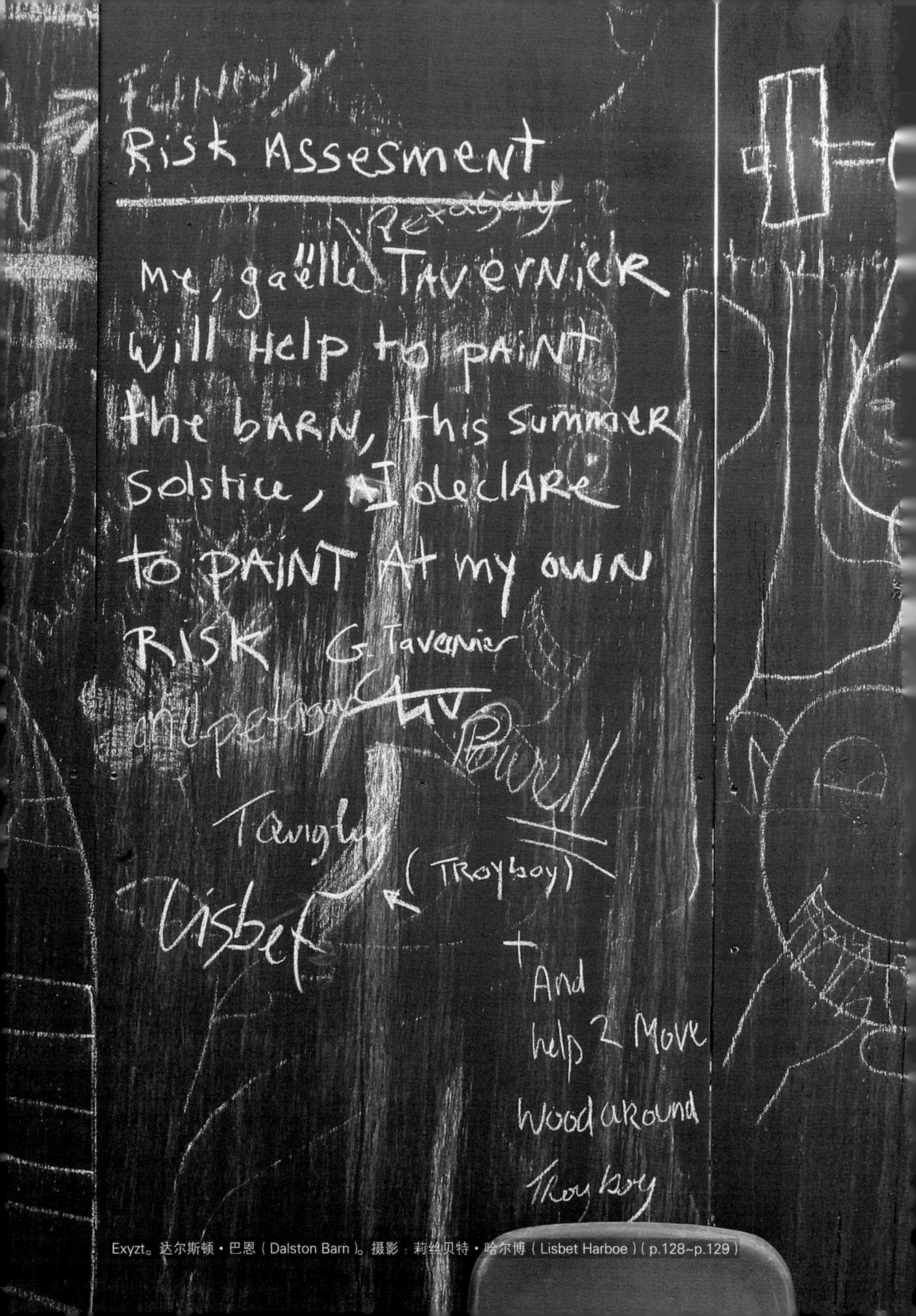

Exyzt。达尔斯顿・巴恩（Dalston Barn）。摄影：莉丝贝特・哈尔博（Lisbet Harboe）（p.128~p.129）

LIC 城镇，艾哈迈达巴德（Ahmedabad）。摄影：瓦斯塔－希尔帕建筑事务所（Vāstu-Shilpā Consultants）（p.198~p.199）

位于加拿大建筑中心前草坪上后末世时代住房，该装置作为公元3000年每日居住展览的一部分，2008。图片来源：加拿大建筑中心（CCA）（p.92）

本译著受到国家自然科学基金项目（51208346，5120833）
以及高等学校学科创新引智计划（B13011）资助支持

国外建筑理论译丛

空间自组织：建筑设计的崭新之路

Spatial Agency：Other Ways of Doing Architecture

尼 尚·阿 旺
［英］塔吉雅娜·施奈德 著
杰 里 米·蒂 尔

苑思楠 盛 强 崔 雪 杜孟鸽 译

中国建筑工业出版社

著作权合同登记图字：01-2013-4723号

图书在版编目（CIP）数据

空间自组织：建筑设计的崭新之路 /（英）阿旺，施奈德，蒂尔著；苑思楠等译 .—北京：中国建筑工业出版社，2015.12
（国外建筑理论译丛）
ISBN 978-7-112-18620-4

Ⅰ.①空… Ⅱ.①阿…②施…③蒂…④苑… Ⅲ.①建筑设计－研究
Ⅳ.①TU2

中国版本图书馆CIP数据核字（2015）第253856号

Spatial Agency：Other Ways of Doing Architecture / Nishat Awan，Tatjana Schneider and Jeremy Till

责任编辑：董苏华　李成成　　责任校对：刘　钰　赵　颖

国外建筑理论译丛
空间自组织：建筑设计的崭新之路
[英]尼尚·阿旺　塔吉雅娜·施奈德　杰里米·蒂尔　著
苑思楠　盛　强　崔　雪　杜孟鸽　译
*
中国建筑工业出版社出版、发行（北京西郊百万庄）
各地新华书店、建筑书店经销
北京嘉泰利德公司制版
北京中科印刷有限公司印刷
*
开本：787×1092毫米　1/16　印张：$14^1/_2$　插页：10　字数：297千字
2016年1月第一版　2016年1月第一次印刷
定价：69.00元
ISBN 978-7-112-18620-4
（27780）

目　录

译者的话

阅读本书，首先需要理解书中的核心概念——自组织（agency）与自组体（agent），从题名到内容，本书无处不在围绕这一概念进行阐述。自组织与自组体在20世纪60年代左右就已在国外政治经济学领域论述中被使用。20世纪90年代随着复杂性城市理论产生，以及相关的一些自下而上城市理论及思想的出现，自组体的概念在国际建筑与城市设计领域开始被越来越多地使用。然而这两个概念的中文表述却一直未能达成共识，目前较为常见的是将英文agency与agent直译为"代理"，但该语义指向含混，很难使读者理解其真实含义。

中文语境中该词汇的缺失并不意味着这类概念仅存在于国外，而在中国的社会生活范围内尚未出现。事实上自组体以及自组织行为在任何一个社会中都是存在的，不可能避免也不可能抹杀。中文定义的缺失是由于自组织（agency）与自组体（agent）概念所指代的行为与对象在当前中国，无论在官方层面还是公众层面，都未能获得广泛关注以及正式的承认，因此也未对其确定一个明确概念。所谓自组体（agent），就是社会中在官方规则框架设计范围之外行为的个体及他们行为所产生的影响，例如利用自家宅前用地进行种植的住户，或者在街道上出现的临时售卖者，也可能是在城市中使用非正规道路抄捷径的人。因为社会自上而下的规则不可能规范和满足所有人在任何一个时刻的需求，因此在任何一个时代、任何一个地区，自组织行为都是存在的。事实上，自组织行为产生的影响可以是非常惊人的，很多人类历史上伟大的城镇聚落，都是通过漫长的自组织过程逐渐产生的，例如威尼斯、锡耶纳，以及中国的凤凰古镇、丽江古城。这些城市并非因为在一开始确定了宏伟的蓝图而建成，而是由一代代人对于自家住宅的建造，以及对公共空间的博弈利用而最终呈现出一种自然的复杂的形态。然而，在当代中国，无论是行政管理层面，还是普通公民，对于这种由个体行为所带来的不可预料的结果都持有一种或明或暗的消极态度，在需要时对其依赖，而在其他时候则希望这种不可预期的结果消失。也正因此，无论是政府还是个人都在绞尽脑汁尝试利用其他更可控的方式取代这些行为，使其消失。正由于上述原因，时至今日在中文对于这些现象都并未给出一个明确的定义，更缺少学者对其进行研究，发现它给社会带来的价值以及其内在规律。综上所述，本书采用了与其行为本质更相关的一种翻译方式，自组织与自组体。这里我们需要对三个相关的、经常连带出现的英文词汇进行辨析——"self organization"，"agent"与"agency"。"self-organization"可被直接理解为自组织的具体行为，是行事的一种方式，“agent”即施行自组织行为的那些个体单元，可以是一个个人，一个团体或是一个机构。而 "agency" 则是指自组织行为发生的事件过程与结果。通过上述定义，可以让读者对于本书所涉及的这个最关键概念有一个基本的理解。

本书内容主要是对空间自组织行为现象进行整理与归纳，向人们呈现了在世界各地兴起的具有自组织特性的空间营造行为，并对自组织行为发生背后的社会思潮进行介绍。作者着重论述空间自组体的建造行为，这些建造不是由权力机构、资本集团所主导的，而是由社会公民尤其是底层居民个体发起，以其需求为出发点的建筑与城市空间活动，体现了公民利益、底层人群利益同资本势力的抗争。本书主要分为两个部分，前半部分是从自组织行为的动因、自组织行为产生的场所以及自组织行为的操作方式对自组织空间操作的现象进行剖析，第二部分则是以字母顺序为索引，对于世界范围不同历史时期136个空间自组织案例进行综述，从而向人们较为全面地展现自组织行为在世界各地社会生活中涌现的基本面貌。这部著作是少有的以如此系统的方式对空间自组织行为进行梳理与总结的书籍，也使这种自下而上的自组织行为全面展现在人们面前，希望引起人们对于这种行为的重视，改变以往自组织空间行为在人们心目中少数派、乌托邦式的印象。

作者在本书中所表达的观点带有比较明显的共产主义思想倾向，也暗含了很多同资本抗争的激进观点，这从文中作者对于马克思理论的推崇可见一斑，尽管作者在书中所表达的观点以及总结的实践案例在世界范围内未见得已成为主流，通过自组织的方式获取土地使用权并进行建造，这目前依然更多带有一种象征意味，但是与观点相比更重要的是，该书论述过程中，为我们比较完整地展现了当代西方建筑设计背后的思维背景。因此这本书对于国内建筑界的价值并非提供一套可直接用于实践的方法，而更多在于提供一种思考建筑的视野与方式。正如伊东丰雄在其著名的著作《不浸入消费之海就不会有新建筑》中所述：“建筑自律性与艺术性的尝试大概只到20世纪70年代是有效的，在追问建筑的本质时，应该从新的真实的城市生活，而不是从形式主义的操作开始。”如本书所呈现的，当代西方建筑操作的背后，更多体现出一种对于社会文化以及政治的关注和介入态度。如果一栋建筑其产生的目标和价值取向不是形式，那么以形式的标准对其解读和评价就是无意义的。然而在当今国内，无论是当代西方建筑的追随者还是批判者，对于建筑的评价更多仍集中在建筑的形式意义上。可以看到，从后现代建筑，解构主义，到近年来非线性与参数化设计形态在国内建筑领域的传播，大都是一种形式模式的移植。自改革开放以来，西方建筑设计的引入大多关注于建筑的物质结果，无论是书籍还是杂志普遍介绍建筑案例的物质性价值（美学价值与功能价值），而对于建筑设计过程背后的思想背景，以及政治社会文化环境却很少提及。这也导致在高校里，形式成为学生争相效仿的潮流元素；在建筑市场上，形式也成为城市和建筑决策的唯一标准。从这一层面来说，这本书的引进显得非常难得而有价值。通过以历史事件的方式对实践案例进行带有背景性介绍，本书展现出西方建筑与社会思维形态发展的脉络，这有助于为我们提供一种视野，意识到建筑是社会性、政治性的、表达观点和立场的，而不是单纯的形式游戏，从而跳出简单的形式逻辑对建筑进行一元价值评价，从更深层次理解当代城市与建筑行为背后的逻辑。

本书所录案例覆盖不同年代不同地区，涉及大量语言与文化背景信息，因此检索与勘误工作繁杂。在翻译与校对过程中，得到崔雪、杜孟鸽等人的大力帮助，在此向她们表示感谢。

苑思楠 等
2015 年 6 月于天津

第一章　绪论

法国社会学家布鲁诺·拉图尔（Bruno Latour）提出的行动者网络理论是他对社会理论研究作出的开创性贡献，然而几年前他对自己的这一理论进行了自我批判。他半开玩笑地说道，“只有四个词与行动者网络理论没关系，分别是行动者这个词，网络这个词，理论这个词以及连字符。”[1]与之相似地，我们对于本书最初定的标题“另类建筑实践”并不满意。这三个词，会在很大程度上限制我们对于一个项目的拓展和增强，也因此显得越来越碍手碍脚。这段引言主要讲述本书的标题由“另类建筑实践”变为“空间代理”的过程，首先要说明“另类建筑实践”作为标题的局限性。

另类的

只要一说“另类”就会引出这一问题：“另类的，是相对什么而言？”。为了说明“另类”，就得先对处于它对立面的“常规”定义，以下这三个问题便随之出现了。首先，对常规的解释往往因人而异。就像《另类事物词典》一书的作者所指出的：“对一个人而言另类的东西对另一个人却是正统。”[2]由于对什么构成了建筑文化不可侵犯的核心没有一个统一的认知，所以对“另类”一词的定义很难固定下来。其次，另类事物必然要和对应的常规事物有所联系，从而继续处于从属地位。在书中提到某些情况下，对常规的批判是明确的，另类因此建立了建造实践的另一种方式，比如女权主义者远离以男权为基础的很多建筑实践。但是通常情况下，就像在任何二元结构中一样，另类正是被它想要逃离的职权范围所限制住，另类总是陷于它的针对物的阴影之中。其结果就是，“另类”不可避免被常规所限定，标准却几乎不受其本身巨大影响力的干扰。再次，另类事物辩证性的运作方法显示，人们若决心批判“常规”，则必须彻底抛弃常规性的框架和规范。“另类”对自己的定位就是脱离中心的束缚，人们担心并反对存在任何可能性，有的人会设想一种杂交状态，希望保留中心事物依然有价值或者适合的特性，而仅仅对其加以伪装或仅仅转换一个动机将其改头换面重新搬出来，但这里又存在另一种潜在的危险，就是矫枉过正，像把孩子和洗澡水一起倒掉一样。在我们的语境中，这意味着不要受到蛊惑而彻底抛弃传统的建筑设计技巧和空间理解力（因为它们可能在某些方面已经被常规化了），而是去看它们是怎样被以不同的方式，在不同的背景下加以利用的。这不是想否定另类的方法的价值和它长期以来的影响，但是对于本书

26

而言，“另类”无疑会妨碍我们对项目做更深入批判性的探究。因此，我们希望本书的研究能够通过探究各种项目或实践案例提供的可能性对其进行诠释，而不是仅仅关注它们之间的差异。

这三个问题连同关于“另类”的话题曾作为研究项目的一部分在我们组织的一次专题研讨会中有所展示，而本书正是以该研究为基础写作的。在那次名为“往复交替的潮流”的会议上，几乎所有的发言人在发言时都先会界定他们的工作相对于什么事物成为一种“另类的”存在。虽然普遍认为主流的建筑实践与政治和社会环境并没有充分整合在一起，但对于怎么样创造出“另类事物”也并没有建立起明确的共识。如此多样化的“另类事物”得以呈现，既会让人对此事更加确信，但同时也会令人感到沮丧。感到确信是因为，用非比寻常的方法做一件事情，既是可行的，同是也获得了一定的支持；而令人沮丧是因为主流价值观往往并没有因为这些另类的行为而被扰乱或被改变。在这次研讨会上，与其去定义一种共同的背景以及形成彼此之间交流共享的工具，让每个发言人对他们称之为“另类事物”个体的状态进行定义，更能够促使他们必须将自己工作成果的性质同其他一些团体进行界定与区分；这时每一个人相对于其他人都可被理解为“另类的”。[3]

27

然而，主流的建筑生产制造现在仍然有强烈的正统化倾向。我们随处都可以看到它们的影子：由写字楼和公寓街区组成的规规矩矩的城市，同质化的城市。它们彼此没有区别，但互不相容，同时也充满了矛盾。我们并不希望沉溺于一堆被看作是边缘化的项目之中，因为这类项目也暗示了自身的无效性。所以我们在书中所收集的大量案例，就是要针对主流现象展现出强有力的反证，一种不一样的可能性。本书没有把这些行动视为是边缘化的，因为只要人们接受边缘/主流论这种辩证法，他就会不可避免向主流屈服。如果主流依然被人们发现是有欠缺的——就像在2008—2009年经济崩溃中显著暴露的那样——那它们又有什么权利来定义，更别说去控制是什么构成了“边缘”。我们眼睁睁看到“主流建筑”的信条被自己所瓦解，尤其是当面对全球环境危机以及与之相伴的社会分化现象时这一问题显得尤为深刻。因此我们要呈现的不只是对于已根深蒂固的所谓“主流”实践观念的一点点回应，而是要尽自己所能推广全世界范围内从过去到现在的那些非主流案例，这将不仅能直接指导人们在一段时间内应该怎么行动，更可以提供一种行为准则。本书中的一些工作是受到对正统结构的某些方面的批判而起；然而批判，总是被用作一种激励行动展开的手段，而不是目的本身。迄今为止，“另类”这一概念对我们的工作没有帮助，因为这里所呈现工作的并不能被解读为是“另类”，或者潜在被认为是“边缘化的”。但就这个词自身的定义和优点而言，却展示出一种可以指导如何去操作的新的范式——这一范式迄今为止还尚未在建筑的标准历史中被人大书特书。

建筑

“建筑”是第二个我们发现有一定局限性的词。建筑师的标准定义是设计建筑物的人，绝大多数建筑师确实把他们的大部分时间花在设计和细化建筑上。这样的定义当然是不会有错的，但是把关注的焦点集中在建筑物上，并以此为建筑创作的主轨迹，还是会有 定的局限性。第 个局限性是建筑与作为实体的房屋之间的关联。建筑文化传达的方式通常是建筑评论、建筑奖项和出版物，这些方式都倾向于评价建筑对象的静态属性：视觉的、技术的而非时间的。平时针对建筑学的讨论以美学、风格、形式和技术为主导，也因而压抑了对房屋可变性的方面的探讨：它们的建造过程、用途、临时性以及它们和社会、自然环境之间的关系。因而在以实体房屋为核心内容的建筑学定义中排除了那些会让建筑师们感到不适的方面。因为这些不可预知而充满偶然性的方面往往是建筑师控制力受到局限的方面，而在静态方面建筑师仍然可以保留名义上的控制力，能够从形式和技术层面去操控。然而通过本书收录的作品可以发现，失去控制权，并不会被视为是对专业可信度的威胁，而是一种不可避免的情况，建筑师必须积极适应。建筑物和空间被视为一个动态社会文化物质背景下的网络的一部分。美学和制造中所涉及的标准手段都不足以单独与这些网络进行整合，所以这里整理的例子利用其他方面的优势和工作方式作为自己的手段的一部分。

建筑和房屋之间的关联所带来的第二个局限性表现在，将建筑与房屋之间画上等号，这放大了建筑被商品化的程度。建筑物都太容易被作为市场上的商品进行交换：“进步的”、“创新的”、“高效的”、“标志性的”或“地标性的”建筑物被视为在这个系统中有较高的交换价值。因此在财政增长的时期，这些代表了进步、创新、高效和创收，也成为成功建筑师的标志。在20世纪初经济过热的背景下，建筑领域充斥着所谓的进步和创新。建筑师以运用昂贵的形式和技术的方式来提高自己的身价。把建筑与可控性和市场价值紧密联系，不仅会扼杀其他思考和运作方式，也会引出一个问题：当市场的基础逐渐被其过度的行动所破坏的时候，还能做什么？或者更准确地说，如果房屋已沦落为商品，当建筑的商品交换停止的时候在建筑学领域会发生什么？答案是很明显的，在2009年经济衰退的初期，建筑师和建筑环境专业人士的新增失业率是最高的，同时也连带着更多的建筑工人失业。

28

我们当然不希望成为在繁荣和萧条之间翻腾的经济过山车上面如土色的乘客，所以就要呼唤一种新的工作和行为方式。这些方式的例子在书中给出了一些线索，其中大部分案例优先考虑的方面处在经济市场的职能范围之外，更确切地说是在社会的、环境的和道德正义的范畴之内。正如我们将要看到的，最好的解决办法是将问题置于社会空间这个动态背景，而不是在建筑物内部这样一个静态背景之下，因此，我们把重点从有局限性的“建筑”，转移到有更大开放的可能性的“空间”。但是必须再一次强调，这并不意味着放弃设计建造建筑物的一般技巧和思维方式；而是我们认为，这也可以在其他背景之下得到发展。

关于“建筑”这个词第三个局限性表现在，它暗示了只有建筑师参与了建筑环境的创意与设计过程。建筑作为一个专业的体系是基于社会对建筑（建筑实践和建筑产品）的需要，是建筑师极力维护的领域。建筑正统的历史，几乎完全被个别建筑师的思想和作为所引导，忽视其他建筑师的呼吁和行为。就像《非常规城市》这本书中所说的，建筑师们“看不见城市生活非常规的这些方面，更不用说去分析或利用它们，因为建筑师们根本就缺乏专业的词汇来描述它们。他们关注的目光已经定型，同时也受到他们自己理论限制，……由此不能客观地面对严酷的现实世界中存在的问题。”当今城市呼唤人们以一种全新的方式去研究它，这也是我们正在做的：“我们相信要把工作重心集中在个人与集体、真实或者虚拟这些多样而并行的对象之间的交会点上。”[4]从书中的很多例子中可以看出，我们的空间自组体已经明白，空间产品应属于更广泛的拥有多元化技能和意图的群体，从艺术家到使用者，从政治家到建设者。要承认这一点，我们去除了“建筑”一词所暗示的建筑师专属领域的含义，消除了它的局限性，使其具有更多空间上的可能性。

实践

第三个我们认为有局限性的词是“实践”，主要是因为实践的内涵是习惯性的和鲁莽的行动。尽管唐纳德·舍恩（Donald Schön）著名的“以反思实践来做建筑鉴定”这一观点给予了建筑师很大的肯定[5]，但事实上大量的建筑实践行为是被机械的需求所决定的，是以反应甲方和市场的短期需求为主要目的。实践同时也包含重复的意思——“熟能生巧”——仿佛建筑实践仅仅是一种与提炼特定的风格或技术隐喻相关的活动，再把它们应用到任何情境中，不用认真考虑对应项目的特殊性。著名的建筑师通常是通过建筑实践去形成有特色的设计理念，再应用于自己的设计作品中。这样的建筑案例在全世界的国际现代主义浪潮中随处可见，现代的符号化建筑强调的是通用性的处理手法，却不顾对当地条件的考虑，因为只有这样通用性的处理手法才能成为一个建筑师的名片。如果这样的实践是由所谓的理论所指导，那么这些理论也是传统老派的，基于自然科学模型的理论，这种理论抛弃有特点的、更个性化的方面，旨在建立更具普遍性和系统化的方法。[6]

29

如果想找到传统理论与规范性做法之间的联系，就得引出“批判”这个词。批判在这里并不是被看作负面的影响，而是对于现状进行批判性的评价使之变得更好。“我们并不是武断地预测世界，”马克思说，“而是希望通过批判旧的世界来找到新的世界。”[7]传统的建筑实践总是按习惯出牌，往往依赖以往的经验来指导实践活动，也有可能会武断地预测世界。针对这一批判性的实践，更确切地说，使用公认的“实践”这个词，开始以一个开放的平台去评估有特殊性的外部条件，行动发起时没有预定的结果，但有变革的意向。正是批判性理论实践这种对外在的动力和结构的关注，将其与众多仅关注内在的所谓“批判性建筑”区分开来，尽管后者在当今建筑话语体系中正受到越来越多的关注。[8]批判性建筑及其相关理论都将建筑的内部矛盾作为中心，只集中批判建筑自身问题，这在美国东海岸学术机构所宣扬的那些虚无言论中体现得尤其明显[9]。而这就使得批判只是在原地打转，仅仅是在强调建筑自主权的假象。与之相反，理论实践（Praxis）行为由对外部环境的批判性理解所推动，这一行为抛开了传统实践常规性的架构和关注点，也舍弃了“批判性”理论与实践永无休止的拖延和退让。本书收录的项目所体现的正是这样的理论实践。

空间自组织

本书的开篇如果缺少对于基本术语的解释也许会略显不妥，因此，除上文所述的"实践"概念外，我们还要对空间自组织进行解释。

空间一词并非替代了建筑一词，而是彻底扩展了这个概念。如今人们普遍了解到，"空间"一词的含义深远，远不仅是指物质实体之间空的部分，或是建筑师图纸上的黑线之间的留白。而作为那些黑线之间的留白，空间的社会含义是抽象而虚无的，这使它更容易被掌控。而在对于掌控抽象的空间概念的挑战中，亨利·勒菲弗（Henri Lefebvre）* 的著作《空间的生产》(The Production of Space）是一个关键，该书于1974年出版，在1991年首次被翻译成英文。在全书众多的名言中，有一句话最为言简意赅地总结了论点："(社会）空间是（社会的）产品。" [10] 勒菲弗一举从以建筑师和规划师为代表的专家手中夺取了空间的生产，并将这一过程置于更广阔的社会环境之中。

勒菲弗的再定义使得一种对于空间的全新理解得以产生：第一，空间的生产是共享的。当然，专业人员仍然参与空间生产的过程，但社会空间（social space）明确承认其他人的贡献，并以此消除建筑学专业固守的专家权威的概念。第二，社会空间是动态空间，它的生产随着时间的推移持续进行，不存在一个固定的完成时间。这种动态性毋庸置疑地将空间关注的焦点从众多建筑生产前景所呈现的静态对象上移开，转移到空间动态生产的无限循环的过程和所有参与这个过程的人和进程之上。这种动态过程、静态对象，以及空间的本质意味着空间生产在某种程度上必须被理解为一种交替进行的过程、没有固定的开始或结束，由不同的演员在不同的舞台上将其演绎。第三，社会空间是一种难以控制的政治空间，因为在空间中生活的人如此之多，所以必须随时警惕空间对这些人生活的影响。人们很容易就把图纸和模型之中所体现的空间的抽象性视为一种以太（一种假想的空间介质，几乎不与任何物质发生反应），正如勒菲弗所说："建筑师的面前（好似）有一片从一个更大的整体上切下来的空间……（再）将这部分空间作为'给定的对象'，然后根据自己的鉴赏力、专业技能、想法和偏好进行加工处理。" [11] 但是，事实上空间完全不是这种看似中性和抽象性的：社会空间带有固有的政治性，充满了权力/授权、互动/孤立、控制/自由等等的动态性。通过本书案例能够看到对于这种动态性的意识的觉醒，而与之相应所采取的应对策略也避免使用任何借口，将建筑，以至于空间产品作为一种中性对象来对待。这些案例提醒我们，建筑图纸上所画的每一条线都应预先考虑到未来的社会关系，而不是仅仅出于美学的考虑，或者只是绘制提供给建筑承包商的参考图。这些案例还指出了有可能在图纸之外，达成社会行为的转变。

30

* Henri Lefebvre（1901—1991）译名还有昂利·列斐伏尔、昂希·列斐伏尔等，现代法国思想大师，生后留下60多部著作、300多篇论文，是区域社会学，特别是城市社会学理论的重要奠基人。——编者。

现在需要对勒菲弗写于1974年的空间分析进行一些补充，加入已经成倍增加的其他因素，最显而易见的就是全球化、气候变化以及新兴的虚拟化——所有这些因素都对空间生产有显著影响。正如齐格蒙特·鲍曼（Zygmunt Bauman）颇具说服力的说法：我们生活在一个流动的时代中[12]，也就是说所有制造空间的人都会深深陷入一种相互交织而永无宁日的斗争之中：包括社会网络、全球网络、生态网络和虚拟网络在内。同这样广泛的空间势力进行整合既是令人心惊胆战的，但同时也是很有必要的。之所以说令人心惊胆战，是因为它挑战了建筑自文艺复兴以来就一直用以保护自己的盔甲，一些自我反思的言论都被藏在保护伞之下：通过暴露在这些网络复合的、往往是相互冲突的力量中，所有关于建筑自主权的假象都破灭了。而之所以说很有必要，是因为除非建筑师能识别这些网络以及建筑在其中所处的位置，否则等待建筑师的命运就是被分流到远离网络的死胡同里，沦为静态形式的润色者，和所谓的效率与进步的技术服务者——这些活动只是在固化和迎合资本主义空间生产的需求，其光鲜的形式仅是无止境的商品生产，以及空间控制的广泛过程中（该过程中，生活只能被市场的指令所衡量和规范），有关效率部分的又一个肥皂泡而已。而分区化的城市、较小的住宅、公共领域的私有化以及建筑承包商主导的公共建筑条例仅仅只是其后果的一小部分。

尽管我们对导致这种退步的价值观持批判态度，而且建筑学专业显然无法逃离这个自己为自己设置的陷阱，但是我们并不想放弃建筑智慧。恰恰相反，本书意在启发人们思考如何将这样的智慧应用到一种更为广泛的空间领域——一种承认社会网络、全球网络、生态网络和虚拟网络的空间领域。本书讲述的这些斗争案例的原因（为什么）、背景（在哪儿）、方法（怎么做）也远远超出了建筑师所扮演的传统角色。但是，本书绝不是要埋没建筑师所扮演的任何角色，而是意在讲述一些更为丰富的、能给建筑活动带来新视野和新希望的活动；因此本书的副标题定为：建筑设计的崭新之路。同样，如果“空间”这一术语的引入挑战了“建筑”，并由此消灭了建筑学专业自维多利亚时代以来一直紧抓不放的对于权威的保护，我们并不会认为这是一种负面的结果。固守一小块领域——建筑设计领域——也同时意味着允许了其他人拓展更大的网络。现在，是时候让我们跳出自己划定的专业界限，并在更广阔的空间领域将其共享，尤其是作为空间自组体来行动。

空间自组织

自组织一词相对近期才被引入建筑学话语体系，[13]但是在社会和政治理论中却历史悠久。传统意义上的自组体是一种与结构辩证对立的存在。自组织被视为个体在社会的约束结构下独立行事的能力；而结构同时也被视为社会的组织方式。经典社会理论的讨论则是围绕着两者中的哪一个更为优先：是个人行动的积累构成了总体社会结构，还是后者压倒一切，导致没有独立行事的余地与自由？这种自组织与结构的辩证关系在建筑实践中有所体现。一方面，作为自组个体，个人的创造性行为有希望实现变革。另一方面，建筑作为一种社会结构内部的进程可以视为由经济和社会力量决定的行为，而建筑师就沦为一个由别人做主的技术服务者。这种自组织和结构的辩证关系构成了老套的建筑师形象：要么是单枪匹马行走世界的个别天才，要么就是商业势力的走狗——就像安·兰德（Ayn Rand）在其1943年的小说和随后的电影《源泉》（The Fountainhead）中所讽刺的，天才建筑师霍华德·罗克（Howard Roark）与他的救星兼冤家、商业建筑师彼得·基廷（Peter Keating）的对比。而现实中只有极少数精英建筑师的作品能延续个人自组体力量的神话，而他们作品的魅力掩盖了绝大多数建筑产品都受到经济和政治力量束缚的事实。个人自组体也许存在，但是少到根本无力抵消压倒一切的经济结构所产生的糟粕。

而将空间自组织归于自组织/结构辩证关系中的任何一边都不恰当。一方面，将个体行动的自由置于首位这一做法说明同更广泛的空间与社会结构所带来的限制与机会都缺乏整合，并纵容人们退入不被外界因素所打扰的、创造形式、卖弄工艺的自主世界之中。另一方面，将结构置于首位则会使我们相信个体在空间领域中的行动最好受制于——甚至完全取决于压倒一切的社会结构。这会导致我们对所有行动的效力产生绝望，并由此抛弃更广泛的责任：如果做出的尝试不可避免会被别人所战胜，那么何苦还要尝试实现变革呢？这个答案在建筑从与社会结构的批判性斗争中退缩的过程中作为借口已经被使用太多次了。

一方面为了避免个人自组体的无效的唯我论，另一方面也是为了避免在面对总体结构时产生绝望，建筑师应该抛开把自组织和结构作为两个对立的二元条件考虑的观念。相反，正如安东尼·吉登斯（Anthony Giddens）所言，应将自组织和结构视为两个相互关联但又独立区分的二元条件。“人类的自组织和结构”，他写道：“在逻辑上彼此牵连。”[14] 自组织的这种二元性与最近其他关于这种关系对社会的作用的调查，尤其是那些来自行动者网络理论（Actor Network Theory，ANT）的调查相符，该调查中将任何社会事件或客体仅视为内嵌于人群因素与非人群因素之间一系列关联之中的关联。[15] 对于建筑而言，这意味着建筑物既非社会的决定因素（个人至上），也不是由社会所决定（结构至上），而是处于社会之中的。

31

我们在本书中遵循吉登斯关于自组织的观念。他认为，自组体既不如个体般完全自由，也不完全受制于结构。空间自组体既不是无力的，也不是万能的：空间自组织是意在对现存条件进行局部改革的谈判者。空间自组织行为暗示了通过行动进行体制变革斗争是可能的，但是只有当个人对结构呈现的约束和机遇有所警觉时，行动才会有效。“行动取决于个人对预先存在的事情现状和发展‘产生影响’的能力”，吉登斯写道：“……自组织意味着在世界上，能够影响一个特定的过程或现状并避免反被其影响。”[16] 在建筑学语境下有这样一种有意思的观点，认为从某种情境下退出或许也是一种进行介入的合适的处理方式。对于一名建筑师而言常规的方式方法就是在世界中添加一些物质实体；而这种独辟蹊径的思路认为，秉承塞德里克·普莱斯（Cedric Price）的精神，增添一栋新的建筑物并不一定就是解决空间问题的最有效的方法，存在着很多其他方式创造空间的独特性。[17]

空间自组织的概念同时也附带着很多的其他特征。首先是目的性。自组体的行动都是有目的性的，但这种目的是根据自组体的工作内容形成或者重构的。一个自组体的行动受初始目的的指导，但是在动态体系中，这种目的必须是灵活的，而且能响应动态变化。这完全不同于决定论的观点——所有的行为都是在预定的模式下发生，要么作为个人的自组体无论如何都按自己的意愿行事，要么所有个人的行为都被体系的权利控制。与这种固定性不同的是，吉登斯明确指出："自组体是会自行决定采取一些计划之外的行动的。"[18]"计划之外的"行事方式违反了职业化的惯性思维——假定凭借既有的知识必定会推导出一个特定的解决方式。职业群体依赖于既有的知识能给他们高于他人一等的权利，所以接受"计划之外的"行事方式就是承认他们权威的局限性，也就是放弃唯一掌控的这部分确定的知识。如果自组体真能允许自己采取计划之外的行动，他们呈现出来的知识就会是可协商的、灵活的，最重要的是要与人共享的。自组体的行为并不是孤独的，而是共同事业的一部分，因而吉登斯以"共享性知识"为其命名，并作为自组体最为典型的特征。共享性知识不是由专业的标准和预期决定的，而是建立在交流、协商、直觉和客观的判断之上。共享性知识意味着不再把等级划分嵌入到最专业的关系中（强调"我比你知道得多"），而秉承共享事业的精神鼓励每个人都有所建树。书中的很多人都不是从字面意义上理解的那种"专家"，也不关心那些所谓的地位，而是作为这世上一个尽职的公民与他人共事，是一个公平、平等的群体。

与吉登斯所称的"无拘无束的思想"形成对比，共享性知识具有"实用性"，它是明确的，也是可解读的。但是无拘无束和实用并不意味着互相排斥："无拘无束和实用之间的界限是变幻不定的，也是可渗透的，"[19]他这样认为，并建议在开展自组织行动时都要在两种特性之间相互汲取对方的优势。在无拘无束这一方面，应允许知识的发展远离眼前的需求；而共享性知识则是基于日常生活的实际情况而展开的。他们是互补的。没有共享知识的现实基础，无拘无束的随想就只能漂浮于混沌之中。而没有无拘无束的随想，共享性知识就会失去任何意义上的前瞻性和远见，会被不同情况下的具体需求给击败。不着边际和实用之间的相互关联，对学术领域和建筑学专业两个方面的专业规则都提出了挑战，而这两者在传统上其实都倾向在更高层面上进行不着边际的幻想。如果一个人不能对一些事情予以解释说明，那他也无法树立自己的权威性；因而漫无边际的幻想压倒实用性成为主导，夸夸其谈也压倒实干成为主导，同时伴随着在论述过程中不断地相互引用和借鉴导致的这些论述不断被边缘化，于是各种论述都建立在其他一些言论的基础上，并进入一个处于无止境螺旋效应的知识内化过程中。我们呼吁人们跳出仅仅为了论述而论述的死胡同，但这不意味着要抛弃无拘无束的思想，而是要确保它秉承着实用性变革性的行为宗旨而展开。

由于同他人合作这种需求处于首要位

置，因而自组织行为不可避免将专业性暴露于权利问题面前，尤其是当专业人员作为空间自组体时，需要搞清楚权力是如何被使用的，以及权利可能会怎样被滥用。自组织行为特别钟情于依附于权利而存在——在牛津英语词典中的自组个体（代理人，agent）的一个早期定义就是："行使权力或者产生影响的人"。[20] 这词用在这里是想说明：行使权力的人的权力高于其他人，然而这又很难保证这些人同时意识到应当分担相应的责任。对空间自组织的一个更好的定义是，自组织就是通过为他人赋予能量和权利从而产生影响并带来变革的人。空间自组体能使受他们影响的人以未知的甚至在以往不可行的方式参与到他们所处的空间变革中，重组社会空间，从而开启新的自由之路并激发社会空间的潜力。

正是出于对于赋予他人权利的这种意识，自组织才能够体现这个词英文原文（agency）的字面价值，即承担了一个以他人利益为行事出发点的自组个体（agent）的角色；这并不是指仅仅应对常见的短期的、市场引导性的客户与开发商需求，而是响应那些建造房屋、生活其中、工作其中、占据、并且体验建筑和社会空间的大多数人群的远期需求。从这种角度来说，自组织行为适用于之前对于临时性和偶发性空间产品的定义，因为由于受到他人有可能会提出的意愿和需求的激励，一个人必须将自己的远见卓识和解决策略在一种不确定的未来远景中体现。

预见能力和应对措施的结合给空间自组织的概念引入了一种复杂性，使其同传统对于自组织的定义并不相符。在传统自组织概念中，自组个体通过他们的行为直接介入到世界之中。而对于空间自组织概念而言，他们的自组行为既通过行动也通过愿景的描绘产生影响，此外还有可能通过空间解决方案的最终结果带来影响。空间自组行为发生于人群中也发生于非人群环境内，因而空间自组个体必须关注可能会影响他们所采取行动的各个方面问题，从他们最初同他人建立关系直到建立物质性的关联与社会结构，因为这些都是实现他们意图的必由之路。在这种前提下，空间自组织既关乎于行为的模式也关乎于创造的模式。以布鲁诺·拉图尔的定义来说，批判领域的关注点已经从作为现实性对象的建筑转向了作为关注性对象的建筑。[21] 当建筑作为现实性对象时，建筑物必须遵守规则并以特定的方法建造，同时建筑物也可以根据各自的条件被作为一个个体来处理。而作为关注性对象的建筑，他们必须融入社会性的网络之中，在这个网络背景下，建筑所带来的结果要远远比作为实体的建筑物更重要。

33

空间自组织案例的选择

本书包含136个空间自组织的例子。对于大部分此类著作，读者最初会看著作包含了哪些案例，而同时哪些案例被舍弃掉了。可以明确地是，空间这一前提限制了选入案例的数量，同样明确的是，本书并不能穷尽所有的案例，一部分原因是我们并未能发现一些案例，另一部分原因在于有些案例没有达到我们对本书内容的标准要求。[22] 但是对案例进行罗列的真正目的不是要表达我们对于这些案例做法的赞同，而在于探讨哪些案例应被收录而哪些案例不应被收录，并在这个思辨的过程中，最终形成每个人对研究主体的认识。以上便是我们在编写这本书时三人之间所做的工作，现在我们将归纳的案例列表呈现出来供进一步探讨与提炼。本书的选择如之前所说是部分性的，这一特点可以从两个方面来解读：统计的数量不完整，同时案例选择也受到我们个人主观倾向的影响。为了使我们每个人遴选的结果有相对的一致性，我们设定了三条基本标准来衡量潜在的入选案例：空间判断力、知识交互性、批判性思维能力。

空间判断力是指实施空间决策的能力。这一概念的内涵比空间理解力更广，但并未将空间理解力的概念排除在外。空间理解力是指人自身内在的一种能力，是建筑业以及其他创意产业从业人员都需要具备的一种基本能力。空间理解力主要关注在三维空间中的工作能力，即关注的空间产品形式方面的问题。[23] 而我们所理解的空间判断力则优先考虑空间的社会价值，以及形式对空间影响的方式。也就是说，在基于空间判断力选择相关案例的过程中，我们更关注空间本身对于社会关系的强化，而非传统的一直以来被视为建筑圣经的形式上的复杂性。

知识交互性是前文讨论过的吉登斯的说法，这一标准主要是指空间自组体进行资源共享的能动性以及能否对他人共享资源持尊重的态度。知识交互所带来的开放性为空间产品品质的提高带来了可能性，在这一前提下一个外行对于空间的本能反应与所谓的专家的成熟方法同样可被接受并被认为具有相同的潜力。知识交互性也为知识的展示与进一步发展提供了更为广阔的途径。从这一角度上来说，空间背后的逻辑与故事（容易被共享）和表达空间的图纸（通常会将非专业人士排斥在外）具有同样的价值，行动与产出同样值得被重视。

最后提到关于批判性思维的问题。批判性思维要求空间自组体用一种批判的思维的方式来采取行动，所谓“批判”并不是指采取消极的立场，而是从评价性的角度出发，理性的分析某一环境与文脉下存在的机遇与挑战，自由发挥的空间与不可避免的限制。批判性思维同样需要自我批判的过程，从而避免了将同样的模式机械地复制到不同基地的问题，避免了不经思考的老饭新炒。

为了进行遴选，被选中的案例需要符合至少两条如上标准，最好能符合三条。只在其中某一方面非常突出是远远不够的，这一标准将许多成就颇高的专业建筑师排除在了选择之外（他们可能具有非凡的空间判断力，但在另外两个方面却相差甚远），与之一起被排除的还有专门的评论家（他们的工作独立于其他相关行业而且与空间问题的相关性远远不够）。纵览最后的名单，一种特有的倾向性显而易见。之前的一条针对空间自组织网站的推特留言说这种自组织行为“实在是不能更有价值了”，我们怀疑这并非是一种恭维。[24] 但是如果这里所提到的“价值”能够去除所有伪善的联想，而回归中世纪英语里价值一词本身的含义，那么也许这个词并不是一个糟糕的评价，因为空间自组织是一种能为这个世界带来的社会意义的事物。这本著作中收录的个人、团体和项目都表现出对于安于现状的保守立场的谴责，表达出用新方式解决问题的热诚。他们的努力展现了建筑带来变革性行动的能力，但是更为重要的是，展现出建筑师这一角色如何能被拓展，不再仅仅考虑最终的建造实体，而能够对建筑引发的结果进行同等的考量。

许多建筑实践愈趋保守而令人沮丧，这项研究计划也因此而起。对建筑行业中那些禁锢思想的偏见进行无情批判固然十分简单，但是随着我们研究过程的推进，这种消极的做法被更为蓬勃向上的做法所取代，这正是受到书中介绍的案例中人们机智、大胆、乐观心态的影响。因时因地去理解和欣赏一个建筑并不难，但我们更高追求在于把这些多样化的方法推广到更宽泛的领域中去。由于书中的大部分案例并没有被传统的建筑学史论所推崇，这往往给了人们机会来进行明褒实贬的评价，将其称之为充满趣味但并不重要。但是这在某种程度上否定了这些作品在更广的范围上带来变革的内在能力。我们不能因为一个项目建在了南半球的贫民区就主观否定了设计过程中的方法与原则应用于北半球发达城市中的可适性。在大量的设计环境中，思考与建造的方式都是息息相关的，也是可以借鉴使用的，从商用办公用途的街区，到贫民区的基础设施都是如此。归结起来说，这些例子证明了通过从不同的角度认识世界，一个人可以如何发现营造建筑的不同方法。

接下来的章节中介绍了通过引入空间自组织方式引发变革的方式何其多样。“空间自组织的动机”一章讲述了不同的空间自组体在定位自身设计方式的过程中考量的种种因素。在“空间自组织的场地”一章主要介绍空间自组织行为运作的方式以及所处的区位。“空间自组织的运作”一章主要介绍空间自组织行为如何被，或可能怎样被触发运作。本书的最后部分则是一部收录了已经运行了的空间自组织行为案例的词典。

1. Bruno Latour，‘On recalling ANT’，in *Actor network Theory and after*（Oxford：Blackwell，1999），pp. 15–25.
2. Martin Parker，Valerie Fournier and Patrick Reedy，*The Dictionary of Alternatives：Utopianism and Organization*（London：Zed Books Ltd，2007），xi.
3. 对于该专题研讨会提出问题的总结参见 Eeva Berglund，‘Exploring the Social and Political. Are Architects Still Relevant to Architecture?’，*Architectural Research Quarterly*，12（2008），105–11. 查询该研讨会发表的论文可参见 ARQ 以及‘Alternate Currents’同一期杂志，Field：A Free *Journal for Architecture*，*ed.* By Jeremy Till and Tatjana Schneider，2（2008）<http：//www.field–journal.org>.
4. Alfredo Brillembourg，Kristin Feireiss and Hubert Klumpner，*Informal City- Caracas case*（Munich：Prestel，2005），19.
5. Donald A. Schön，*The reflective practitioner：how professionals think in action*（New York：Basic Books，1983）.
6. 正如马克思·霍克海伊默在他的研讨会论文《传统与批判性理论》中所述。传统理论是“一种通用型系统化的科学，不受任何某种特定学科的限制而包容所有可能的对象。”这一论述发表在以下文章中：Max Horkheimer，*Critical theory：selected essays*（New York：Continuum，1982），188–243. 在建筑学范畴中这种典型的普适性理论例如形式理论引发了当代的困惑，比如参量化理论，在理论中抽象与普适化原则被用于指导实践，但是显然限制了特殊场所环境的机会。
7. 引用自卡尔·马克思给阿诺德·卢格的信，1843 年 9 月 http：//www.marxists.org/archive/marx/works/1843/letters/43_09.htm.
8. 在最近的一个集合的关于这一主题的文章参

34

见：*Critical Architecture*, ed.by Jane Rendell and others（London：Routledge，2007）。

9. 对于该问题的精彩总结参见：George Baird，*'Criticality and its discontents'*，*Harvard Design Magazine*，21（2014），1–6.
10. Henri Lefebvre，*The Production of Space*（Oxford：Blackwell，1991），26.
11. Lefebvre，360.
12. Zygmunt Bauman，*Liquid Modernity*（Cambridge：Polity Press，1997）.
13. 两个最近的出版物已经关注关于建筑自组体方面的发行，它们是：Kenny Cupers and Isabelle Doucet，eds.，' Agency in Architecture：Reframing Criticality in Theory and Practice'，*Footprint*，no.4（2009），and Florian Kossak and others，*Agency*：*Working With Uncertain Architectures*（London：Routledge，2009）.
14. Anthony Giddens，*Social Theory and Modern Sociology*（Cambridge Polity，1987），220.
15. Bruno Latour，*Reassembling the Social*：*an introduction to Actor-Network- Theory*（Oxford：Oxford University Press，2005）.
16. Anthony Giddens，*The Constitution of Society*：*Outline of the Theory of Structuration*（Berkeley：University of California Press，1984），14.
17. 参见引言：Cedric Price，*Cedric Price*：*Works II*（London：Architectural Association，1984）.
18. Giddens（1987），216.
19. Giddens（1984），4.
20. Giddens，9. 同样参见'Agency and Power'板块，pp.14.
21. Bruno Latour，'Why has critique run out of steam? From matters of fact to matters of concern'，*Critical Inquiry*，30（2004），225–248.
22. www.spatialagency.net，这个网站可以找到一些延伸的案例，同时它也提供了支出纰漏的机会。
23. Leon Van Schaik，*Spatial Intelligence*：*new futures for architecture*（London：Wiley，2008）.
24. "Jeremy Till 的新数据库是非常有价值的，尽管冗长繁复，但是也是一个杰出的、非常有必要的资源。" Kieran Long，Kieranlong，2010.http：//twitter.com/kieranlong.

第二章　空间自组织的动机

如果你问一个有潜力的建筑专业的学生，他为什么要学习建筑学，大多数的回答是这样的："我想设计一些建筑让世界因之更精彩。"这种回答暗示了一种假设，假设存在一种设计建筑和使世界更美好的因果关系，而建筑师通过各种各样的尝试去探索这种关系。通常一个诗人可能会凝练忧伤到诗句上，一个摄影师描述苦难，一个小说家充分阐述悲伤，但是很少会看到一个故意给居住者制造痛苦，或者以让世界更糟为设计目的的建筑师。建筑师具有乐观主义的本能，甚至即使希望因为困难重重而渺茫，那种向往更好结果的原始动力一直存在。尽管诸多急迫的任务可能会占据建筑师日常的注意力，诸如像建筑按时完工，满足客户或者那些普通人的需求这类的事，但他们仍被更高的理想所指引，哪怕这些理想往往十分模糊。

这个问题随后就上升为怎样才算"更好"以及如何达到"更好"。从学生为什么选择学习建筑学的第二常见回答可以找到答案："因为建筑是艺术和科学的结合。"建筑学的理想是通过对艺术内涵同科学原理的严谨性进行结合，将美学同技术相结合，并进行审慎的思考，而从中发掘的，这也成为衡量建筑作品的主要标准。正如我们所知，空间自组织并没有完全的摒弃这些方法，但它拥有更多的理论支撑，甚至拓展了如何才能"更好"的定义。相比于仅仅将建筑的好坏以外观和材料的使用为标准（这种标准往往体现在对于美的陈旧的观念上），空间自组织更强调"更好"这一概念，同时认为这种"更好"是一种动态化过程和社会状态。

不言而喻，我们怀疑将美作为"更好事物"的最终表达这件事是否具有意义，但并不能因此推论我们崇尚丑的东西。换言之，我们相信美经常被用作一种借口，只为回避现代生活中一些有争议领域，好似仅仅依靠对美的热爱就能将我们从日常生活的辛苦工作中解救出来。或许因为美与好之间存在联系被普遍认为是理所当然的，以至于让世界变得美好的动机渐渐地被更加简单而易于控制的创建美的动机所代替，因此换言之，建筑师尽全力做到最好其实就是设计一些光鲜艳丽的东西。

讨论美与幸福之间没有必然联系，或者在更高的层面上讨论美学与伦理之间不存在必然联系，并不是为了否定美学和建构的作用，而是为了更加现实地理解它们在环境中的角色，这里所谓的环境是指更广泛的、一系列由建筑所营造的社会条件。这有效地减少了设计的压力，没必要非得完善一件事物使其变得优美，同时设计业没有必要被当作是建筑文化的全部意义。

通过各种手段来制造建筑，构思立面，关注细节，但同时将这些工作仅仅看作是一些用于服务其他目标的任务。美可能是完成改良的一个途径，但并不是一个有效的途径。当齐格蒙特·鲍曼写道："美与幸福并存，美已经成为焦躁的现代主义精神的最有力的保证和指导。"[1]他指出的是美可以支撑，却永远不会直接提供希望。最近令人兴奋的是关于新形式和技术的可能性的讨论，这种讨论正在渐渐控制建筑的话语权，然而它们所代表的是一种错误的希望，因为它们被构思成一种脱离这个世界的存在，而在真实世界中结果最终都是要被落实的，因此这些新形式新技术所带来的美，以及相应带来的希望，也会被其他一些行为所损害。相反的，空间自组织产生的动力并不是来自竞争的空间生产领域的外部而是来自于内部，同时与缥缈的希望相比，它拥有更加明确的目标来实现美好的世界。因为空间自组织的动力更加有理所依，更加集中，同时在面对世俗性的意外情况时，这些最终的行为和结果会变得更加具有弹性。

如上文所说，我们在书里定义了五种关于促使空间自组织行为发生的问题：政治学、职业化、教育学、人道主义危机和生态学。并不是说这些问题是相互不关联的，而是为了表述清晰，我们将分别论述。

政治学

建筑是政治性的这已是老生常谈的话题，建筑师倾向于回避政治则是为了维护建筑的普遍性。建筑与生俱来带有政治性，因为它是空间产物的一部分，而空间产物显然会影响社会关系，这使它必然是政治性的。空间产物对于社会关系的影响范围和形式都已被公开讨论，这将会在空间自组体所采取的各种政治性途径中看到，但是对所有这些空间自组体而言他们普遍都意识到空间产物是天生具备政治性的，并且想要参与到空间生产之中不仅需要重视暂时的社会责任，还要重视长效性的结果。建筑，或者更精确地说空间，在最深远的方面影响着社会关系，从十分个人的方面（在现象学角度上物体、光线、空间、材料的整合）到非常政治性的方面（权利的此消彼长在空间中展开）。在采用了主张男女平等的准则下（"个体是具有政治性的"[2]），建筑将个人空间和政治空间结合起来。在承认建筑在公共空间生产方面地位的情况下，设计者不得不面对在传达美以外，更多影响社会驱动力方面的责任。建筑师核心的政治责任不在于将建筑精制成静态的视觉商品，而是要致力于为他人创造能够享有自身权利的空间性，同时也是社会性的关系。

这种认知与许多当代建筑师的态度，他们对自己作品政治态度的沉默象征着一种不安，担心把个人信仰（左或右的政治倾向）投射于公众之上会被视为是对专业人士原本打算拿到台面上来谈的客观观点的一种挑战。当建筑专业从最初作为一种社会重要知识分支的管理者的角色，转变为一个服务于愈演愈烈的技术官僚型社会的专业机构，这种转变也随之导致了社会责任感的缺失和政治自觉性的泯灭。[3]这种结果既是一种尴尬的沉默，同时在政治层面上而言又是一种从社会动态要素向静默的实物对象的转变。[4]当质疑他们的作品缺失社会关联性时，前卫的形式主义者会反驳说："存在一种关乎美学的政治性。" 这虽然没错，但是这种政治性通常只有在进行自我参照的情况下才具有意义。

对于政治的回避可能也始于从20世纪30年代到20世纪50年代的现代主义黄金时期，当时建筑被认为是社会改革的手段和表现，而其所担负的过多的政治任务导致必然的失败。它曾成为一种教条主义联盟，一方面显现出一种忽略了现代性的现代主义建筑秩序化倾向，同时其所表达现代主义建筑的革新式的美学也在对传统进行埋葬以及种种不公的对待中释放出一种社会断裂的信号。查尔斯·詹克斯（Charles Jencks）在他的《后现代建筑的语言》一书的开头通过对圣路易斯普瑞特伊戈居住区（demolition of Pruitt–Igoe estate in St Louis）拆除的描述，宣告了现代主义的死亡，精辟地将建筑学的失败同社会的衰亡结合起来。[5]他借用了当时流传的在房地产行业出现社会性崩溃（纵观制度性的、种族性的和经济影响性的贡献[6]）的责任主要在于设计这一说法，从而一举妖魔化了建筑与社会问题的联系，并在他以后现代主义取代现代主义的过程中中断了建筑同社会的所有关联。随后（此时已明确摆脱了政治的羁绊），他便可以放开手脚探索一条有关于风格性的康庄大道——即这本书的标题"语言"。但是仅仅将政治搁置一旁并不代表它们不存在。完全相反，正如玛丽·麦克劳德（Mary McLeod）在她的开创性的文章《里根时代的建筑和政治》中指出的，后现代主义建筑师退出政治而沉迷于对风格进行讨论，是伴随着对里根主义集权政治的投降而发生的。"建筑的价值不再在于自身救赎性的社会价值，" 她解释道："而更在于其作为文化性对象的沟通能力"，并且这种能力无论在当时还是当今这个时代对于经济都具有重要意义。[7]

近年来由某些理论家所支持的实用放任主义转变，并没有避免这个陷阱，但是更为诚实地承认了建筑同主流政治以及经济势力的合谋关系。[8]在最近的访问中，雷姆·库哈斯（Rem Koolhaas）强调说"我们的职业定位曾经被解放，无论你想或不想，全球化无可避免，因此你们要做的是利用它充实自己，而不是试图对抗它或者阻止它。这不是不加判断的，而是……"[9]在21世纪一种称为"投射式"建筑中人们真实地感到建筑学被从"批判性"建筑的死胡同里挽救出来（在20世纪八九十年代，建筑理论界沉迷于"批判性"建筑不可自拔），并将其引入后资本主义时期的高速发展。然而当时"投射性"建筑思潮发展速度过快，而给建筑师们留下的余地过小，只能在时代大潮中随波逐流，时而享受飞速发展所带来的新形式的可能性，时而寻找发展的弊端来探索新社会潜力。在前一种情况中，可能会产生实用形式主义者的作品，比如FOA（Foreign Office Architects）[10]，而在后一种情况中，催生出OMA的早期文化项目（鹿特丹艺术中心和西雅图公共图书馆）那样的作品。但是，无论那些"明星"还是"主流"（历来都是实用主义的）建筑师，所有这些新现实主义都缺失的是一种关于政治或者道德意图的观念。罗麦尔·凡·托恩（Roemer van Toorn）在这个方面对自由主义的危害十分了解："不再承担起设计的责任，不再具有掌控潮流发展方向的勇气，本应由设计过程决策产生的道德、政治的影响被留给了市场现实主义，同时建筑师们退缩了他所受专业训练赋予他们的既有知识范围内。换句话说……‘投射式’建筑……的尝试是形式主义的。”[11]

许多空间自组织的案例不接受一种自由主义的态度：他们可能是现实主义的，但从不为了形式的利益而变得形式主义。他们怀抱明确的变革的目的而起步，努力使设计包含政治和道德内容，在每项新设计中挑战感观和现实的局限性。就此而言，空间自组织的现实主义不同于建筑的现实主义。因为后者听命于更强大的势力——“为什么要抵制不能抵制的东西？”——并从政治中彻底地退出。而前者参与政治，但是采用的策略方式尽量避免导致形成所谓的现代主义者同盟，叫嚣着要轰轰烈烈搞一场社会变革，无论这种同盟极左还是极右都不可取，更何况他们所涉及的大多数的项目在规模上都并不大。如果说从现代主义者诉诸社会决定论的观念或宏伟的空间乌托邦，并借此推广社会乌托邦的角度来看现代主义政治的手段是天真的，那么空间自组织运动的政纲需要变得更加明确和精确，以适应当前的环境。空间自组织的政纲非常契合罗伯托·曼格贝拉·昂格尔（Roberto Mangabeira Unger）提倡的针对背景环境更替的现实主义轨迹理论，[12] 这个理论中，他确信即使在一些看起来非常困难的情况下，依然存在动荡和改革的机遇。他写道：“甚至那些根深蒂固的形式化的背景环境，也能被不断升级的脚踏实地的但同时也富有想象力的斗争所解决。”[13] 在这里脚踏实地和想象的结合是十分重要的，因为它带来了两种时而背驰的操作，以至于要求空间自组体同时变得现实和虚幻。它建立在创造和现实的交叉点上，这为建筑智慧打开了一扇门来发现更宽广的领域。空间自组织通常以对既有背景环境的政治性暗示的理解作为出发点，进而将这种理解作为一种手段来创建空间，使空间更加完善，或者通过近距离关注空间怎样影响社会和现象的关系，从而进一步将人们的生活空间转换的更加完善。对于这种关注的应用最明确的案例就是，那些建筑政治家被挑选出来从对建筑空间的操作工作转向影响社会变化，他们通过政治来影响空间的改变（这也相应影响了社会的转变）。[14] 存在一个小但是极具影响力的政治团体，他们拥有政治背景，另外或许并不是巧合的是，与他们相关联的城市或者地区都处在城市讨论中的最前沿。巴西人詹姆斯·勒纳（Jamie Lerner）是巴拉纳州州长和库里提巴的市长，是最著名的作为建筑师的市长，但是还有其他人，像瑞典马尔默市的市长伊尔玛·里帕鲁（Ilmar Reepalu），在他的任期内使城市变成了城市更新的楷模。[15]

40

政治自组织行为的确切动机每个案例都各不相同，但仍存在一些大的分组。第一组是动机主要被那些明确的政治立场所操控的。书中所描述的这一组案例普遍持有“左倾”政治立场，而不仅仅是我们个人化的政治感知；这也是因为很少有明确的主要受右倾政治的影响的空间自组织案例，（近年来意大利的一些社会中心团体是本书词典里仅有的被收纳的孤例，它表现出被左右两派都支持的自组织系统的潜力），尽管如此，就像其他很多人所主张的那样，是有可能暗中地或心照不宣地对这些实际的 / 投射式的 / 超临界的 / 主流的实践进行调整，使其适应于中立的或者右倾的政治立场。或许我们在本书中的选择标准也确实过于自我满足并倒向了“左倾”的方向，导致我们在对交互性知识及其渴求的立场下排除了所有仍然重视艾茵·兰德（Ayn Rand）的自由论者。[16]

政治促进空间自组织行为最明确的案例恐怕来自新马克思主义。德国的团队——建筑设计学院（An Architektur）[图 2.1]，美国作家麦克·戴维斯（Mike Davis），苏格兰合作团体“格拉斯哥建筑与空间通信”组织（G.L.A.S.）[p.132] 以及德国、美国学者彼得·马库斯（Peter Marcuse），他们的工作都始于一种在空间生产方面对资本主义和新自由主义经济的影响所进行的批判。很可能会有一些人将上述这些方式看作是毫无希望的意识形态并丢弃他们，但是如果这样想的话，那很可能会忽略他们在揭露权力系统控制下产生的空间结果，这种行为背后追求解放的意图。举例而言在读完迈克·戴维斯的《贫民窟的星球》[17] 后，不可能在还没感受到惊恐的情况下便投身于某种具体的行动，他颠覆性的解释了全世界快速的城市化进程中如何使大量的民众生活在不合标准的境况之中。

在另一组空间自组体案例中，他们的立场与一成不变的政治现状鲜明对立，能够看到他们的行动主要是通过空间介入行为表达他们的政治态度，而不是通过批判的方式。无论是意大利建筑师吉安卡洛·德·卡洛（Giancarlo de Carlo）的来源于其反法西斯背景和并同意大利无政府主义运动的联盟的活动方式，还是巴西具有马克思主义背景的团体 MOM（莫拉·德·奥特拉斯·马内拉斯，Morar de Outras Maneiras）[图 2.2] 在他们工作中为棚屋居民设计一种交流的界面从而使他们具有一定程度的自治性，还有诺伊罗·沃尔夫建筑事务（Noero Wolff Architects）中的建筑师乔·诺伊罗（Jo Noero），他恐怕是唯一一个在主流建筑奖项颁奖中使用包含有“霸权主义”、“平等”、“帝国主义”[18]

41

[图 2.1] 这些杂志封面来自建筑师杂志（An Architektur）。这本杂志批判地分析了那些通过绘画作品、访谈、注释关键内容和编辑刊物来生成和使用建筑环境的做法。在对于玛丽·布罗恩·伊德(Marie Bruun Yde)和西格妮·苏菲·伯基尔德（Signe Sophie Bøggild）的博客访谈中，有这样的讨论：我们必须明确规划设计绝不仅仅是形式问题，而是会影响政治决策，这一点经常不被建筑师承认。建筑一直都存在于政治领域，而且这一领域也正是我们想要涉猎的领域。

词汇进行演讲并获得接受的人。其他人的一些行动，像在英国的矩阵（Martrix）的女权主义实践，或在南非第六区（District Six）所进行的抵制运动，在不同情况下对抗占主导地位的权力结构时，性别和种族政治更加具有动机与积极性。关于空间自组体的这些行为的真正启示在于，它们给了我们希望，让我们了解到在空间环境背景中存在其他一些方式进行政治性的和变革性的操作。

如此清晰的政治立场在建筑圈并不常见，这是令人担心的，同时也是可以理解的。令人担心是因为：如果没有这样的可替代方式被采纳的话，一成不变的现状状况将会不断地积蓄力量；可以理解是因为统治势力具有很强的能量。这需要有勇气的行业人士坚定抵抗住企业顾客的威逼利诱，明确站在男女平等主义、马克思主义

[图 2.2] 巴西贝洛奥里藏特（Belo Horizonte）市奥盖道山（Aglomerado da Serra）的教育空间。巴西团队 MOM（Morar de Outras Maneiras）利用了巴西贫民窟所创造的非正式空间作品。这个教学空间在使用了当地一个小的社会团体拥有的建筑材料建成，这些材料之前被当成废料闲置。MOM 以顾问的身份帮助设计结构，但他们的主要投入在于协调工作。协调工作意味着“清除社会矛盾，自由交换思想和技术信息。它的意义在于提升人们对建筑的理解、看法和评价标准，或者简言之，提高他们的自治能力。”摄影：MOM，2006

和无政府组织的立场上为他们发声，就像泰迪·克鲁兹E研究所和自我管理建筑工作室（atelier d' architecture autogérée）所做的那样，他们选择了自己去启动一个项目而不是等待一个潜在的对这些事情不以为然的客户偶然想到他们。

第二组空间自组体，他们往往是更大的团体，这些团体仍然被政治所促进，但是是在更泛化的社会公正的名义下进行具体操作的。这里的出发点就是将社会不平等与空间状态联系起来，并进而努力通过某些形式的行动或介入操作来缓和那些不平等。这些行动的最后阶段通常会和那些更加鲜明的政治立场的最终意图相类似，但是社会公正作为一个概念允许各种政治势力间进行更加缓和的遭遇与碰撞。例如，像阿伯罕拉里·贝斯姆乔德罗（Abahlali BaseMjondolo）和棚屋/贫民窟居民国际（Shack/Slum Dwellers International）这些在南非的团体，已经向世人展现了土地占有所取得的成就以及随之而生经济的稳定性，而这也作为一种极其重要的关键性因素帮助城市穷人们获取某种形式的政治力量并作为社会公正起步的起始点。这种工作方式结合与空间相关联而不仅是与实物相关联的策略，也被应用于在发展中国家以外的地方。例如，西班牙行动主义者圣地亚哥·赛鲁吉达（Santiago Cirugeda）[图 2.3]，他通过创造性的整合融入监管性框架为他人获得合适的空间创造了可能性。

这些案例可能引起严格意义上的建筑学读者的不舒服，因为他们并没有主要通过视觉来达到所期望的效果，而是通过不可见过程的重复使可见的事物变得可能。在这种环境下，荷兰建筑师历史学家团体

克里姆森（Crimson）中的米歇尔·普罗沃斯特（Michelle Provoost）陈述了一个有趣的假设："是否存在这样一种可能，建筑的重要性和相关性，与建筑的可见性或者建筑画面感的突出性是成反比的？"[19] 所给出的简短回答就是："是也是不是，不是也是。"回答是，是因为在这么多案例中这种反比经常都是成立的，作为最显著、最明显的是对象，建筑是市场力量最具代表性的风向标，同时也是随之而来建筑师这一角色重要性丧失的有力象征。回答不是，是因为"不是所有绚丽的建筑都是一副空壳。"但也是，是因为存在着很多案例，这些案例是关于建筑师怎样尽最大努力来适当地、无形地，但同时效果卓著地通过才华横溢且富有想象力的方式同经济、社会和政治背景环境进行整合融入，而正因为如此，建筑师重新获得了原有的卓越的角色，并重获自身对于社会的重要意义。普罗沃斯特令人惊奇地清楚地表达了立场，通过一些建筑案例对此进行诠释，在这些案例中建筑师已经超越了维特鲁威所提出的知识、专业技能和再现的概念；取而代之，她发现在项目中的创新和灵感能够让建筑师们洞察建筑产品的核心，因为他们对新的组织、投入使用和经济的方式进行实验，并忽略了所谓的"一切照旧"这种想法。这是一种姿态，它避免了实用主义者的自由主义并且随时做好准备吸引更大的力量并进行生产性的整合，而对于他们的奖励则是发生在相对不明显可见的具有政治活力的世界中，而不是那些极端显要

42

43

8 Sevilla

Diario de Andalucía
Domingo, 4 de junio de 2000

Necesidades frente al proteccionismo

Ejemplo de desobediencia civil en el casco antiguo

Las ciudades se convierten con estas directrices en parques temáticos habitables

Los planos que a veces se presentan a la Gerencia

ABC

CRÓNICAS URBANAS

Arquitecturas para reinventar la ciudad

Un sevillano replantea con un diseño el uso de los solares urbanos

J. MORILLO

El arquitecto Santiago

«Malversación institucional»

42

[图 2.3] 圣地亚哥·赛鲁吉达进行颠覆性城市占用的策略。西班牙建筑师圣地亚哥·赛鲁吉达和他的事务所"城市食谱"（Recetas Urbanas）通过质疑和颠覆规则、法律和传统观念来挑战建筑传统。他质疑了建筑师是创始人的说法，并因此也质疑了单独存在的设计者，同时编制了可以被任何想要尝试的人运用的城市策略。他说："一个廉价的建筑比一个时尚的建筑更重要，建筑应该可以服务于所有人。"图片来源：Santiago Cirugeda/Recetas Urbanas.

的形式学活力的世界中。

空间自组织的政治学是根据查特尔·墨菲（Chantal Mouffe）的“竞赛政治”理论而来，这个理论将空间看作为一个“不同霸权性项目相互碰撞的一个战场，不存在任何可进行最终和解的可能性”。[20]这样的空间通过处于持续性的对抗和谈判中自组织的多样性定义的，在这个过程中可能会引入建筑专业的学生、建筑师、艺术家、城市规划师、政策谋划者和普通的城市公民，或者说所有那些意识到他们的行动所带来的政治含义的人。

职业化

空间自组织行为的第二个动机与第一点是相关的。我们经常看到政策驱使的自组织行为是如何挑战一些先入为主的概念的，比如怎样可以算作是一名建筑师。在一些情况下，也如这个章节所提到的情况，明确对一个行业的定义以及了解这个专业所使用的方法本身就是一种挑战，而这也是个人性和群体性自组织行为的主要动机。

各种行业，以及更多可以代表他们的事物都有着与空间自组织原则有关的分裂性格特性。一方面，每一个服务于社会的行业都有这样一个立业宗旨，就是要考虑这个学科的就业与发展。这种促进公共事业良性发展的意识，尽管其框架仍很模糊，但是同推动空间自组织运动是一致的。然而，在职业的法则和价值观的监督下完成这项任务的方法，却与自组织行为的前提相矛盾。主要问题是由各个行业自我保护的本性所致。尽管所有专业团体的创始宪章都有着高尚的社会性的考虑，但现实是他们产业结构有着快速发展的需求，这会让他们美好愿望屈服于此。所有专业团体包括建筑业都一样，都在服务于社会和自我保护中挣扎，尴尬地徘徊于学术理想与现实的残酷中。但最终，建筑师是由知识与各种陈腐的惯例所定义。于是形成了这样一个闭合的环，就是每个建筑师都有一个设计知识积累的过程，这个过程从教育阶段就开始，诸如：英国皇家建筑师学会（RIBA）用已有的知识标准评估学生受教育的情况，这导致这些标准成为建筑师如何做、如何设计的唯一准则，而他们设计出的建筑又成了这些固有的知识的一部分。空间自组织行为打破了这一职业的束缚，第一是因为它对于其他行业的业余人员在设计过程中的包容性，第二是因为它反对将建筑物本身作为专业技能的唯一设计来源和表现形式。

建筑师革新理事会（Architects' Revolutionary Council，ARC）以及新建筑运动（New Architecture Movement，NAM）合作团体清晰而详细地阐述了这个突破。这些20世纪70年代的组织与专业的权威针锋相对，并且明确地提出对英国皇家建筑师学会（RIBA）及其所有观点的反对，不仅要求在理事会中实行民主的管理方式，还要求对教育体制进行修正，这种体制被他们视为是创造一种能够进行自我参照的专业性团体的奠基石。尽管他们持续的时间不长，但他们留下了很多珍贵的遗产，混合了政治愤怒，反机构性的论战及其中蕴含的智慧（还有什么能比得上建筑师革新委员会（ARC）的建筑口号：“如果那么多罪魁祸首们不掏钱的话……那建筑师的钱都是哪来的？”）这些思想直到现在依然在博客圈里生生不息。[21]建筑师革新理事会（ARC）以及新建筑运动（NAM）特别在建筑实践中存在的等级结构和服务对象两个方面批评了建筑行业的精英特性。后一点自20世纪60年代，就被很多团体所引述，他们批评建筑专业并没有为社会的大多数人服务，尤其是那些城市和乡村的贫困区域和社会边缘的人。诸如美国的社区设计中心（Community Design Centers）和英国的社区技术援助中心（Community Technical Aid Centres）这些运动的主要动机是将专业的服务带给社区和居民，否则他们将没有渠道接触到这些信息。许多建筑团体仍然在这些丧失了公民权益的社区进行着实践，包括中国台湾的第三建筑工作室/乡村建筑工作室和美国的设计公司（Design Corps）。这些团体将专业视野从简单的提供专业支持（当然他们也仍然做这些工作）拓展到更广阔的领域，为更多人的利益发起呼吁倡导并促进其实现，同时他们并未忘记自己的本职工作，当居民需要安装、修饰细节、筹措资金和实施方案的时候他们也能提供专业知识的帮助。

正是这种对于行业角色的拓展激发了另外一组空间自组体的行为。在这一领域的先锋是20世纪60年代巴西激进派建筑新星，包括塞尔吉奥·费罗（Sérgio Ferro），尽管他在英语世界并不出名，但他在拉丁语世界声名显赫。费罗尖锐地批评了建筑行业中过于执迷于设计，尤其是建筑的图纸表现这种现象，这对于他来讲代表了一个遥远而抽象的专业领域，不可避免地将建筑同它的建设过程疏远了。而他的工作也始于这种批判。于是，新建筑组织（Arquitectura Nova）开始致力于关注建筑的建造问题，以及所有参与到这一过程中的人，因为他们相信“一个具有雄心的建筑是由其识别性，而不是设计本身实现的。”[22] 这种方法的精神内涵在姆缇劳（mutirão）这种建筑形式中得以延续，这是一种集合住宅，一些拉丁美洲社会住房（Latin American social housing）组织的一种自建设产品。专业性在这里的作用从诸如技术人员和实验者演变到设计建造的系统，还有创造出能确保自主建设的高效性和民主化的沟通方法。[23] 在英国的00：/和智利的元素（Elemental）[图2.4]这两个多样化的案例中都可以看到一个

[图2.4] 元素（Elemental）设计的伊奎克居住房屋证明了无论在大尺度还是小尺度层面相关设计是多么匮乏。成排布局房屋的梳形变化形式与其他分离的房子不同，能够创造经济来源的同时带来室外空间。居民们并没有得到一个完成的房子，而是获得了一个基本的未完成的单元，他们可以自己完成，同时也有一些多余的空间可以用来增加部分建筑。元素理解并利用了那些想搬到这里的居民们所具有的强大的自己建造住房的传统，并将其转化为一种建造结构，允许他们拥有自己的建筑。亚历山大·阿拉维那（Alejandro Aravena），这个项目的合伙人之一，说道“交流已经成为了一个重要的因素。我们同每个家庭，每个居住建筑的使用者平等对话，没有家长作风，没有虚假的期待，在传递信任的同时告诉他们我们有专业知识可以帮助他们解决问题。”这是自己建造住房工程之前和之后的情况。前图摄影：Taduez Jalocha；后图摄影：Cristobal Palma

44

相似的意图——将设计的智慧应用到更广阔领域，他们都很清楚理解的必要性，并在那些处于危机之中的微经济和社会网络中，在其中任何环境的设计和创造中介入操作。

现在已很明确的是这个正在扩展的领域，同样会要求行业要与一整套新的工具紧密结合，而这些工具很多并不是传统意义上设计所使用的绘图和建模工具。00：/ 曾经总结过这些空间自组织行为所需要的新工具包括：采访、愿景策划工作营、思维导图、驻地实习、咨询、方案测试、合作、共同设计、业务发展、数据分析、设计导则、技术调查、制定政策和制作原型。其他人也许还有其他工具（编制任务书、游戏模拟、制作网页、讲故事、开源软件等诸如此类的很多工具）。在这时，我们将面临多重方法并存的复杂局面，这将威胁到行业发展的稳定性。自从以制图（原文使用 disegno，为意大利语的绘图之意）为标识的建筑文艺复兴伊始，设计就通过绘画来进行操作，因此许多人应该已经可以看到，在这个行业中知识储备的扩展已然远远超越通过制图方式对这个行业所进行的传播。然而，这种扩展并不是一种消极的转变，因为这种传播使得建筑行业向其他人开放，将他们融入建筑的这一过程中。如塞尔吉奥·费罗所说的，如果说建筑制图连同其所使用的符号，抽象性方式以及所带来的技艺的神秘性，会使建筑与空间的活力相隔离，那么这些新的工具则会使它们相互联系并整合为一体。一些具有创造力的空间自组织案例都非常关注对这些工具的设计，并将它们视为释放既定情境的潜能的主要方式。因此，霍拉（Chora）和公共事物实践组（public works）[图 2.5] 这两个团体的创造力就在于花费与解决实际问题等量的精力去研究解决问题的方法。在此引用一谚语，这句话是马克·吐温（Mark Twain）还是亚伯拉罕·马斯洛（Abraham Maslow）所云众说纷纭，不过这句话非常精辟地诠释了这个行业的态度：“对于一个手握大锤的人来讲，什么东西看起来都像钉子。”这个锤子既是加强专业性的优势也是劣势，所谓优势是因为它缔造了一个行业的专业范畴，而所谓劣势是因为这个世界并不仅仅是钉子，因此应该拓展可被使用的工具的种类。法语中的行业观念一词是“d é formation professionnelle，”重点在行业的形成上（formation professionnelle），这一词捕捉到了一种有可能会透过有限望远镜筒去观察世界的危险信号。正如在这个章节所看到的，空间自组织以更加字面化和更积极的方式对“déformation professionnelle”一词进行翻译，将变形视为一种重塑行业价值与专业方法的途径。

45

教育

空间自组织的第三个动因来自于那些相信要实现行业重组必须将未来专业教育的门槛降低的人。建筑教育在理论上显著地具有潜在规则的，尽管其在理论创造的过程中非常刻意地用很多表面文章加以粉饰。这种状况在很大程度上并没有被诸如提倡批判性教育法的教育改革主义运动所干扰[24]，因此它的核心结构与方法从 19 世纪早期巴黎美院体系建立时起就很少被改变过。因此一直延续了这种教师权威同

46

[图 2.5] “商店从哪开始？ ” 和 “拉夫伯勒的一日商店”。这个公共项目包含一系列的参与和行动的手段：因此一个可移动门廊根据时间表安排了各种活动，这个国际性的乡村商店是 “一个通过乡村和城市空间网络发展并交换地方产品的开放的实验平台”，这一平台可以采用任何想象的到的形式和环境，从上面一系列图片可以清楚的看出，一个公共的移动地图站，能够标识出一系列福克斯顿的不同的正式或非正式的文化空间、景点和网络。摄影：public works

时学生无条件服从的师徒制的教学传承，强调视觉方面的表达，灌输培养很多可笑的行为模式（不睡觉，好斗自我辩护，内部竞争），培养追求地位的个人主义情结，这些都在世界各地的建筑学院教育中自我复制延续下去，并形成一种非常奇怪的杂交繁殖方式，教师将这种建筑基因传给下一代学生，然后学生又成为老师言传身教者一样的规矩。这种深层次的系统性停滞没有被打破过，是因为我们的精力过多关注于表面上的变化速度。因为从一年年、从各个学校各个设计单位来看，情况确实是不同的，建筑教育呈现出的纷繁表象似乎显示着在这个领域取得了一些进步，但是事实核心问题却从未被触及。

几乎没有人计划对建筑教育的结构和方法进行大规模的修正。最著名的尝试是当时的包豪斯，但随后在密斯·凡·德·罗的引领下又回归到类型化的教育方法（尽管是现代主义外观的类型而非古典外观的类型）。可能最激进并雄心勃勃的尝试当属在理查德·卢埃林·戴维斯（Richard Llewelyn Davies）指导下的伦敦大学学院（UCL）巴特莱特学院的那些短暂的实验，此外还有存在时间更长的美国黑山学院 1933—1956 年间实行的“民主教育”。前者将绘图板丢到一边，取而代之以科学的实证性方法，而后者的教育旨在把创造性放在首位，且聘请巴克明斯特·富勒 [图 2.6] 作为导师之一。[25] 在德国，乌尔姆设计学院（HfG Ulm）怀抱着非常具体的政治目的，用主题性的小组取代了基于科目 / 专业的系所划分。其他的一些人和团体还曾尝试从学术环境内部改变价值的判断标准，尤其是通过在建筑教育中引入伦理层面上的讨论，促使学生们在早期就明白他们所肩负的更广阔的社会责任。这些发起者中最有名的是郊野工作坊（Rural Studio），在这里学生深入到美国最贫困的一个郡的复杂环境中。作为郊野工作坊的伟大的创始人，塞缪尔·莫克比（Samuel Mockbee）强调教育的基本目标不应该是通用的价值，而应该是一种更长远的抱负：“让学生变得对他们所做的承诺和所拥有的力量更敏

47

[图 2.6] 建于 1967 年的富勒的蒙特利尔“生态圈”博物馆。理查德·巴克明斯特·富勒（Richard Buckminster Fuller，1895–1983）是一位建筑师也是设计师，他提出的“以多获少”理念被广泛应用于一系列项目，从设计汽车、建筑、船舶、游戏到也许是他最著名的设计网格状球顶。作为最先意识到自然资源的有限性的人之一，富勒相信设计和技术能够为能源管理提供解决方式，尤其是关于交通和建筑的部分。他的网格状球顶（如图）激励了一大批建筑师和设计师，最著名的案例可能是他们在科罗拉多嬉皮社区，“逃离都市”（Drop City）中的运用。这些应用有力的证明了富勒的理念也能够被应用在低技术的领域。作为一位多产的设计师和思考者，他的系统思考和对于创造生存工具的重视成为了影响斯图尔特·布兰德（Stewart Brand），这位全球数据目录（Whole Earth Catalog）的联合创始人的主要理念。摄影：Ryan Mallard

感，让他们更关心建筑本身的好的作用而非建筑师美好的主观愿景。”[26]

另一边，德国的鲍彼勒腾（Baupiloten）[图 2.7]，设菲尔德大学的“活建筑计划”以及“耶鲁建筑计划”（Yale Building Project）也已经从各自的角度开展项目，进而带领学生超越内向定义式的学校工作室教学环境，进入空间自组织模式的动态过程中。

48

最近伦敦大都会大学的莫里斯·米切尔（Maurice Mitchell）[图 2.8] 的学生们的令人振奋的工作已经展现出新的教育形式如何明确指导出多样性的实践形式，在这个案例中建筑师作为侦探的这种概念，揭示出位于印度德里的一些地块的空间潜力。[27]

空间自组织的这些原则或许已经被专业院校以外的教育性机构深刻的贯彻了，比如南非的艾希叶·伊塔夫勒尼（Asiye eTafuleni，AET）以及巴基斯坦的阿里夫·哈桑（Arif Hasan）[图 2.9]。在印度，播种（Ankur）所秉承的激进教育学宗旨已经在街道社区中起到了作用。他们的数字摩哈拉（cybermohalla）计划，通过和萨莱（Sarai）的合作，创造出了当地的技术中心（摩哈拉是指位于北印度语地区 <Hindi> 和乌尔都语地区 <Urdu> 附近的邻里社区），并以此“作为一种手段来讨论一个人在城市中以及数字空间中的位置”。[28] 在所有这些案例中，主持者都决定采用以多样化的教育计划引导的自组织方式来使其他人变得更有力量，同时在教育中他们关注于使人们拥有工具并拥有能够使他们自己处

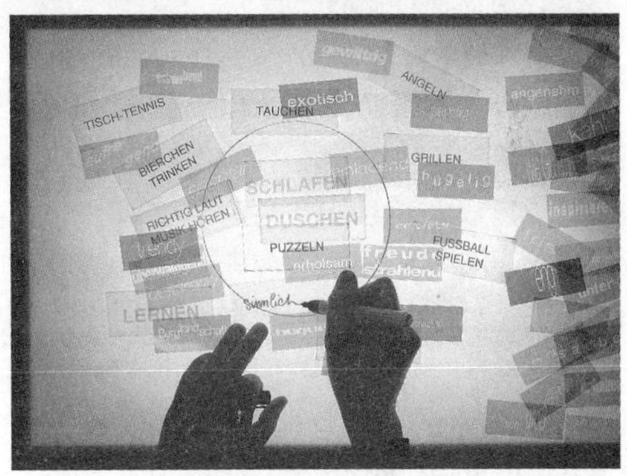

[图 2.7] 家庭服务学校的儿童的交流会。孩子们参与了一个模型试验，学生宿舍的居住者被邀请参与了他们的宿舍更新。这个被称为鲍彼勒腾的德国柏林技术大学建筑学院学生的课程项目是一次明确的关于学院教学计划改革的试验尝试。从业建筑师苏珊・霍夫曼（Susanne Hofmann）和一组四五年级建筑学学生一起与他们真实的客户共同工作，这些客户大多数是小学生、父母和教师。对建筑系学生而言，参与到这个课程中给了他们完整参与实际的小项目的机会，从第一次会议讨论到草图到最终建设和调整。而对于使用者而言，这一课程实验给了他们直接参与设计的机会。图片来源：Baupiloten/Susanne Hofmann

[图 2.8] 新孟买的巴班・赛斯（Baban Seth）社区教室。詹姆斯•索恩（James Soane）在他的文章中提到莫里斯•米切尔的新书《向德里学习》，他说米切尔认为他们工作室的实用性在于提示建筑师们当他们处于一个社会或是政治框架中进行工作时，必须怀抱着诚实的原则以及学习的态度来处理每一件事情。米切尔和他在伦敦大都会大学的学生正是以这样的原则进行工作。他的书中概要介绍了这一实践活动，这个项目在“飞速改变的建筑”和“资源匮乏”研究项目支持下开展，其中还包括了新孟买的巴班・赛斯社区教室（如图）这样的项目。摄影：Bo Tang

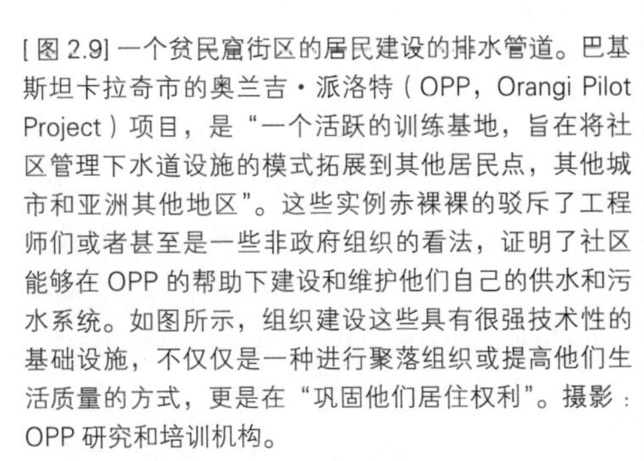

[图 2.9] 一个贫民窟街区的居民建设的排水管道。巴基斯坦卡拉奇市的奥兰吉・派洛特（OPP，Orangi Pilot Project）项目，是“一个活跃的训练基地，旨在将社区管理下水道设施的模式拓展到其他居民点，其他城市和亚洲其他地区”。这些实例赤裸裸的驳斥了工程师们或者甚至是一些非政府组织的看法，证明了社区能够在 OPP 的帮助下建设和维护他们自己的供水和污水系统。如图所示，组织建设这些具有很强技术性的基础设施，不仅仅是一种进行聚落组织或提高他们生活质量的方式，更是在“巩固他们居住权利”。摄影：OPP 研究和培训机构。

理空间问题的意识。在共享知识的概念的精神指引下，这些教育先驱不是那些古板的知识灌输者，而是已经进步了的本土智慧的代表。这些方法经常能够刺激下一组空间自组织行为的产生。

49

人道主义的危机

在与其他行业的关联中，建筑师比较晚才加入进来设立机构，在发生人道主义危机的时期提供帮助。1971年法国医生们建立无国界医生组织（MSF），1982年法国工程师随后成立了无国界工程师组织（ISF），并在20世纪90年代接着领导了国际无边界工程师联盟的发展。相比之下，尽管有一些国际组织早已成立，以及还有诸如弗莱德·卡尼（Fred Cuny）[P.99] 这样的个人先驱，但建筑师无国界（ASF）[29] 国际联盟直到2007年才正式成立。把这个迟钝反应归结于建筑界群体缺乏社会意识是不正确的，更有可能这是建筑创造生产复杂性的一个表征。损坏的骨骼或者桥梁即可被维修弥补（尽管显然MSF和EWB也有长期策略），但是临时庇护所的供应则需要更长的过程。

[图2.10]“沙土与建筑”，加利福尼亚事务所（Ca-Earth）的示范沙袋建筑。纳德·哈里里是一位为避难所寻找可持续解决方案的倡导者，他将已有材料，比如泥土和水和他称为“永恒的建筑技术”，比如拱，拱顶和穹顶相结合。哈里里所主导的自组织行为既包括以和平为目的对一些“战争材料”加以适当的应用，比如沙袋和刺钢丝（这种应用方式如图所示），也包括他创造新的住房解决方式的尝试，他希望提供一种所有人都可负担并且可建造的方式，同时并不仅仅是一种应对灾难的临时解决方式，而是一个可以永久居住的地方。摄影：Yvonne Magener

这些年来，很多建筑巧思已经被投入到紧急避难所的设计中，最著名的当属1995年神户地震后阪茂（Shigeru Ban）的纸板建筑。以及纳德·哈里里（Nader Khalili）[图2.10]的超级泥砖构筑物。然而，接下来的证据表明，不论是在卡特丽娜飓风后的美国还是2010年灾难性洪水之后的巴基斯坦，上述努力和尝试并没有在更广泛的领域应用，而不顾当地的气候和社会限制因素，投递帐篷仍然是常用的解决方案。正如兰·戴维斯（Lan Davis）指出的那样，“在人类建筑中，一定存在着极少量的学科是人们投入了大量的精力，花费了大量的金钱，但是与此相反却对其所知甚少，或者更准确来说几无资料可查。”[30]

尽管已经非常明显我们必须正视上述的悖论，但是它的指导意义并不在于本书中所记录的所有案例的方法仅仅针对当下避难所供应这一个问题，而是应把它看作是一系列事件的一个环节，一个同空间自组织原则一致的环节。因此和联合国人居署合作的非营利性组织一般都会从一开始努力融入受灾害群体之中，这样他们就有可能采用乡土建造地方的相关知识，或者也可以组织工作坊来发展这些技术。他们经常参与长期的重建工程，这必然会涉及更广泛领域的服务和技能的合作。在这过程中，空间性的判断就会作为一种特定思考方法开始引发人们的注意，它意味着对于重建工作的理解不应仅仅关乎砖和石灰，而是实体和社会的交叉，在其中重建物必须尊重当地的文化和环境条件。[31] 这种建筑性认知的积极转变可以在约翰·麦卡兰合伙人事务所（John McAslan + Partners）的人道主义工作中看到，该事务所更广为人知的身份是现代主义经济学家，他们提到："在那种社会背景环境下，建筑师作为中间人协调并管理项目投资者、顾问、使用者和当地居民之间关系的能力显得尤为重要。"[32]

50

约翰·麦卡兰的主创团队也意识到在那里进行持久工作的必要性。确实，长远规划对这些项目的成功来说是必不可少的，否则短期思维的弊端会在一些脆弱环境中引发悲剧性的后果：不仅仅是那些帐篷，包括水井打通后也无人使用，安居点设计同基础设施设计不相吻合，为某地设计的建筑直接套用到另一个地方。因此人道主义工作需要密切关注空间自组织的行动，既要加强它的创造性潜力，又要及时发现它所走的弯路。

生态

空间自组织的最后动机是回应地球面临的生态危机。本书所收录的很多具有这种动机的案例可以追溯到全球变暖成为一个被广泛认同的事实，并且这些案例在回应早期的环境压力征兆中所体现的预见性对于后人是有指导意义的。而在其他一些团体中，如范德霍恩（Findhorn）、新炼金术研究中心、维克多·帕勃内克（Victor Papanek）、全球数据目录，他们所提出的展望的共同观点是对于人类环境和自然环境的相互独立的理解。[图 2.11] 在主流

51

[图 2.11] 美国马萨诸塞州科德角的地下艺术画廊。马尔科姆·韦尔斯（Malcolm Wells，1926—2009）是在"对环境负责"思想引导下进行设计的早期倡导者，也是覆土建筑的无可争议的关键诠释人，同时他还创造了"温和的建筑"这一概念。他的设计，支撑了他的作品和教学，是利用最少建筑材料并留下最少生态足迹的建筑——他们利用和储存了太阳能，满足了他们自身的消耗，同时，通过部分埋在地下，也提供了野生动植物居所。照片里的这栋建筑最初被设计为韦尔斯和他的妻子的住宅和工作室，但是他们在建造居住单元之前资金便已耗尽。这个建筑今天的功能是艺术画廊和工作室空间。摄影：Katherine Williams

建筑界中，在涉及控制和缓解方面问题时，人们太过经常把环境问题直接依附于建筑问题来讲。建筑被当作了科技设备，并且针对可持续性所进行的设计都是通过关注系统的优化来减少能源使用，并通过材料选择来减少能源耗费总量，这都是向“低碳”目标的策略。诚然这是非常重要的问题，但是这种局限于技术领域本身的环境问题的理解倾向于把它当作一个孤立的系统，可以通过能耗控制自己解决自己的问题。这导致一种观念的产生，认为环境问题可以通过技术性的修复来解决，但是事实上这是一种对安全的错误认识，因为很明显地，环境和更多的系统相关联。

正如我们在第一章所看到的，空间自组织行为的特点在于它同相关关系网络的整合，而在这种整合过程中环境并不仅是孤立的与降低能源和提高效率相关，而被理解为和社会、全球以及虚拟的领域都相关。在他们有关《城市政治生态学》的重要宣言中，尼克·海能（Nik Heynen）、玛利亚·凯卡（Maria Kaika）、埃里克·史温吉道（Erik Swyngedouw）强调“环境和社会演变二者之间彼此相互决定”。[33] 鉴于此，正如迈克·戴维斯的《恐惧引发的生态学》（Ecology of Fear）[34] 等书中明确指出的那样，基于生态考量的空间自组体运作方式意味着一个人必须处理社会和环境的交叉改变，尤其是要关注社会条件如何与生态条件相关联的问题。宣言的作者们从新陈代谢的角度探讨了这种关系，并认识到这种因果关系深藏于所有的系统中，因此“当环境（包括社会的和物质的）质量在某些地方，或者对于某些人群或者非人对象而言有所提高，经常会导致另一个地方的社会、物质、生态条件的恶化”。[35] 正是这种生态学的空间自组体展示了系统的相互耦合性，从而引起了人们的关注。

空间自组织的伦理学

上述的五种动机，可以最终归总为一条首要的空间自组织行为的伦理动机。伦理是一种经常被使用但也经常被滥用的与建筑有关的概念。伦理总被和美学联系在一起，就好像美的事物总会指向美好的人生。[36] 我们对于与空间自组织相关的伦理的理解将它同任何内化和被客体化的论述相剥离，并将它坚定地置于更加散乱也更缺乏控制的社会动态范围之中。尤其是，这种想法采纳了齐格蒙特·鲍曼的构想，这个构想声称并设定了一种道德态度就是：“为他人承担责任。”[37] 我们所说的他人，可能是建造者、使用者、观察者，或者评论家，这些人都应该在空间自组体的考虑之中，并作为他们首要关注的问题，即使最终影响是难以预先确定的。这里，这一章有关空间自组织的动机的最后总结一定要借用塞缪尔·莫克比那句话：“超脱并超越所谓‘功能主义的良心’；帮助那些可能不会给你任何回报的人，即使在没有人关注你的时候也一如既往。”[38]

1. Zygmunt Bauman, *Wasted Lives* (Cambridge: Polity Press, 2004), 114.
2. Carol Hanisch, ‘The Personal is Political’,

(1969), http://www.carolhanisch.org/CHwritings/PIP.html

3. See Steven Brint, *In an Age of Experts* (Princeton: Princeton University Press, 1994) .
4. 最近将政治和事物用布鲁诺·拉图尔的关于人类和非人类的相互作用理论联系在一起的尝试已经没有进一步发展并超越事物具有政治性这一论断，因此物质的社会性含义也尚未被全面解读。特别参见：Alejandro Zaera–Polo, 'The Politics of the Envelope: A Political Critique of Materialism', *Volume* (*Amsterdam*), 17 (2008), 76 - 105.
5. Charles Jencks, *The Language of Post-modern Architecture* (London : Academy Editions, 1977)
6. 有关于普鲁伊特艾格居住区这一神话的一个好的解释参见：Katherine Bristol, 'The Pruitt–Igoe Myth', *Journal of Architectural Education*, 44, 163 - 171.
7. Mary McLeod, 'Architecture and Politics in the Reagan Era: From Postmodernism to Deconstructivism', *Assemblage*, 8 (1989) : 27.
8. *New Architectural Pragmatism: A Harvard Design Magazine Reader*, ed. by William S. Saunders (University of Minnesota Press, 2007) .
9. David Cunningham and Jon Goodbun, 'Propaganda Architecture: An Interview with Rem Koolhaas and Reinier de Graaf', *Radical Philosophy*, 2009 <http://www.radicalphilosophy.com/default.asp?channel_id=2190&editorial_id=27703>. Koolhaas 未完成的句子"不是不加以批判，而是……"被 de Graaf 所完成，"……为了显示建筑是受现代化与全球化力量的实物的方式"。
10. Alejandro Zaera–Polo，是 FOA 的创始人之一，他记录了和他的合作伙伴 Farshid Moussavi 一同开设的教学课程，他写道："准确地说，是一种对于虚拟语用学的尝试"。Alejandro Zaera–Polo, 'A Scientific Autobiography, 1982—2004 : Madrid, Harvard, OMA, the AA, Yokohama, the Globe', in *New Architectural Pragmatism*, ed. By William S. Saunders (Minneapolis : University of Minnesota Press, 2007), 10.
11. Roemer van Toorn 在 *New Architectural Pragmatism* ed. By William S. Saunders (Minneapolis : University of Minnesota Press, 2007), 69 中说："没有更多的梦想？在最近荷兰的建筑界，现实的激情……和它的局限"。在同一本书的其他地方，批判学家 Hal Foster 写道："(对于任何发生的事物) 超过临界值的主张和占主导地位的新保守主义，这两者在政治上究竟有什么区别呢？" p132
12. Roberto Mangabeira Unger, *False Necessity: Anti-Necessitarian Social Theory* in *the Service of Radical Democracy* (Cambridge: Cambridge University Press, 1987), 331.

52

13. Unger, 308
14. 现在具有最高国际形象的建筑师政治家是伊朗前总理，2009 年改革派总统候选人，伊朗人 Hossein Mousavi 先生。他所处理的事务大概会让任何具体的空间含义相形见绌。
15. 来自英国的自由组织 mantownhuman，他们对未来主义宣言拙劣的模仿（尽管显然是严肃的），被来自建筑师小组 FAT 的 Charles Holland 精辟地描述为"由 Jeremy Clarkson 改写的地球科学"。http : //www. Mantownhuman.org/manifesto.html
16. 在为奖励最好的国际建筑而设立的 RIBA Lubetkin Prize2006 年颁奖典礼上，当时正在对诺伊罗·沃尔夫设计的 the Red Location Building 项目进行颁奖。
17. Mike Davis, *Planet of Slums* (London : Verso, 2006)
18. Michelle Provoost 说："城市更新是由发明、变换和建筑师的力量推动的"，2008<http : //www.crimsonweb.org/spip.php?article75>[accessed 10August 2010]. 第一版是由 Daan Bakker 等人，在荷兰建筑学会出版物 *Architecture in Netherlans* 2007—2008 (NAiPublishers, 2008) 发表。从建筑和政治语境上来看并不令人惊讶，Wouter Vanstiphout 这位 Provoost 当年在克里姆森的同事，会在 2009 年被代尔夫特大学任命为设计和政治学专业的首席教授，该专业受到国家住房部空间规划与环境司的资助（仅局限于荷兰）。
19. ibid.
20. Chantal Mouffe 说："对于一些通过竞争性方法寻求公共性做法的反馈，"见 *Making Things Public : Atmospheres of Democracy*, ed. Bruno Latour and Peter Weibel (Cambridge, MA : MIT Press, 2005), 805.

21. Owen Hatherley 那句经典的台词："坐下吧兄弟，你简直就是一出惨剧"（http：//nastybrutalistandshort.blogspot.com）非常适合用作这段话的开始，这上述网站链接可以带你浏览其他类似想法的地方。
22. Richard Williams，'Towards an Aesthetics of Poverty: Architecture and the Neo-Avant-Garde in 1960s Brazil'，in *Neo-avant-garde*，ed. by David Hopkins（Amsterdam: Editions Rodopi B.V.，2006），211. See also Pedro Fiori Arantes，'Reinventing the Building Site'，in *Brazil's Modern Architecture*，ed. by Elisabetta Andreoli and Adrian Forty（London: Phaidon，2004），pp. 170 - 200.
23. Arantes，193ff. 一个简单的例子是金属楼梯直接安装的设计，在基础奠定之后，然后形成垂直通道和结构性主结构的后续工作，摒弃脚手架和模板的需要。
24. 一个例外是 Thomas A. Dutton 的工作，Thomas A. Dutton 为建筑教育者们带来了批判性理论。Thomas A. Dutton，*Voices in architectural education：cultural politics and pedagogy*，Critical studies in education and culture series（New York：Bergin&Garvey，1991）
25. 参见 D.Latourell，'The Bartlett 1969'，*Journal of Architectural Education*，23（1969），42–46 和 M.L.J.Abercrombie，'The work of a university education research unit' *Higher Education Quarterly*，22（1968），182–196. 巴特莱特学院的第一门学位课程提供了一种通识性教育，在学科需求下为有教养的人群提供一种适宜的环境。而若要了解黑山学院，参见 Vincent katz and Martin Brody，Black Mountain College：experiment in art（MIT Press，2003）。
26. Samuel Mockbee，'The Rural Studio'，in *The Everyday and Architecture*，ed. by Jeremy Till and Sarah Wigglesworth (London: Academy Editions,1998): 79.
27. Maurice Mitchell，*Learning from Delhi*（London：Ashgate，2010），可惜的是这个著作并未及时的被包括在此书中而出版。
28. 欢迎来到数字摩哈拉 'Welcome to Cybermohalla' http：//www.sarai.net/practices/cybermohalla [accessed 30 August 2010]
29. 建筑无国界是 Pierre Allard 在 1979 年创立的，但是在 1996 年解散之前一直以一种相当小的规模的形式所运行。最早的国家分会之一澳大利亚无国界建筑师组织，由墨尔本的建筑师们和规划师们 Esther Charlesworth，Garry Ormston 和 Beau Beza 在 1999 年成立。
30. Ian Davis，'Emergency shelter'，*Disasters*，1（1977）：23.
31. 参见于其他文献：Jo Da Silva，*Lessons from Aceh: Key Considerations in Post-disaster Reconstruction*（Practical Action Publishing，2009）.
32. Chris Foges，'John McAslan Architects: Initiatives Unit'，*Architecture Today*，2010，48 JMP 贡献他们全部时间的百分之一为 Initiatives Unit 而工作
33. *In the nature of cities: urban political ecology and the politics of urban metabolism*，ed. by Nikolas C. Heynen，Maria Kaika 和 Erik Swyngedouw（London: Routledge，2006），11.
34. Mike Davis，Ecology of Fear: Los Angeles and the Imagination of Disaster（London: Picador，2000）.
35. Heynen，Kaika and Swyngedouw，13.
36. 这个论断在 Jeremy Till 书中第十一章 'Imperfect Ethics' 中会展开论述，参见：Jeremy Till，*Architecture Depends*（MIT Press，2009）
37. Zygmunt Bauman，*Alone Again：Ethics After Certainty*（London：Demos 2000），15. Bauman 继续说道："可以推演一种假设，即其他人生存的舒适是一种珍贵的事情并需要我付出努力去保护并推动它，那么无论我做什么或者什么都不做都会影响它，如果我什么都没有做，那么这件事请或许根本就没有人推动它，那么其他人是否能够做或者是否会做这件事情并不会降低我亲自投入这件事情的责任。"
38. Mockbee.

第三章　空间自组织的场地

55

在讨论了空间自组织行为动机上“为什么”这个问题之后，我们把注意力转向“在哪”这个问题：这一章节讨论空间自组织行为发生的最主要的场地，也就是个人或团体的作品所处的地方。在“空间自组织”行为中，政治学是怎样发挥作用的？是通过物质性的介入，如建立一个网络；还是通过思想传播，使知识可以以另一种方式被应用；抑或是通过建立一种不同的组织结构体系？如何挑战专业的壁垒？是通过在其内部的改进，还是在现有学术领域之外创造新的实践形式？场地对于教育的意义是什么，它在哪里发生，以及它在何处发挥作用。

空间自组织拓展了对于什么因素能够构成一处容纳行为的场地的定义，把它看作是最广泛语义范畴内具有空间特性的对象，可以使物质性的、社会性的、隐喻性的、现象性的，并且几乎不受到外界既定规则和传统的限制。“空间自组织”行为的边界在社会互动过程中得以物质化，这同唐娜·哈洛维（Donna Haraway）关于实体及其边界描述一致，她写道：“物体并非本身就预先存在，物体都是有边界的对象。但是边界是由内而发的，也是十分复杂的。边界范围的临时性也为其中活动的含义与主体预留了可增长的，且具有生产性的余地。”[1] 空间自组织被复杂的社会互动网络塑造和再塑造，它的场地及其界限也因此处于不断的协调之下，并且受到社会背景环境的深刻影响。

由于它的社会背景环境是动态变化的，空间自组织行为既可以通过实体化的形式进行表达，如一栋楼房、一个装置、一场展览，也可以通过一种不那么实体化的形式进行表达，如一张地图、一个网络、一套指令，或者有时实体与非实体两者兼有。就像我们前两章讨论的那样，将注意力由建筑物本身转移开，就是去关注连接了建筑环境营造的不同部分的这个过程。我们不是说这些过程和空间自组织的场地是种新的“发明”，它们只是任何一个空间生产行为的一部分。空间自组织所做的是承认它们的重要性，并因此设定了一种新的重要意义。与这些复杂过程的整合并不被看作是实现最终目标的手段——人工制品的创造或为了创造知识而创造知识——而经常是作为空间自组织的特定行为的构成元素以及一种特定动机的表现形式。空间自组织的场所永远不是互相独立的，并且“空间自组织”通常从一个场地以及这个场地的边界开始发生，之后历经一段时间发展为其他表现形式和行为方式。一些行动可能从一个引发争论的小宣传册而起，转变为一个结构更加清晰的组织，进而可能会发展成为对空间中物质实体的自我管理式的设计。

对于本书中提到的空间自组体有一个常见的主题，也就是他们从不把“不”当作答案。因为他们总是相信他们所处的任何环境都是可以改变的。理查德·伯恩斯坦（Richard Bernstein）在他的重要著作《行为和实践》中重新剖析了卡尔·马克思（Karl Marx）对于实践的理解。他写道：“马克思开创了一套描述、理解并最终改变人类生活的新范例。这套范例是根据他对于自然、动力以及人类活动的结果——也就是对实践的理解塑造出来的。”[2] 伯恩斯坦在他对马克思的解读中所暗示的，是将自己和自己的作品置于不断的批判和新的质疑之下的这种意愿，同时他将其作为一种在危机之中下专注于具体问题的方式，并且通过这个机制发展出新的思维方式，这种做法是构成空间自组织的一个重要方面。56 空间自组织的场地——一种实体性的现实存在，一种社会和组织的结构同时也是知识的产物——是所有这些发生的地方，是动机被检验和尝试，并适应新状况新社会背景环境的地方。

社会结构

空间自组织行为发生的其中一类场地就存在于同社会结构的整合过程之中。57 这里首先强调的是空间的物理属性，但更重要的是通过探索发现、激活并支持社会网络来了解并处理社会（空间）关系。就像亨利·勒菲弗缩写“如果未能注意社会现实所固有的关系，知识就失去了它的目标；我们的理解能力就被简化到仅仅是去确定尚未被定义的以及无法被定义的种种事物，进而在种种分类、描述和片段中迷失。”[3] 勒菲弗的所说的是一种重要的观点：不管一个人能如何给一个特定的方案带来专业方面的知识，如果没有把注意力放在项目的社会结构上，这都将是有限的，有时甚至是无效的。这样做并不是实现一个“成功”的项目的固定方式，但是去关注、理解这些内在的社会结构和与其共同作用，是在创造一种与使用者和居住者更加密切相关空间的过程中必不可少的一步。

如很多在本书中收录的案例中所呈现的，一个人对空间的理解和占用深深地受到空间的潜在所有权影响。在20世纪90年代，德国社会民主主义者瓦尔特·拉特瑙（Walther Rathenau）指出土地的私有化方式是理解空间社会动力学的关键。他倡导没有投机买卖的城市建造。“城市新的繁荣将源于城市的土地本身，”他写道：“这与收入丰厚的建筑商或垄断着建筑市场的建筑投机者和攫取暴利的租房者无关……相反地，在几代人之内新建筑所面对的城市土地将必然变成市民的自由财产。我们对街道的建筑学意义的忽视反映了对经济的无视。这些观念赋予一个垄断的集团以税收权。这种权力可以被他们肆意扩大，使得原本的公共资产为城市资产的投资者创造了数以百万计不劳而获的收益。”[4]

拉特瑙希望土地成为市民的自由财产这一愿望从未实现过——事实上世界上很多市民和地方当局拍卖掉公共土地，这些土地由一些私人公司接手创造短期的利益，很多公共住宅都是这样开发的。然而他对于通过颠覆或挑战私人对于土地的占有从而重组现有的权力关系的号召仍然留存在某些“空间自组织”的案例中。最明显的是各种土地占用运动[图3.1]，或者是那些被最早的掘地者与推平者（源自英国第一次内战的两个派别——中译者注）所激励的组织。其他人则一直以一种自下而上的方式工作着，作为自组体开展行动帮助他人建立其对于土地的权力，以及随之而来的对于城市的所有权利。一个在南非德班的贫穷的激进分子发起的运动阿伯罕拉里·贝斯姆乔德罗，正是这样一个草根组织的案例，当一些原本许诺给居住在附近非正式聚落里的人们的空置土地要被售卖时，这些人发起了抗议活动，而这个组织围绕着抗议活动产生了。他们由一个仅仅组织活动的团体开始，发展为已经在居住地建立了一些诸如托儿所、花园、集体工坊这样的项目。由此他们在不同层面上创造出了新的社会支持结构。

另一个重组社会结构的途径来自那些对已有的社会和政治阶级持批判立场的组织。他们视这种阶级性为对特定社会阶层与空间互动的限制。因此1981年建筑师与规划师女权组织（Feministische Organisation von Planerinnen und Architektinnen，FOPA）在柏林成立。它的出现是因为妇女被完全排除在规划过程之外，特别是在1984—1987年在为柏林举办的国际建筑展览做准备的期间。一个由女权主义者组成的松散组织开始“挟持”官方的会议，之后建立了正规化的网络组织，这一组织继续在20世纪80—90年代早期对决策过程产生着影响，改变了已存的毋庸置疑的权力关系。在20世纪80年代早期于美国伯克利成立的“建筑师、设计师和规划师社会责任组

[图3.1] 前图：Kunst Kommune Kaptial.10 Jahre K77（Art. Commune. Capital. 10 Years K77）Vereinigte Varben Wawavox and Stilkamm 51/2e.V。土地占用运动作为一个全球性的运动，质疑土地所有制观念，并且关注基本的住房需求和生计问题，在第三世界国家尤其兴盛。在所谓西方世界，被占据的社区和建筑通常在法规的设定之外分化出了自己的供给体系；他们建立社区或文化中心，私人托儿所，娱乐小组，公共花园和厨房以及其他非货币性的、针对低收入的或非正式的经济机构。这里展示的是柏林艺术家占地（artist-squat）K77的案例，这里在18年之内建成了自主繁荣的社区中心，人们以合作的方式在一起生活和工作。摄影：Mathias Heyden

织”是另一个与FOPA相似的建筑师组织，他们通过写作、举办活动和发起倡议，关注并着手解决广泛的关于社会公平的问题。作为一个对当局施加压力的言论团体，他们代表被剥夺权力的人群去工作和抗争，试图确保他们的愿望以及权力被重视，并体现在规划的过程中。这里的每一个组织，以及其他像播种和棚屋/贫民窟居民国际组织这样为了处理和颠覆现有的权力关系而建立的组织，他们批判性地解释有时甚至削弱也已建立起来的社会和政治等级体系。通常地，他们产生于一些直接的行动中，接着变成一种抵抗的力量。因此在巴黎，那些从未涉入政治的市民被自我管理建筑工作室（aaa）“鼓动”，向议会申请土地用于建设一个城市公园。此外像公园构想（Park Fiction）挑战当地的规划体系，使得一些另类的规划方案被执行。还有些其他的如“城市教育中心”成为揭露城市问题、提出改善建议、助力实施城市愿景的极具影响力的组织。

58

对于其他的一些空间自组体来说，比如成立于柏林的劳姆雷柏[图3.2]，新的社会结构可以在创建新的城市空间（有时是临时的）的过程中建立，这种城市空间可以被用于沟通和谈判，这种方式同样被英国组织马福追随。暴露现有的空间结构中的内在问题也是城市矿产（City Mine（d））这一团体的重要目标。只是空间实验室的工作更富有趣味，而城市的更政治化，且致力于在欧盟的层面上影响政策的制定。

这些组织的相似之处在于充分理解社会结构内部联系的重要性，而这种联系潜在地应对并挑战了空间生产背后的潜在系统。通过顺应或是对抗这种联系，他们可以改变看起来已经设定好的不可改变的上层建筑。然而在空间自组织介入社会结构过程中的重要因素在于新的设计知识在这种介入过程中形成的方式。意大利设计理论家伊佐·曼奇尼（Ezio Manzini）指出设计师需要改变他们

[图3.2] 理想市场，哈雷－新城，2005
劳姆雷柏强调他们不是一个建筑公司或工作室，他们是一群拥有共同兴趣的，针对特定项目组成的工作小组。他们的工作方式遵从应不断协调场地的社会要素和空间要素这一原则，并不断检验专业性和其他领域的原则。尼克拉斯·马克（Niklas Maak）在介绍空间实验室的书《公共行为》时对他们的这一原则作了清楚的阐述："利用现有的材料创造建筑赋予了建筑不同的性格，这种乌托邦式的理想展示了对建筑可能性的一种新的理解。建筑不再是静态的、一成不变的、昂贵且不可更改的，它可以是可拆除、可移动的，是多种可能方案展示的舞台。这些可能的方案不是由学术上或其他专业领域的专家设计的，而是由了解当地情况的所有人参与创造的。如图，在“理想市场”（ideenmarkt）这个项目中，空间实验室为哈雷－新城的第三居住综合体的居民和规划者、投资者创造了聚集在一起交流想法的机会。它的目的是收集建筑将来发展的各种想法，加以讨论，并宣传设计好的项目。摄影：Raumlabor

对于社会的态度。他说："设计师应该把他们自己当作可以通过提出可能的解决方案催生符合大众愿景的建筑的人。"[5]空间自组体把自己理解为复杂社会关系网络中的一员，而不是一个局外者。因为只有把这种社会关系当作一切行为发生的前提，才能让建筑在场地上起到最大限度的正面作用，而不是成为社会经济上的问题。

物质上的联系

空间自组织的下一类场地是那些具有物质联系的地方。要关注物质联系并把它作为空间自组体产生的土壤需要特别地关注如何构思、生产和占据建筑和空间里的其他物体。如我们所见，空间自组织着眼于事物诞生的过程和原理，以及它们随着时间推移是如何演化的。为了应对使用者不断变化的需求和渴望这一现实，空间自组织更加倾向于具有适应性的多功能的空间和结构，以及能经受时间考验的设计。

显然建筑不是在一个理想的气泡内被创造出来的；本书中很多例子很好地处理了空间和权力之间关系，是因为其不把创造一个建筑仅仅作为一项投资或某种全球化货币金融的投机性需求，而是把它当作社会最重要的资产之一。拉卡顿与维塞尔（Lacaton & Vassal）[图3.3]的实践就是这样的典范。他们的工作在空间上、经济上和生态上挑战标准和常规。他们通过谈判争取法律上的豁免权，用以创造更好、更有包容性的生活条件。他们与使用者密切合作，并在建筑完工并交付使用之后仍旧与之保持联系。他们反复造访他们的建筑，来观察和了解建筑如何被使用，并且从中学习经验。显然，建筑提供的空间框架在使用过程中才变得完整。拉卡顿与维塞尔主要的关注点在于空间和对于空间的占用，其他的组织如中国台湾的实践团体——第三建筑工作室 / 乡村建筑工作室研究建筑如何被组装搭建，目的是让没有建筑知识和建筑技术的人们快速理解并参与到建设过程中。这一过程强调对常用建筑技术的反思，简化和调整材料间的交接和连接方法，使其更容易处理。通过这种类似英国组织沃尔特·西格尔（Walter Segal）所采取的手段，第三建筑工作室采用了DIY的方法，借此不仅使建筑以更环保的方式建造，同时能更容易被居住者适应和加建。类似的方式也体现在如埃及人哈桑·法赛（Hassan Fathy），伊朗人纳德·哈里里和印度组织瓦斯塔－希尔帕建筑顾问公司[图3.4]中，他们重新关注当地材料和建造方式的应用，用以创造在技术、经济、社会层面都符合当地社会文化环境的建筑。这种被称作"最适技术"的方法强调当地可用、可生产的材料和使用者之间的联系，使建造者（有时就是使用者自己）不用理会他们无法掌控的建造和商业体系。通过使用像土坯、夯土、玉米秆等可再生的材料，这种方法在欠发达国家受到欢迎，在那里这种方法更广泛被应用，同时在那些对环保以及具有伦理精神的空间解决方案感兴趣的人群中间，这种应用更为普遍。使用当地的而不是从其他地方运来的材料在经济和环保层面都是可持续的，对本地的经济和工艺来说更是如此，此外还减弱了对大型跨国集团的依赖。在依赖于消耗性资源的当今世界，转向在材料和环境层面都可再生的"最适技术"是一条出路，其成果在英国实践团体"建筑类型"（Architype），威尔士的替代性技术中心（Centre for Alternative Technology）

60

[图 3.3] 在法国米卢斯（Mulhouse）的社会性公寓住宅中，园艺温室技术被用于建造冬季花园。拉卡顿与维塞尔反对以最低标准建造房屋，相反他们“在相同预算下，创造有品质的住宅，其规格比通常的住宅要大得多。”这座位于法国牟罗兹的 14 套房间住宅是这种观点的最佳体现。和智利组织最初元素做法相似的是，未经加工的空间为居住者提供拓展生活空间的空间基础。他们的建筑顺应使用者并为他们服务，它可以适应往复变化的生活方式，以及生活的突发变故。摄影：Lacaton & Vassal

以及国际组织生态村（Ecovillages）的工作中都有所展现。其他组织通过使用废弃材料来进一步减少建筑耗费，例如在建造地球方舟（Earthships）过程中发展出来的生态方式。在所有这些例子里，场地这一概念不再局限在通常理解的建筑的场地，而是拓展到把当地的材料和使用者的联系都囊括进来。在澳大利亚公司梅里玛设计（Merrima Design）的工作中，建筑的场地同时成为训练土著人的场所，在这里他们传授一些当地的技术和知识，使之保持活力。这里的建筑成为一种互助和学习的工具。

处在这种社会文化环境背景中的空间自组织行为显然并不是忽视了专业的知识，而是以另一种方式利用它。因此在像奥托卡・尤尔（Ottokar Uhl）、埃尔弗里德・胡特（Eilfried Huth）和约翰・哈布拉肯（John Habraken）这些人的工作中，专业人员从唯一的创造者转变为更多地把权力赋予他人的角色，这样做能更好地构建建筑实体上的联系。这需要很高的建筑智慧来设计一个系统和与之相配的结构形式，使他人可以参与到设计和建筑生产的过程中。对伊佐・曼奇尼来说设计师一个最初的角色就是激发当地人的主动性，这样他们就能在更多层面上使建筑生长，而不仅局限在改造它的尺度上。“设计师应该学会相信社会的创造力，要给它更大的空间并更好的理解它，”他写道：“他们（设计师）应该致力于为这种创造力创造更多实现的途径，使它更有效率，更多产。”[6]曼奇尼将这种实体上的联系看作一个更广范围内的材料、资源流动的一部分，这需要对潜在的系统性有更深的理解。这在荷兰组织建筑 2012（2012 Architecten）在欠发达地区所做的各项工作中得以体现，他们倡导一种设计师的新角色“超级使用检索员”（superuse scout），他们能在任何环境下敏锐地察觉并优化废弃材料和其他资源的流动。

[图 3.4] 印度印多尔亚兰（Aranya）低价住宅街景。亚兰安置房的设计起于 1988 年，计划为 6500 人提供住宅。选择印多尔当地寮屋住区进行调研和查阅资料是这一项目的基础。柏克瑞斯·多西（Balkrishna Doshi）将它描述为“以和谐的方式进行规划的活生生的示例。”这一方案由一个多学科的团体里的规划师、建筑师、经济学家、环境顾问和工程师通力完成，始终与建筑的使用者保持密切的沟通。方案将适宜的建造技术和对使用者需求的敏锐理解紧密结合。摄影：Vāstu-Shilpā Consultants

组织结构

下一个讨论的空间自组体的场地同样与空间生产过程中潜在的物质流相关，但这里主要讨论自组体自身或相关其他因素的组织结构是怎样构成的这一核心问题。这种方法使人们开始关注一个实践项目或者机构的建立方式如何确定了项目进行时所涉及的种种参量。引发对组织结构进行反思的动机通常始于不满足于所获得的行业价值，之前章节里已经讨论过这点。很多人认为这种价值是附属于组织管理和运转的方式而产生的，然而随着人们对新价值和方式的追寻，促使他们开始反思实践工作中的核心问题。因此在这种情况下空间自组织的场地就是存在于对空间时间的重组过程中，并且尤其同工作者以及其他协作者相关，并同那些以明确协作方式和跨学科方式进行的实践活动相关，还与那些以一种完全政治性和伦理性的议程作为出发点的团体相关。

很多人在猜测这种不同的建筑实践看起来会是什么样子。在 1977 年，汤姆·伍利（Tom Woolley）提出了如下“真实的替代性建筑实践的四个特点”建筑工人之间关系的转变；建立处理更广范围的社会问题的机构；利用参与度高的新方法让每个人更充分理解建造过程，而不是强调专业人员的权威性；最后，参与其中的全部专业要肩负更多的责任。他进而提出：“如果要寻找真正具有进步意义的实践，我们必须找到拥有先进的管理者同员工关系的建筑实践案例，它们必须有更具社会性更有效的工作模式，或发展出了和客户共同工作的更好的方式。此外，公众对于建成的现代建筑存在很大不满，我们必须寻找契机建立建筑师和使用者、专业人员和公众之间更强的责任。”[7]虽然在伍利的宣言发表后的33年中，建筑实践领域仍没有明显改变，但确实存在一些尝试替代性建筑的组织的案例。

62

第一个例子就是那些把自己组织起来成为合作机构的团体。虽然正如伍利在爱德华·库里南建筑师事务所（Edwar Cullinan Architects）观察到的：“以合作社的方式运作公司并不一定产出优秀的建筑”[8]，但如果这种合作社模式的核心理念——开放的成员机制、民主的管理、在成员之中盈余分配制度——同样也作为其设计实践中的商业模式的核心思想，那么这种分享式的价值观会更容易表现在创造出的空间中。一个典型的例子是已经解散的女权组织矩阵，她们关于平等的政治信仰促使她们在设计实践中建立了合作型的结构，这也反映了她们运作项目以及和客户、使用者互动的方式。虽然现在仍几乎没有建筑合作团体的建筑实践能够符合像城市环境设计（URBED）(p.132)[图3.5]、爱德华·卡库里南建筑事务所(p.130)以及集体建筑（Collective Architecture）(p.130)这些团体的期望，但还是有很多合作型组织在空间生产的其他领域进行合作式结构的运作，比如棚屋（Bauhütten）团体，他们由工会建立，作为政府出资的住宅项目的甲方，这由马丁·瓦格纳（Martin Wagner）领导的团体的在20世纪20年代的柏林显得尤为引人注目。[9]当代的房屋合作机构通常作为建筑过程中处理集体贷款和小额信贷的中间人，或者是协助保障成员权益的角色。这种合作社仍然是最重要的住房提供者之一，只是因为其规定一切的盈利要么被投入到建筑物的后续维护，要么归组织所有，结果是在房屋合作机构租房的租金通常比私人机构要低。虽然单个的合作机构为了运作地更加有效率而规模设置地可能相对的小，但是拉丁美洲居住组织的伞状组织显示出这些机构可以在国家政策的制定层面产生影响。

对于一部分空间自组体而言，他们自身实践的法定形式被认为是一种更具公平性的空间产物产生的基础，而对其他一些空间自组体而言，他们进行外在的介入的形式才是最基本的。这些空间自组体追寻并最终形成了极具合作精神的跨学科的关系，并同各种杰出人群共同工作。尽管在设计和施工的过程中所有的建筑实践都拥有各自不同的标准，然而这些空间自组体

[图3.5] 城市环境设计（URBED）和玻璃房子（Glass House）为居民和房客组织的设计训练课程所开的邻里生态有关的会议。城市环境设计（城市、环境和设计）是曼彻斯特一个城市设计和咨询方面的实践项目。该组织1976年成立于伦敦，他们有一个专门从事经济发展咨询的兄弟组织。曼彻斯特的城市设计环境组织专注于城市设计和长期关于社会可持续和公平性方式的委托咨询，在他们的项目中，他们通过在2006年成立公司形成了他们自己的组织结构。通过这个不同模式的实践项目，城市环境设计展示了一种不同的建筑实践理念：一个通过商业模式实现共享空间和社会价值的模型，而不仅仅是张扬个性。摄影：URBED

致力于追求超越传统思考角度的交换过程，这使得他们的项目能够通过融汇各种类型的知识最终成形。例如，法国建筑师帕特里克·布尚（Patrick Bouchain）把关注不同兴趣点的人群召集在一起，来开始一个项目设计的过程。这些人包括政客、演员、建造人员或社会团体。通过这种社会混合，他的项目总是能融入一个特定的社会文化环境背景之中，总是通过并借助不同的人群所发展起来，因此强化了其建筑的社会属性和社会责任性。自我管理建筑工作室（aaa）也是如此，他们的工作地点在巴黎，这是他们所居住的地方，也是因此同他们产生了强烈联系的城市。尽管自我管理建筑工作室的核心成员是经过专业训练的建筑师，他们的协作方却包括范围广泛的参与者——通常都是巴黎本地人。这种同当地社会文化环境的长期融入保证了由外部创立的方案随着建筑师不断地撤出直至最终空间实现完全的自我管理，建筑物被一步一步的交还于本地人手中。按照每个团体各自的方式，像Exyzt，霍拉、超级油轮（Supertanker）、麦斯大厅（Mess Hall）、骇客建筑（Hackitectura）和公共事物这些实践团体，所进行的实践也是建立在类似的方式上，即将其他人带入设计的流程当中，并且通过这种方式对常规组织结构进行重新配置融入网络之中，从而产生新的参与形式。

对另一种空间自组体而言，驱动力产生于授权其他人来进行自我组织的行为之中。这些多样化的尝试既可以从欠发达地区，也可以从其他地方找到。巴基斯坦建筑师阿里夫·哈桑将社会进程的强化，以及具体的卫生设施和建造技术的知识结合到自己的作品之中。以基础设施建设和对社会结构的详细了解为基础，保证了哈桑可以真正的提高他所帮助建造的社区的参与能力。但是，这些经常是通过他实行的一些具体措施加以补充的，包括对联合组织结构的发展，对萨拉瓦拉（thallawallas，运营本地建造系统的人群）的训练和组织，以及建立起相应的微经济系统对这些提升工程进行补偿。在其他地方，澳大利亚实践方案健康住居（Healthabitat）将康乐这一社会标准同提供适当住房的具体举措紧密的联系起来，并且因此将他们的注意力集中在住房和公共设施的持续提升上。他们常常在处理看似平凡的组织问题，例如必需的卫生设施或使用的厨房设备。上文提到的哈桑和健康住居在他们各自的环境中所关注并着手解决的这种管理和自力更生之间的联系，目前也正是一大批不断涌现的建筑无政府组织（Architectural Non-Governmental Organisations）所涉及的领域，这些建筑无政府组织中的相当一部分都处在联合国人居署项目的庇护伞下运营。

追溯马克思精神，他的碑铭也是他最著名的名言作出了最好的诠释："心理学家只是用各种不同的方法诠释这个世界；但关键在于，做出行动、改变世界。"[10] 在这种精神指引下，空间自组织运动同样也召唤切实的行动：我们需要重新定位建筑实践，也需要重新定位我们在实践中所进行的内部操作，以及与他人进行的外部合作。不同的实践组成结构会导致不同的空间结果。我们如何定位我们自己，以及如何、从何开始我们进行操作并成为对话的一部分，这都将对空间如何被生成、使用和感知产生非常明确的影响。

知识

空间自组织运作的最终场所是在知识的使用上，尤其是用知识打破专业控制下的种种限制的方法上。建筑学科的专业的知识被设立了层层壁垒捍卫者，就好像在保护某种宗旨一般，而专业的公信力似乎正是建立在这种形式上。作为这种知识禁区的看门人，建筑语汇，从专业技术的语汇表到学术界和商业杂志的术语都被严格的编成法典。它们都使用了一种既定的语汇（或许我们自己也应该为此感到自责），只能被已经入行的人理解，而非为了更广泛的大众服务。这样的建筑讨论日趋一种自我引用自我消化式的讨论。他们完全没有描绘出建筑创造的确切状态，仅仅是再现了一种复杂图解，仅仅解读了形成建筑“内在”的关联以及权利关系。类似的，建筑教育也被局限于这种内在之中。教师传授的建筑知识停留在一个已经定义的安全范围里。因此学生们则秉持着这种一致的边界，并被局限多年之后，在某个特定的建筑生成过程中成为绝对的并且不容置疑的权威。

与之相反的，空间自组织思想在知识的生产和传播上拥有另一种与众不同理解。建筑应该遵循唐娜·哈洛维的建议，支持一种“局域性的、地域性的、批判性的知识，这种知识有助于维持一种彼此连接的网络，并使不同政策之间达成一致以及促使在认知学层面的对话。”[11] 语言知识的多样化使用方式昭示了对于“知识是什么”的多种理解，或者说，是对多样化视角的一种连贯性表达。知识不是对一元化的科学真理的重现，而是对各种各样声音的一种表达。正如本书第一章所阐述的，空间自组织概念的核心在于同其他人分享知识的愿望。这需要通过承认非专业人士的贡献，并用一种易于理解的方式传播知识，将其开放给建筑学体系以外的人们。

这也意味着严肃对待哈洛维所提出的“知识与生俱来的局域性”，而不是寻找普适的解决问题的方式方法。她写道，“只有进行局域性的观察才能保证客观的视角。所有关于客观性的基于西方文化的叙述都暗示了一种意识形态，这种意识形态支配了我们称为思想和身体、疏远和责任之间的关系。女权主义者眼中的客观性是关于受限的场地以及已固化的知识，而并不涉及主观与客观概念的撕裂和跨越。这促使我们对我们所见学到的如何去看负起责任。”[12] 在这种观念下，这本书中所描述的每一个独立方案都是有局域性的，每一个方案都关注其内在的领域，并且都着眼并着手因对其自身固有的状况。但是局域性并不是一种脆弱的表现：这些方案共同提供了一个不同建造方式和机制的样本库，这些方式与机制解释了建筑如何以更有意义的方式帮助空间生产，如何在隐约逼近的气候危机中、在世界不断增加的社会不平等中，帮助寻找到能够解决当下问题的社会和环境解决方式，因为这些问题并没有被当前任何一种政治系统所关注。

传播知识的关键手段之一就是通过自我管理的出版物进行出版发行，这种出版物独立于专业授权的出版渠道，编辑出版单次发行的报纸、爱好者杂志，或者带有一定常规性的期刊、书籍、网站、地图或其他类似出版物。发行这些出版物的初衷是多样的：像《场记板》（SLATE）（12期，

1976—1980）这样的出版物是要针对主流报纸发出一种反对的声音，但他的流通非常有限，另一些类似《ARse》（p.90）（1969—1972）杂志的则是作为一个更广范围内的教育和社区技术援助中心运营的实践的一部分。《全球数据目录》（1968—1972）则是作为一本生态交易目录和手册，为那些希望享受自给自足生活模式的人服务，它摒弃了复杂的技术细节，以一种更简单易读的方式书写。一些近期的出版物，比如《玻璃纸》（GLASPAPER）（p.90）（10期，2001—2007）杂志是为了吸引那些光鲜的建筑杂志读者以外的人群而发行的。《建筑设计学院》（An Architektur）（自2002年以来出版23期）则致力于建筑领域的空间性批判分析，例如移民，社区设计中心或是战争建筑；此外，公共事物团体发行的杂志以快速且成本低廉的方式印制，主要记录了他们举办的常规活动。网络杂志《找回公共性》（Re-public），（p.159）《欧洲爱好者杂志》（Eurozine）（p.159）或者《e-溶出》（E-flux）（p.159）杂志[图3.6]已经成为对空间生产模式进行跨学科批判性讨论的重要门户。这些出版物刊登的文章都经过同行评议，但是独立存在于大型出版社圈子之外，力图拉近与非传统的跨学科读者的距离，并且使用了网络的评论机制来发表支持与反对的不同声音。这些出版物和网站，以及难以计数的个人博客，成为讨论一些议题的重要渠道，而这些议题通常在主流建筑媒体中难见踪影：日常行为、地方性抗议、自发项目、使用、批判以及其他。

其他的团体的观点则更具有教育意义，他们致力于传播一些曾经被禁锢在专业圈子中的知识。[13] 例如建立在纽约的城市教育学中心。他们研究一些看似平凡的问题，比如城市如何运行，空间概念上的民主制度意味着什么，或者电力和水来自何处的问题。他们为学校设计了教育方案，并且帮助他们建立文档、手册和电子杂志，来用简单的语言解释这些流程，以及如何介入这些流程。这样空间的知识就得以传播，并能够被更广泛的公众人群来理解和讨论，这些群体在获得这些基础的知识后，也能够自己参与城市讨论中去。这个流程的一个重要部分是用直接的方式绘制地图图示出空间性关联。为了理解已经建成的环境，将人与物之间如何相互联系进行可视化是非常有用的。随着世界愈发的高速变化，联系越发的不可感受，这种可视化也愈发成为一个艰巨的任务。法国概念艺术团体研究办公室（Bureau d'études）绘制了反应复杂关系的地图，例如欧洲劳工团体的牵

[图3.6]《e-溶出》期刊网页，可以免费在线浏览。空间自组体的一个关键宣传媒介之一就是出版杂志，包括实体杂志和网络版本。独立于多国家出版社。这些出版物推广他们在环境构建问题上自己的观点。《e-溶出》在这里将自己描述为一个立足于纽约，但国家化的网络，他们的活动之一就是出版月刊，这一月刊整合了他们对建成环境的多样化批判。例如，马里昂·冯·奥斯顿（Marion von Osten）认为她作为客座编辑编撰的文章"可以被理解为一场大讨论的开端：左派（文化）是否依然能够进行超越强大力量结构的思考和行动，或者是否能够在新自由主义舆论模式之内工作。"

连关系图。在分辨这些节点和连接网络的时候，他们的地图成为重要的工具，因为它们呈现了这个系统是如何运行的，并且描绘了这个系统的错位和脆弱之处。

因为只是允许每个人来评鉴和批判它们在这个世界上的位置，允许他们质疑、协商、介入、改变以及提出其他的操作方法，所以知识成为激发人能力的工具。没有知识意味着没有力量。正是这种力量成就了例如规划师网络（Planner Network）这样一个立足于美国的组织，他们自 1975 年开始运营并完全免费对外开放使用。这个组织的成员向被规划进程排除在外的人提供服务，让他们得以介入这个复杂系统。

知识作为空间自组织运作的场地，比其他的场地，例如社会的、物理的或组织性的场地更关注于“其他人”：利用那些没有被明确解释的事情，以及那些通常被排除在传统出版物之外的事情。知识反映了一种创造更为完整的关系图谱的愿望——就像本书所采用的方法一样，试图去扩展对于什么构成了建筑性议题的定义——借此建筑就可以不再仅仅被理解为某种技术性或美学性的对象。一本爱好者杂志、一个博客、地图和技术支援同建造一座建筑物一样是建筑性的，但他们与建筑建造不同的是，他们自觉的秉承着一种对他人开放的方式创造并传播空间知识。

其他的建筑场地

当然，这种将空间自组织场地划分为四类的分类方法是人工的，因为一切空间生产本质上都是存在边界的。这四种场地无论如何都不是相互排斥的，有大量的实例跨域了这种场地的分类，而且完全可以被其他人补充并且用多种方法被排除在外。但他们共同指向的不仅仅是一种可能性，而是将建筑视为可以通过灵活复合配置来完成的任务。这种观点为建筑师和其他空间设计师提供了机会。具体他们要如何工作将在下一章节介绍。

1. Donna Haraway, ‘Situated Knowledges: The Science Question in Feminism and the Privilege of Partial Perspective’, *Feminist Studies*, 14（1988）: 595.
2. Richard J. Bernstein, *Praxis and Action*（London: Duckworth, 1971）, 308.
3. Henri Lefebvre, *The Production of Space*（Oxford: Blackwell, 1991）, 81.
4. Walther Rathenau 引　用　自：Manfredo Tafuri, *Architecture and Utopia : design and capitalist development*（Cambridge, Massachusetts, and London, England: MIT Press, 1976）, 70.
5. Ezio Manzini, *Enabling Solutions for Sustainable Living: A Workshop*（University of Calgary Press, 2007）, xiv.
6. Ezio Manzini, xii.
7. Tom Woolley, ‘Alternative Practice’, *Architects’ Journal*, 42（1977）: 735.
8. Tom Woolley, ‘Cullinan’ s Co-op’, *Architects’ Journal*, 42（1977）: 742.
9. Magali Sarfatti Larson, *Behind the Postmodern Facade : Architectural Change in Late Twentieth-Century America*（Berkeley and Los Angeles: University of California Press, 1993）, 38.
10. Richard J. Bernstein, *Praxis and Action*（London: Duckworth, 1971）, 13.
11. Haraway, 584.
12. Haraway, 582 - 583.
13. 参见一本很好的在历史和现代的关于绘制地图的形式与手段的书：Janet Abrams 和 Peter Hall, *Else/Where:Mapping*（Minneapolis: University of Minnesota Design Institute, 2006）.

第四章　空间自组织的运作

本书的最后一部分阐述了怎样能够激发空间自组织过程以及如何控制空间自组体的运作。这部分描述了一些做建筑的不同的方法，具有一定的指导意义。它位于全书最后，是关于个体、团体、机构和空间自组体网络的综合概述。本章并非关于空间自组织过程的手册，也不是要做成相关策略的复选列表，而是对本书中所描述的团队操作和事件相关的概念进行了详细阐述。本书中出现的例子和策略可以给空间设计以启发，但这些方法并不受空间大小和具体位置的限制。如果将这些方法视作一个整体，他们的目的是永久性的改变人们对于空间创造行为关注的核心。尽管目前全球范围出现的混乱局面更加凸显了这些特殊的方法的预见性，但是这些案例不应被理解为一种关于如何应对当今飞速变化的经济与环境现实的操作手册。此外也不应把这些特殊方法当成是提供了如何安全度过经济衰退期的权宜之计的宝典，以为通过重新将实践性关注的核心转移到社会的“需求”层面就可自保。这样做只会使书中列举的意义和重要性大打折扣。不同的个体以及团体会通过这些特殊的建筑设计方法将空间生产的核心转向一种有关于住居和空间占用的政治性的探讨，而这些设计方法优势有时被作为这一过程的方法有时则被作为一种技术手段，与此同时对创造 / 建造空间与生活之间关系进行讨论的需求也随之而来。在空间自组织过程中并没有绝对的理想方案，但我们应该有永不止步的意愿。空间自组体的例子告诉我们，建筑师其实是有选择的，这些选择中也存在着和其他行业一样的道德真空。以下章节将要简单介绍空间自组织过程的各种操作流程，然后向读者展示空间自组织的众多选择。

69

拓展任务书

典型的建筑工程是以一份任务书开始的。地方政府，学术机构和公司或个人在某处拥有地皮，想将该地建成某种特殊的建筑，或者是想在原有的建筑进行扩建。学术机构可能需要一个学生活动中心或者一个建筑来容纳相应的教学设施，公司可能想建立一个新的办公总部。地方政府则想要一个重建区域，或者住房、商业，抑或者任何其他公共设施的总体规划。于是，这些主体会开始撰写任务书。任务书里面一般有不同程度的细节，如需要怎样的空间，规划的要求等等。任务书中往往还会提到总体预算。他们可能采用公开竞标的方式，这种模式下任何建筑单位都可以提交方案，他们也有可能会邀请一些“被特别认定”的建筑师准备一套建筑方案。有时，建筑师投标承接一个特定的实践项目有可能会直接被邀请进行设计，这种情况通常是建筑师与委托人之前有过合作。在上述所有情况中，建筑师获得任务书，然后对其内容作出回应。从一开始，委托人与建筑师之间就存在一种特殊的关系：委托人是付钱的一方；建筑师是提供服务的一方，他们的服务可以得到报酬。而且，在建筑师 70 开始创造性设计之前，这种关系就规定了该建筑的大致方向。任务书往往规定了建筑师在某一个空间可以做什么，不可以做什么，而且也包括一些详细的规定，如所有权和经济责任等。任务书中最明确的就是地皮的边界，建筑的空间都是已经划定的，建筑和设计都不能超出划定范围。这些红线告诉我们，建筑师应该在规定的边界内设计，而不能超出这个边界。委托人与建筑师对场地外的事情不感兴趣。尽管很多人都选择这种经济实惠的方法来工作，但事实上场地以外的东西以及对给定的一切批判性讨论帮助了空间自组体的工作。因为这种超越场地的考量同时也是会包含社会、政治和经济环境因素 71 的，并且反映了特定发展所可能导致的必然结果。

因此，空间自组体准确地理解了他们这些边界正是他们工作的领域。例如，塞德里克·普赖斯认为给定的任务说明所划定的界线之间的空间比任务书本身更有趣。通过超越场地范围的工作，每日的生活与事件成为进行与空间相关的工作中不可或缺的一部分，因其促使建筑师进入偶然和不熟悉的领域。这些在常规和条例之外的空间实例控制了空间的生产，并提供了一种更多样化的解读和理解空间的方式：空间对于那些处于不断变化之中并充满各种可能性的条件与空间是开放的。

这样的工作方法意味着跳出所有给定的框架之外来建立一个人的空间感知。它质疑了作为任务书制定者的“专家”以及按照常识判断理应最了解情况的“本地人”的角色。同时，这种允许意外的态度也将建筑师置于一种持续不断的谈判当中。例如在忘忧宫电影院（Sans Souci Cinema）项目中，建筑师通过设定一系列的流程来质询什么才是取代索韦托被烧毁的旧影院的最好方案。

当任务书以一种技术指标的形式被提出时，它定义社会关系的深远作用常常被掩盖。一个表明房间尺寸的清单可能是一个反映委托人需求的有效方法，但实际上这种清单是非常僵化的。因此空间自组体将关于针对任务书所进行的无数的谈判作为其所承担创作责任的核心部分。正因为理解设计任务书是设计师定义社会关系的第一阶段，像 DEGW（现更名为“策略 +”（Strategy Plus），是与 AECOM 合作的建筑设计事务所）这样的公司会和其委托人合作完成任务书。[1]

因而，传统的任务书与自组体精神相违背，它通过设定参数，来处理问题并限制选择。与此相反，空间自组体并非以任务书为准，而是以此为契机拓展各种可能性。法国建筑师帕特里克·布尚（Patrick Bouchain）在这方面的工作值得注意，他往往与人合作，撰写自己的任务书，而荷兰合作者克里姆森（Crimson）[图 4.1] 则以叙事为手段，融入地域因素，从而创造性地编制任务书。正如克里姆森所述，“能够讲一个好故事，一个感人肺腑、激动人心而又引人入胜的故事，这才是设计和规划的核心所在。”[2]

[图 4.1] 霍赫弗列特城的荣耀别墅（荷兰语 Heerliijheid Hoogvliet）克里姆森强调了历史和经验主义分析和叙事的重要性，正如鹿特丹城郊再生规划方案中所做的一样。整个计划包括了 27 个不同的建筑方案和社会或文化方案，共进行了 6 年时间。克里姆森认为战后城市最好的且最有启发性的未来设计基础应该是提升、更新和利用霍赫弗列特现有的特点和品质，包括物质品质和社会品质。整个计划就是建立在这个论断之上。WiMBY!《霍赫弗列特新城的过去、现在与未来》一书就是对这次设计的一个记录。荣耀别墅就来源于克里姆森为霍赫弗列特制定的策略。它是伦敦总部做的一个建立在公园中的社会空间和社区空间，FAT。摄影：Maarten Laupman

项目启动

对许多空间自组体而言，早在编制项目任务书之前，项目就已经启动，建筑师和有关人士积极主动地通过与各方协商启动项目。布基纳·法索凯里建筑事务所（Kéré Architecture）[图 4.2] 和柏林的鲍皮勒腾就是典型的范例。所有这些项目启动模式都超越了建筑师——开发商模式。在建筑师——开发商模式下，为了自身的利益，建筑师通常会简单地忽略中间人这一环节。与此相反，上述案例中，建筑师会利用一系列空间技巧，激发项目为更广泛人群提供利益的潜能，从而创造新的社会、政治和经济机会。因而在郊野工作坊的项目中，不仅是建筑设计本身，同时在识别潜在客户、筹措资金、许可磋商和材料采购等方面，建筑师们都同样付出了巨大的努力。另一种情况是，一些人最初自筹资金启动一个项目，随后，人力资产、政府资金或其他私人资金加入补充，生态村网络的许多小项目就是如此。

事实证明，与主流建筑的启动模式相比，这种项目启动过程更为复杂，因为它会涉及这一过程中参与各方错综复杂的关系协商。项目启动时，不是简单回答一组给定的问题，而是以开创新思路的欲望为动力。启发不同思路，新的筹资机制或不同的方案意味着，不是等待他人决定怎样装扮城市或空间，而是设法推进自己的流程，这种做法在公园构想项目中得到有力的体现。主动代表各空间自组体发挥作用，让自身能力发挥作用，而不是让他人决定建筑潜能的界限。

空间自组织的经济

72

空间自组织并非受通过单纯金融资源管理而运行的经典的货币经济所驱动，而是在对劳动力、时间和空间的运营管理的推动下应运而生。空间自组体不是要解决费用、费用结构、支出以及必要的实用性和回报等问题，而是将股权和自我管理作为头等要务，比如西班牙城镇马里纳莱－达（Marinaleda）的管理所体现的那样。其他实例包括非货币交易和无法以金钱衡量的交易，如本地互换性交易计划那样（Local Exchange Trading

[图 4.2] 甘多小学的屋顶构造。早在 1999 年，D·Γ·凯里（Diébédo Francis Kéré）就启动了布基纳法索甘多校舍建设项目，当时他还是柏林的一名学生；项目赢得 2004 年度阿迦汗建筑奖（Aga Khan Award for Architecture）。贾斯汀·麦格沃（Justin McGuirk）在英国主流设计杂志《ICON》最新一期中撰文认为，凯里"身兼多重角色：社会活动家、资金筹集人、建筑师和建造者。凯里将建筑视为社会权益的某种形式，他利用当地劳动力，培训那些无法读写的人们将他的图纸变为真正的建筑。"在凯里的案例中，项目启动需考虑到各方责任，既要考虑劳动力，也要考虑建筑和使用建筑的人们。因此，他仍然继续参与甘多项目，目前，在现有校舍旁，一个图书馆正在建设中。摄影：Frik-Jan Ouwerkerk

Schemes)，它将经济作为一种着眼于具体方法和流程的运作工具，本地交易体系最初在苏格兰芬德霍恩（Eko 币）和丹麦克里斯蒂尼亚（Fed，Klump 和 Lon 币）出现。

在其他背景下，一些交着的社会状况往往会催生抗议、请愿和其他自发性的活动，而在这些活动中所采取的行动并不依赖某个个人、团体或社团的资助。这种行动往往在自下而上的自发性层面进行操作，例如在南非阿伯罕拉里·贝斯姆乔德罗运动和现在风行全球的游击园艺（Guerrilla Gardening）行动。他们都勉强维持着一种"将就"经济，即花最少的钱，将劳动力和可用资源整合起来产生效果：有些人将客厅用作活动办公室，用再生纸制作宣传海报，人们利用业余时间上门宣传（在真实或虚拟空间），只是为了提高人们对某件事的认识。可以看到，有如此多像非政府建筑组织（Architectural NGOs）的学生分会，以及像科恩街社区建造者（Coin Street Community Builders）推动数年的运动[图 4.3]这样的活动被组织起来。因而，这种方式的运作不是为了产生效益，而是为了将其他方式无法解决的共同事务推上议程，如公园构想中的土地使用和土地所有权的关系，规划师网络（Planners Network）中的私有化和贫穷之间关系的问题。因而，在此情况下，空间自组织的经济不是建立在财务交易基础之上，而是识别出在这些背景环境中的最有价值的商品：付出的时间、挤出的时间、永不放弃的精神，这些要素结合在参与和行动过程中的自我管理本质，这使得活动群体得以摆脱各种财务责任和方案的制约因素的束缚。

空间自组织经济的另一种形式为，一些活动家、建筑师或规划师，在政府资助下，以他人名义获得外部机构的财务支持。获得的资金用于各种目的，其中包括提供专业支持、可行性研究、修建建筑原型以及筹集资金等等。典型代表如社区技术援助中心和某些北美社区设计中心以及澳大利亚梅里玛设计。这些团体中，专业人员负责传授知识和技能，这些知识和技能在传统的建筑办公室中通常并不需要由他们负责，但是他们的工作能够让那些通过其他途径无法获得的这些知识和技能的人们受益。[3]然而，这种经济同由政治性目标影响下的资助拨款优先级息息相关，因而极易受到领导换届和政策风向的影响。例如，20世纪80年代，当英国保守党政府将资金从地方政府抽离时，政府资助的来源枯竭，前述社区技术援助中心也就不复存在了。

正如我们在第三章看到的有关合作组织的讨论，这种做法的内部经济可以定义机构的起点。作为一个合作体来经营，可以在这样一个企业中创造公平。当涉及决策过程，经常会安排进行一人一票的表决。任何产生的利润是随着积累社会资本的同时，被投资回到新项目，这往往能够使组织团体所关注的事项直接获益。例如，在格拉斯哥的集体建筑团体（p.130），他们发现自己吸引来的越来越多的客户都是想加入到实践工作中的人，这样能使这些人对于工作和房屋建造的伦理想法能够得到反映。

化为己用

操作空间自组织的下一步操作就是化为己用。在文化研究中，化为己用与任何事物相关，从借用到盗用一部分文化性的表现形式，如音乐或散文；在经济学中，这个词又指以前未知资源的商品化，如水资源。但是，在空间自组织的语境下，化为己用避免了这种行为潜在的剥削特性。[4]相反，该行为作为管理未充分利用的资源，或者是打破现状的一种方式，在此语境下被更积极地运用了。前者的一个很好的例子是未使用的物业经过合法或非法的土地私自占用行动取得所有权，而后者的例子是在20世纪70年代反社区组织（Counter

［图 4.3］科恩街邻里中心提供了可负担的照料儿童服务，学习机构以及企业支持。科恩街社区建造者的例子强调了一个事实，即在进行漫长政治性和空间性抗争的过程中，时间是最有价值的商品。在针对土地的所有和最终对土地进行开发过程中所进行的权利协商，最终导致了一个社区行动组织将自身转化成一个社区开发者的过程，他们在过程中经过了近十年的争取和一系列公共调查，最终买下了南伦敦的一块地。如果不是该组织成员承诺不寻求任何经济回报，那这项活动一定不可能被实现。这种持之以恒的做法需要这个团体创造性地去适应新环境，无论是从政治角度来说还是从经济角度来说都是如此，这也是这个项目能够不断创造性地运用多种来源补贴的关键因素。比如，公共停车付费停车场，位于IROKO住房计划的地下，补贴了地上的住房。摄影：Tatjana Schneider

Communities）中，其中专业知识（生态、建筑等）被重新调配，用于建立新的社会秩序 [图 4.4]。克里斯蒂尼亚，总部设在哥本哈根的有争议的丹麦自治居民点，是一个将前军事基地占为己用，从而提供了市内自治性住房的一个例子，它对整个欧洲其他的开发行为产生了很有影响。其中的一个开发行为是在意大利的社会中心，这个开发行为同时带有土地非法占用和自治性运动的影子，其中运营最长时间的中心之一就是位于米兰的雷昂卡瓦罗社会中心（Centro Sociale Leoncavallo）。该中心自 1975 年以来一直占据着的一个废弃的厂房，并为社区提供共同的空间，目前这一状态已经合法化。而在掘地者与推平者的传统中，这些将土地和地产占为己用的行为实在官

74

[图 4.4] 新墨西哥陶斯附近的菲尼克斯地球方舟的入口。建筑师麦克·雷诺德（Mike Reynolds）在 20 世纪 70 年代中期开始地球方舟的实验，目标是用废料设计自给自足的居所。结构来自冲压的泥土和旧车的轮胎，地球方舟也利用玻璃瓶、饮料罐和废弃金属。他的目标是利用专业知识来建造一个建筑体系，该体系可以被业余建造者建造。在《垃圾勇士》这部关于他想要改变我们建造世界的方式的电影中，雷诺德描述了他的家园："没有任何东西被接入到这个住房中，没有电线，没有燃气管道，没有污水排放管道，没有供水管道，没有能源被使用……我们有 6000 加仑的水，农作物，内化的污水，全年稳定在 70 华氏度……这些房子所做的是关注生活中的方方面面并使它们为你所控……一个四人的家庭完全能够在这里生存，没有必要去商店" 摄影：Kirsten Jacobsen

方的规划过程之外进行的；在这些地块上进行非法行为，或者仅仅是被容忍的行为的人们往往会组成站在他们自身权利立场上机构，并采取更多形式化的法律框架，而在这一过程中，这些往往也会丧失一些自身的激进性和抗争的潜能。然而，对已明确的空间进行物质性的占用，经常伴随着不计其数的，并且一般是非法性的自建房实践，这些实践只是简单使用随手可得的资源，这在物质和经济匮乏的条件下创造空间的一种有效途径。

化为已用已经成为一种工具，借助这一工具，人们可以质疑私人或者公共空间，而同时新的活动也就此产生。虽然化为已用一般很难撼动真正的权利关联，因为许多措施都是暂时的，但它同时也显示出了这种行为可能更长期存在的机会。土地使用解读中心（The Center for Land Use Interpretation），以及他们所进行的"土地利用数据库"编制工作成果卓著，他们同时呈现出特定地点的荒诞性和潜能。此外，化为已用这种行为已由马里纳莱达市的市长和公民通过非常直接的方式颁布出来了，其最初的土地占用状态引导产生出一套长期的空间和社会的解决方案。以这样的方法进行化为已用是开放性的、有意识的，不会被隐藏或变相执行，同时不会公然引发破碎、冲突以及生产和使用空间的矛盾。

令人愉悦的不确定性

很多时候，建筑作为被美化和被技术化的对象，把自己太当回事。针对于此，空间自组织试图从决定论者、空间句法规划者、参数化造型者、提出建筑围护结构

政治学（the politics-of-the-envelope）[由建筑设计师及理论学者A·Z·保罗(Alejandro Zaera Polo）提出的针对物质主义的政治性批判理论。——中译者注]的理论家以及企图利用另一种符号化的房屋来拯救世界的陈腐的尝试者这样一群人手中拯救建筑学以及对空间的生产。然而，如果我们以塞德里克·普赖斯为例，他将幽默、快乐和喜悦连同讽刺以及隐含的讥讽在创造任何形式物质化或非物质化设计的时候一起容纳进来，这种方式可以有效地挑战人们对于什么是一间屋子、一座住房、一个机构，或者工作、生活、学习看起来有可能是怎样的标准化观念。

在空间（或生活）规划中保持有效性这种理念，产生了一些形式服从功能的设计方法，在这些方法中，一些事物，像闲置的空间，无法被纳入到设计的考量之中，因为容纳闲置空间意味着浪费和不经济（保持经济性经常也意味着能够用以交换利润）。[5] 但是，这些用高效和确定的方法来思考和认识空间，几乎没有考虑到普通和平凡的日常生活。然而这种生活却是空间中如此令人愉悦的一个方面，这种空间的美好被智利实践团队元素敏感地捕捉到，并应用于他们在伊奎克的社会住房，在该项目中房屋都被设想为由未完成框架容纳的闲置空间，随着时间的推移被那里的居民所化为己用。过度确定化的空间不会给使用者将空间化为己用留出余地；相反，因为这些空间是被精心设计，它们往往是被超控的，几乎没有留下可以进行化为己用的空间。在空间自组织行为中，不确定性的原则以及成为一种体现愉悦性的风向标，正如在学生自建住房项目包豪斯勒[图 4.5]或伦敦 00：/ 组织建筑师作品

[图 4.5] 1983 年拍摄的包豪斯勒外观。包豪斯勒是一个斯图加特大学的学生宿舍。彼得·苏尔泽（Peter Sulzer）和彼得·许布纳(Peter H ü bner)监督实施了这个项目，这个建筑在 20 世纪 80 年代早期被学生们设计和建造出来，并且被缺少学生宿舍的斯图加特大学投入使用。该项目不同部分划分给不同的人负责，导致了建筑单元完全不同的风格，也实现了房间不同尺度和规模。这一项目可被认为是针对建筑确定性的一种宣誓，同时它鼓励了运用就地取材所带来的新的风格。摄影：Peter Blundell Jones

中所呈现的那样。留下一些未尽之事，同时保留一些即兴的和计划外的空间允许让其他人来实现一些以不同的想法定义的空间，体现他们自己的需求和渴望。在这本书中的有些空间自组体,如社会责任（Social Responsibility）组织或者规划行动（Planning Action）团体的建筑师、设计师和规划师，因此经常举行请愿活动反对那些被过度管制和规划的空间。其他，如格拉斯哥建筑与空间通信团体（G.L.A.S.）(p.132)，运用幽默的方式绘制图解或创作具有煽动性和宣传性的作品，希望能够扭转诸如公共资产的私有化等问题。还有一些组织，如哈吉泰克图拉，针对那些看似不容置疑的理性的因果关系展开争论，挑战效率的规则，通过说服的方式而不是鲁莽行动，以实现对空间不同的想法或改变人们对于空间生产的认知范畴。

76

使事情变得可见

一个空间自组织行为的主要目的是揭示使隐藏的结构可见，无论是在政治、社会或经济中都是如此。只要这些结构的权利在很大程度上仍然是不可见的并因此不被触动，空间自组体如研究办公室［图 4.6］或泰

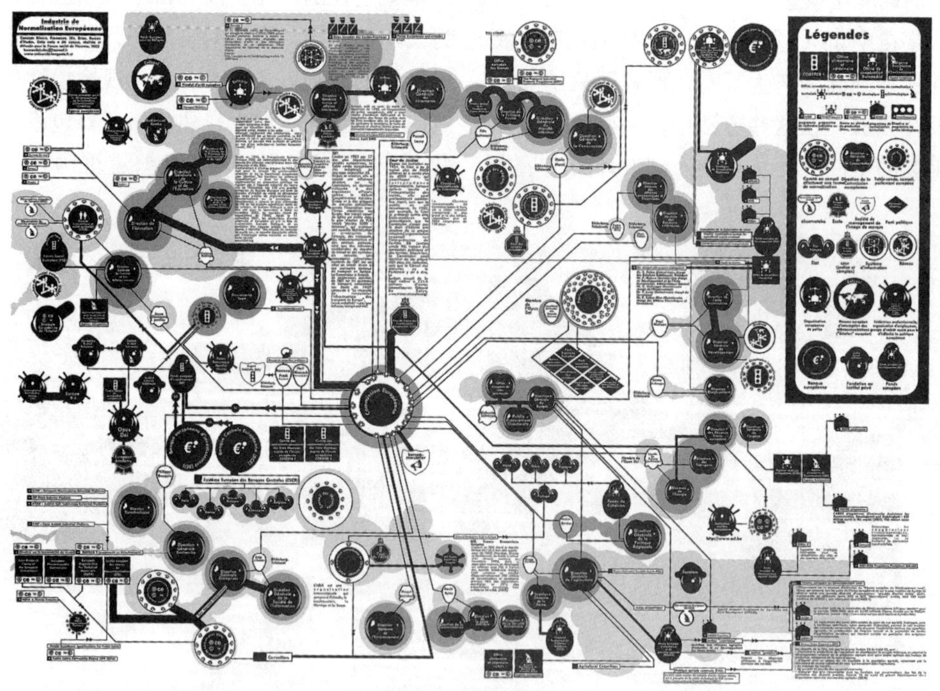

［图 4.6］世界生产的欧洲标准。图片：研究办公室。布莱恩·福尔摩斯（Brian Holmes）写道，研究办公室的地图“渴望成为认知工具，将原本固化在特定技术性出版物中的信息分散到了尽可能广的范围。尽管在另一种层面上他们希望带来主观性的震动，成为一种潜在的能量，为抗议行动赋予思想内涵，加深人们进行抵制的决心，这些方式他们都或多或少的曾使用过。”这里所示的这份地图被命名为：世界生产的欧洲标准，描述了欧洲委员会（EC）的组织和权利结构。这份地图让欧洲普通市民能够了解上百个游说团体中哪些与欧洲委员会相勾结以处理各自的私利。这份地图也反映了三大主要权利来源，即欧洲正义法院，欧洲工业家圆桌会议和布鲁塞尔博雅公关公司——一个在各种办事处中以高价为顾客谈判的私人咨询公司。

迪·克鲁斯E研究室，就常将其作为自己的任务，利用地图、图表、图纸、讲座以及组织巡回活动等方式进行研究、记录、将数据可视化，并分析不同节点以及参与者之间的联系和关系，以阐明和简化一些通过其他方式令人费解的信息和数据集。

因为我们这个世界的很大一部分是由日益复杂的跨国甚至多国跨国的组织系统构成的，因此想要了解空间是如何通过其他一些事物被创造出来，或者来自全球的参与者在一种特定的框架内的开展的参与行为是如何影响局部地区状况，并被这种状况反向影响已经变得越来越难。这并不奇怪，那么多的“使事情变得可见”的行为都是在网上发生的，或者至少在线应用程序的有效支持下发生的，这些应用允许其他人进入和参与那些以前甚至不能被参与的事情之中。

[图4.7] 开普敦附近的卡雅利沙（Khayelitsha）非正式居民点。国际贫民窟组织（SDI），是连接南半球各发起人和组织的网络。他们的任务是“连接南半球的贫困城市社区，将他们在某些地区成功运用的动员、倡议和解决问题的策略传播并调整应用于其他城市、国家和地区，”并在这一过程中从底层塑造城市。SDI促成了社区对社区的交换，但是也使得加入他们的组织相互学习成功的促进收入计划或是一个地区或居民点的更新规划。这些过程使得参与者，用SDI的话说：“能够将他们自己和同伴们当成频繁被专业指派的专家”。SDI网络不仅包含社区，也经常邀请政府和其他官员加入案例学习，因此让这些所谓的专家看到和学习另一个远景和发展模式。摄影：Paul Bruins

网络

虽然每一个参与者的能力可能会被限制，众多有着局限能力的个体的融合形成了一股相当强大的力量，这个力量可以根本改变一个事件的方向和路线，而这就被称为网络众包的一种当代现象。通过这样的网络，一些个性化的力量分布在外围，彼此相结合担负起一些任务，这些任务如果以单一中心来承担会变得难以捉摸，而且对网络中任意一个参与者来说都会是一个重大障碍，在他们的合力之下却不值一提。空间自组织存在于这些开放性框架的组织机构之中，正如在生态村、非政府建筑组织的网络、窝棚/贫民窟居民国际组织[图4.7]，拉丁美洲居住组织的庞大网络，以及直接行动或擅自占用网络中所见到的那样。当发出邀请，希望人们无论是以行动还是以贡献知识的方式参与，都表明单一的、单学科的发起人自身的不可完成性和局限。如果你想承担起相应的任务，并且创造出如这么多在这本书中介绍的团队所呈现的，可见的且具有主导性的权力结构，阻力通常产生于进行一个网络合作的过程中，通过汇聚共同利益而产生，而网络作用恰恰是在这种共同利益的基础之上运行。

知识分享

下一步操作是有关空间知识的发展和分享方式的，一开始是在学术领域中，然后在之外的世界进行传播。正如我们在第二章看到的，空间自组织的一个动力是：通过开放并打破学习的叙事特性并代之以批判性咨询以及行动的训练，从而对专业教育结构进行重新思考。标准建筑教育是与文化和行业的发展不可避免地相联系的。在学校层面上来看，进入到建筑学专业学习之中一般会被看作是会取得“较高的成就的人”，而这只是踏入到一个极端精英化以及男性主宰行业的第一个门槛。[6]在1978年，雨果·辛斯利（Hugo Hinsley），这位英国著名建筑高校建筑联盟（AA）的老师写道“无论是建筑学专业教育还是其的结构体系，抑或是建筑物的设计和建造，都可以抽象地来看；他们都被我们社会的、政治的和经济的框架所影响，并且教育的一部分就是思考并质疑这个框架。”[7]辛斯利深深地批判教育中一个令人吃惊的局限性——行业壁垒，他同时还反对对学生进行一般意义上的划分，在同一篇文章中，他将这种划分定义为“供养官僚机构的饲料”或者是“优等民族获得博士学位的建筑师”。然而，在同一时期也存在着希望（至少在某些时间里存在）：一些英国的学校——这些学校具备与美国社区设计中心有着相似的建筑精神——在从事着社区设计工作，组织真实的、生活化和社会化的项目，同时他们是在一种对建筑的共同理解之下从事上述工作，即建筑并非一般所认为的中立的形式，而是关乎如何同他人协作尝试使建筑以及建筑工具变得与更广泛领域的社会相关。因此，在一定程度上，知识变成了一个变革的工具。与坚信知识是通过教育获得，并因此赋予建筑师以及整个行业可信性与权威性的这种观念相反，空间自组织号召一种对于知识新的理解，知识不是像财产一样可以被一个人把持和私有的，而是一种在与他人进行沟通协商过程中产生的事物。主流的教育，在这里可以等同于表面上是在童叟无欺进行知识传授，但纯粹是在制造并巩固一种具有支配性的制度化和专业化的结构，这是“驯服式、安抚式和灭绝式的机构，使各种脱节和不协调尽量和谐存在；并将日常存在的各种难以控制的特征加以抚平”。[8]

空间自组体对于知识的理解与他们对于空间的理解相类似，然而与这种理解相左的是：当一个参与性空间的产物遭遇到跨学科的边界，如在英国奥雅纳建筑事务所（Arup Associates）的早期设置中怀抱着一个新的和更宏伟的分享知识的目标，将建筑、测绘和工程服务结合在一起。更重要的是朝着在学术和行业之外采用一种协作式的工作方法而前进，从而深入到同更广泛人群的联系之中。空间是通过多种复杂的力产生的：银行授予抵押和贷款，多种多样的经营商和建造者，期间还穿插了不计其数的条条框框、居民、当局者等等。但是，最终的成果几乎总是归功于建筑师，同时这一现实被通过一篇又一篇的专题文章所强化，这些文章一部分是通过公共性杂志发表的，而另一部分则是建筑实践团体试图把持其在建筑历史中的地位而自行发表的。然而其他参与者对于空间结果的影响除了被列出的屈指可数的公司的名称之外几乎不为人所知，而人们对于一栋建筑物的兴趣在使用者入驻之前也便消散了。事实上在建筑师们对他们新建成的一尘不染的作品拍照之后，这些建筑最终被投入使用后的表现才是最为重要的。在一栋建筑的占用和使用过程中进行学习的，并不属于一名建筑师的标准服务项目中所包含的一部分，这种标准化服务并不鼓励针对房屋在使用过程中的表现进行常规性的反映。与此相反，空间自组织行为认为一栋建筑物只有通过使用才能实现自身的完整价值。用另一句话来说，建筑的进程并没有随着把钥匙交到客户手里而终止，而是在他们入住之后依然继续，并和他们使用建筑的时间一样长。

将空间及其产物理解为一种分享式的事业同时也意味着将建筑环境理解为集体性创造的产物，其中一些人们可能扮演了或者将会扮演某种特定的角色，在其中过程的概念，影响的概念以及建筑物被接纳、设计、建造并且最终经常同他人一起共同占有。影响空间的协作式生产可以采用多种不同的路径。第一种就是，每个被包括在这个过程中的人都会共享这一过程，并享有一份概念性的和认知性的平等所有权。这种方式所进行的项目都同上述原则保持一致，因此书中大量案例都以一个团队而不是个人来命名。作为一个集体来操作的空间自组体通过废除个人权威强化了这一原则，比如追踪者 / 游牧观察家（Stalker/ Osservatorio Nomade）团体就是如此，与此相比其他的一些组织则选择在一个特定的过程中去依靠每一个个人。第二种方式是，跳过设计和 / 或建造阶段，空间自组体选择超越建造物的原初完整性去理解他们的工作。例如，他们反复地回溯一种居住性的空间或者房屋来理解占用的过程，通过一种跨越时间维度的连续性的关系来评价最终的成果，正如拉卡顿与维赛尔在许多他们的项目中做的那样。此外获得了阿卡汗建筑奖 [图 4.8] 同样应该在这被提及，这是唯一一个只有经过至少三年使用的建筑才能被提名的建筑奖项。第三种方式中，存在一些为其他人提供支持性结构的人，他们这么做是为了使一种自我引导并自我管理的建筑环境营造方式能够获得许可，如同彼得・苏尔泽和彼得・许布纳在包豪

[图 4.8] 孟加拉国鲁德拉普尔 DESI 电子技术训练职业学校。成立于 1977 年的阿卡汗建筑奖由阿卡汗文化基金会颁发，旨在鼓励对穆斯林社会产生重大影响的设计。这是唯一一个考虑使用情况和设计使用的完整性的奖项，因此该奖项的提名建筑必须至少被使用三年以上。这超越了以往建筑奖项仅考量近期的建筑，而不评估建筑操作性、功能和居住性的标准做法。阿卡汗建筑奖将重点从审美上转移开，同时将注意力转向那些不知名的建筑师，这些建筑师也许没有标志性的风格，但他们的建筑强调社会和文化影响。孟加拉国鲁德拉普尔的这所学校，由安娜・赫林格尔（Anna Heringer）和埃克・拉赛格（Eike Roswag）设计，是最近获得该奖项的项目之一。摄影：B.K.S.Inan

79 斯勒中所进行的监管工作或者是通过社区自建机构（Community Self Build Agency）组织，由建筑类型公司使用西格尔的方法协助建设的霍恩西（Hornsey）合作住房项目。

但是，这种共享式的事业还包含了另外一重含义，这重含义即包括将资源审慎地同他人进行分享，例如装备、设备、空间和时间，还包括创造一种建筑环境使这种分享成为可能。一个办公室或许存在多余的空间，这空间可以被办公室关系网之外的人分享，当然这些人应该具有清晰地目的，并以跨学科和开放的方式进行工作，就像在“公共事务”实践组的实践作品中所发生的那样。为共享活动而设计的空间虽然是个相对过时的概念，但是依旧具有实际意义。为了创造出一个更公有化的社会，建筑被设计成包括合用的厨房或洗衣 80 房、公用的花园、儿童或老人的公用设施，甚至发展出可以共享使用汽车、发电系统或者供热系统的技术，正如在纳康芬公寓楼（Narkomfin，180 页）这一“社会冷凝器”建筑，协作住房（cohousing）方法以及其他一些更具体的生态推进项目，例如 BedZED 零能耗住宅（BedZed housing）中所发生的那样。

颠覆和反对

尽管本书中所提及的许多设计建筑的新的方式描述了一些使参与者在当下流行的政治性系统中工作的工具，然而很多实践者和团体都保持了一种极端政治化的立场，并且非常激进的反对、抵制和拒绝在新自由主义经济所设立的权力结构的框架中工作。在这种情况下，活动常常产生于本地性的抗议行为，例如抗议公共设施的封闭性、房屋或其他公有土地的私有化或者是更加全球性的事件。这些经常伴随着对行业标准的评判，这些标准被认为是串通一气维护了难以改变的现状。例如，新建筑运动通过出版他们的通讯杂志《场记板》（SLATE）[p.177] 支持了许多社会活动并使其得以公开，他们的杂志主张对专业机构的挑战应当作为重新思考建筑师的更广阔角色的起点。

在第一种例子中，反对的意见经常通过组织活动、写作、抗议或者直接行动来表达，并且可以以施加直接影响在具体的政策或法律中带来改变为目的，引入暴力的或者非暴力性的对法律正大光明的违抗。第二个例子，反对意见通过在公众环境中更加实际的整合，变成一种建议性的表达。1915 年和 1916 年的格拉斯哥租金罢工（Glasgow Rent Strikes）和 20 世纪 80 年代早期的柏林擅自占用建筑运动的第一波浪潮，便是极其成功的例子，这两次运动在住房法案以及内城更新计划两方面都带来了切实的改变。在第一个案例中，租金罢工促使住房协会的成立，支持形成合理的社会结构从而减少不公正的租金上涨和提供实用的建议，但同时还会继续通告一系列有关于社会和可支付得起的住房的报告与政策。另一方面，柏林擅自占用建筑运动超出了仅仅对空建筑物的占据，而是成为一个针对城市住房危机的可操作的解决办法，同时还针对在广大的内城区域进行批量拆除重建和土地出售背景下而导致的拆除租住房屋行为表达了反对观点。擅自占用建筑运动从早期反对性的行动特征演变成建议性的行动特征：用德国人的说法，房屋就是 instandbesetzt，意思是它们被占用（besetzt），但是同时占用者也提高建筑的质量（instandgesetzt）。最终这实现了住房政策中的一个彻底的系统性变革，从毫无任何政策到产生一套审慎的城市更新方法以及一整套关于在城市复兴背景中参与以及自组织行为的重要性和价值的政策性认知。

在建筑学领域，围绕着根本性和极端性的政治反对方式的讨论，可能在20世纪60年代晚期和70年代中出现过一次高潮。像建筑师革新理事会（Architects Revolutionary Council）这样的团队表明：建筑行业需要停下来思考一下。其他的一些团体为建立起不一样的教育结构而努力着，例如乌尔姆设计学院（HfG Ulm）和它的根本性的建筑课程改革。还有其他的一些团体试图拓展建筑师和使用者之间的不同的关系，通过社区技术支援中心和社区设计中心的建立这种探索得以实施。这些方式中的许多现在依旧到处可见，但是已经变得淹没并消减于政府的政策中；因此如社区咨询这样的事情已经变为一个可选项，而不再是为了营建一种根本性不同的建筑环境概念而创造的机会。

正如我们在头两章中看到的，在过去的20年里，建筑师和建筑学都被经济需要所压倒，很少进行反抗。学术界关于备受争议的建筑的批判性角色的争论也转变为内部放血这样一种死局，并且因此分散了人们对于这个领域所存在的广泛不适感的关注，同时以一种普遍模式的机会主义所典型化：不惜一切代价进行建造变成了一种标准——最差的情况就是建筑师们从专制和独裁政治体制中争抢建设委任。

与之相反，尽管建筑看似与彻底的投机羁绊很深无法分离，但在从中解救建筑学的尝试中，许多理论学者已经试图重新参与到空间生产的关键性潜能中去。如大卫·哈维（David Harvey）、曼纽尔·卡斯特尔（Manuel Castells）和彼得·马尔库塞（Peter Marcuse）等人已经不断地论证过非常有必要从根本上反对为空间生产划定一种标准形式。特别是彼得·马尔库塞，得益于他的法律和规划背景，目前已成为最直言不讳要求增加商品化和重新审视建筑的评论家之一。在他看来，在当今从事反对活动应该将矛头指向任何资本主义的形式，因为这种形式瓦解了人类社会的公正，此外矛头还应指向在南半球不发达国家发生的剥削现象，以及通过规划依旧延续的女性歧视和种族歧视问题。[9] 在马尔库塞看来，当今世界环境中进行反对活动应当对客户进行一种积极意义的选择，另外还应当关注如何能产生出一些非主流的方案。但是对建筑师和规划师来说，一起以协作的方式参与到这些事项之中是非常重要的，同时还应认识到这些问题规模之庞大、事项之繁复不是建筑师和规划师们能够单独解决的。马尔库塞写道：“我不认为我们需要为拥有有限的专业技能而道歉，我们应该完成那些我们能够完成的，但是我们也需要去认识那些我们做不到的。如果我们想去处理那些资本主义的问题，我们不得不使用我们同其他团体联合的能力，否则我们只是在边缘处理事件。”[10]

这些理论家的著作最终是通过许多的空间自组体的行动实现的。积极地参与是反对的最重要和最有效的形式之一，并且也是在这本书中被众多团体所实践过的方式：不道听途说而是亲自验证，参与到规划流程之中，提高对资源与土地的规划和分配中更广泛问题的意识，听取其他人的意见并向他们学习，同时尝试去完善不同的和更公平的系统。这些例子一起带给我们例证和希望，对当前盛行的系统的反对不仅仅是可行的，并且能在变革中带来结果。当代的这些事例逐渐地不再需要二十世纪六十年代的那种大规模的革新，而是只是通过打开缺口，那个系统不可阻挡的活力就会不可避免的喷薄而出。有的时候，可以通过颠覆性的融入已有的管理框架来产生作用，利用这些框架最终实现一些它们在一开始并没有被设想能够做到的目的。因此，圣地亚哥·赛鲁吉达取得了杰出的成就，他沿用了公民间的规则并且推动这些规则去挑战极限，为其他人创造机会以创造性的方式伸张空间的权利。对规则的颠覆在这里被用作对抗支配性观念的策略，并利用空间去创造共有的和非商品化的空间，正如在自适应行动 (p.124) [图 4.9] 项目中展现的令人振奋地一系列实例那样。

81

[图 4.9] 公共街头流浪地带（PLA）。"自适应行动"，与游击园艺师对空间的颠覆性使用相似，或是类似于"Untergunther"项目中对于私人财产附近规则的颠覆。"自适应行动"是一个由让－弗朗索瓦·普罗斯特（Jean-François Prost）推动的计划，呈现了一系列对于"城市更新"的颠覆，体现在改变我们对于环境的看法的微尺度行动。他解释道："通过观察、反映和分析居民的调整行动，这一项目的宗旨是鼓励其他人行动起来，参与到环境中，同时也向设计师提出关于设计项目的可行性拓展。"这个项目是一个对所有愿意分享他们案例的人开放的平台，他们的案例应该与空间开发和利用的规划如何被改变相关。比如，图中所示的项目，公共街头流浪地带，将栅栏转换成可以坐的地方。摄影：匿名；www.adaptiveactions.net/action/21

步入建筑设计的新方式

空间自组织引发了一系列关于建筑环境是如何被创造的和为谁而创造的，并对传统构架或者陈旧但是根深蒂固的规则和准则等进行了探查。他们的行动来源于这些探寻：个人和团体是应该"绕过"、"渗透"还是应该'劫持'机构或者其他组织性的结构；他们经营"开放资源"，他们作为无政府组织和慈善机构的志愿者进行工作；他们将空间的生产理解为引入对话并且总是寻找对话对象的某种事业；他们认识到建筑和规划的根本性的潜力并且为了提高这种认知而工作，并且将批判性的和思索性的建议传给下一代；他们质疑一成不变的现状；他们懂得以战术机动的方式制作、写作和并采取行动，但同时也会以充分宣传并被默许的方式从事上述行为，并以此来影响事件的进程。

对于那些将会被以其最大意义进行操作的空间自组织行动，这些行为和介入总是能够通过谈判和审议进行，并最终会带来对于其相关事物的许可。所有这些设计的新方式都拥有着一些共同点：他们在注重实际的同时又非常具有前瞻性，同时他们还很注重在一个空间生产的过程中时间所扮演的角色。空间自组织显示出谈判、坚韧不拔、想象力、参与性的空间碰撞，以及一个人对于自己作为道德责任的影响因子的认识，以及对于空间时间的更多伦理理解。

82

1. Alistair Blyth and John Worthington, *Managing the Brief for Better Design* (London: Taylor and Francis, 2001).
2. Crimson, *Too Blessed to be Depressed: Crimson Architectural Historians 1994–2002* (Rotterdam: 010, 2002), 8.
3. 更多的另类融资的参考包括乡村银行（Grameen Bank）、小额信贷（micro-credits），还有来自于社会投资商业（Social Investment Business），社区发展金融机构（Coummunity Development Finance Institution（CDFI）），或一个叫 UnLtd 的支持社会事业的慈善机构的可行性奖金。
4. 关于同空间适应性营建以及参与性建筑相关的多样化策略的综合性考虑参见：Jesko Fezer and Mathias Heyden, eds., *HIER ENTSTEHT: Strategien partizipativer Architektur und raumlicher Aneignung* (Berlin: b_books Verlag, 2004)
5. 闲置空间的概念形成于我们最近的关于灵活住房的著作，然后出现在 *Architecture Depends* 一书中.
6. 英国皇家建筑师学会在其存在的 175 年历史中已经选出它第二个女性主席了。
7. Hugo Hinsley 说："教育的特殊性是教育所讨论的内容"，*SLATE*, no.6 (1978): 9
8. McLaren, *Critical Pedagogy and Predatory Culture: Oppositional Politics in a Postmodern Age*, 231.
9. Peter Marcuse, 'What has to be done? The Potentials and Failures of Planning: History, Theory, and Actuality. Lessons from New York', in *Camp for Oppositional Architecture*, ed. by An Architektur (Berlin: An Architektur, 2005), 36.
10. Marcuse, 40.

第五章　建筑设计的崭新之路

85

本章将根据字母表排序列举一些空间自主设计的优秀案例。更多信息可以在www.spacialagency.net网站获得，也可以通过该网站链接到案例设计团队网站获取更多图片与资料。正如在本书引文部分所指出，本章案例的选择并非要兼容并包。在选择中，更倾向于选择那些容易激发人们对于项目中输入与产出这样两个问题产生思考的案例。我们认为这些问题是积极有益的，因为通过对这些问题的思考，每一位读者都能够获得自身对于空间自组织概念的理解。或许也能更进一步激发对于本章标题“建筑设计的崭新之路”的思考。在之前章节中，已经简要介绍了本章案例将如何诠释一种看待建筑的不同视角。但是并没有清晰解释为什么建筑师能够胜任并且介入这种衍生的建造行为，尤其是一些案例中压根没有建筑师的参与？这一答案就在于建筑师具备一种从空间的角度理解各种复杂关系的能力，而这种能力是他们在学习和实践过程中不断培养起来的。这种能力能够吸收同化各种复杂的建设条件——物理的、材料的、环境的、社会的和政治的，使其结合成整体，并进一步建立起一套动态的、互相依存并且内在关联的生态系统。正由于建筑师是一种需要同其他人合作的职业，我们对于他们操作这种复杂空间关联的能力持有极大地乐观态度。我们希望以下案例能够激发建筑师思考并实践利用空间自组织进行建造操作的新方法。

00 : /

伦敦，英国，2005—

www.architecture00.net

00 : / 是一个活跃于伦敦的合作实践团体，由印德保尔·乔哈尔（Inderpaul Johar）与大卫·萨克斯比（David Saxby）两名设计师成立于2005年。他们将其工作描述为创造出一种“可持续的设计”，这一概念既表达了他们对于生态的关注也表达了对于社会的关注。他们的建筑设计一方面努力实现零碳排放标准，同时着重于通过支持小尺度商业以及类似于互换商店的非货币形式交换从而体现其工作背后再生的理念。建筑师将这一战略性目标同建筑设计层面相结合，通过制造出临界性以及非确定性的空间鼓励非正式化的交换行为，从而创造出适合社会网络蓬勃发展的空间环境。

这一实践项目在实证研究中十分重要，同时它也展现了建筑师在政策层面所能带来的改变。在该项目实施过程中，设计师同德摩斯（Demos）智囊团，制订了一份关于未来城市规划的报告，并作为建筑领域顾问向CABE和欧盟进行汇报。00 : / 项目将机

社会先锋阶层俱乐部，国王十字街中心，伦敦。摄影：00：/ for Blueprint/RA

86

Thursday 11th May 2009　PAPER CITY GAZETTE

SOCIAL EXCHANGE CLASSIFIEDS

LOCAL INTEREST GROUPS

KEEN GARDENER looking to start MONTHLY ORGANIC DINNER Seeks interested members to join for food based discussions. Dave at Hitcham Lane Allotment Gardens

KENTISH YOUTH FOOTBALL LEAGUE Hosted by Kentish FC Youth Programme, seeks teams & members league games. KEN 0789 242 778

LOANS

St. Mary's Church WE-BANK offering MICRO-FINANCE

REDCAR ESTATE COMMUNITY BANK seed funding available to support young apprentices /trainees Call 020 7803 894

HACKNEY NEIGHBOURHOOD BANK loans of up to £5,000 0207801002

CANNING SOCIAL INVESTMENT BANK seeking viable and feasible enterprises for the benefit of the community 020 690 399

REMOVALS/HAULAGE/STORAGE

A VERY NICE MAN in exchange for cat sitting. Call Malik 0206 195 358

FRIENDLY MAN & VAN PECKWATER ESTATE TIMEBANK 0710 795137

RUBBISH CLEARANCE

RUBBISH CLEARANCE Aspiring teenage musicians seek tutor in return for gardening & house cleaning 0208 504 5504 07498 776 488

UNWANTED FURNITURE ITEMS carpenter seeks unwanted furniture for material salvage. 0752 285 530

SPARE CROCKERY Local community centre seeks donations of good condition tea cups & plates. Vikram on 020 7859 024

CITY GAZETTE Your community Your paper

Local Community Directory To Sign-Up Call: 020 7739 2230 www.citygazette.co.uk

SWAP MART

Recycle your old clothes! Monthly Monday CLOTHES SWAP NIGHT

BAG OF YOUNG BOYS CLOTHES (3-5YRS) looking to exchange for good condition boys clothes 7-11yrs 0789 028 829

DRUM KIT FOR OFFER (Hornchurch Road) Wanted : Caring musical home Call 0791 223 019

GOOD CONDITION 12FT TRAMPOLINE from Argos. looking for a home in exchange for coffee table 020 7924 328

LOCAL AREA ANNOUNCEMENTS

ANNUAL CARDEN NEIGHBOURHOOD CURB DAY Put out your unwanted but still valuable items out for display on Saturday May 16th. Further details www.ac-curbday-co.uk

MUSEUM OF SKILLS knowledge of history? experience in crafts? got a practical skill? Local Libraries seek local residents to contribute skills & knowledge to Museum of Skills archive 0178 747 030 or call into any Stanford local library

WOLSLEY NEIGHBOURHOOD PERSONAL CARE BUDGET POOL

BANBURY PARK PLEDGE BANK Have a spare hour of time? In need of some neighbourly help? Want to contribute to your local area? Like to learn a new skill? Neighbourhood market of skills, time and expertise between local residents. www.banburyparkbank.co.uk

MAKE LOUNGE "Make do and mend" Weekly sunday knitting workshop free & open to all. Bring your craft skills and spare yarn! Hackney Library 4pm

OVER 50 & WANT TO RETRAIN AS A HEALTHCHECKER?

MOTHERS CENTRE hosted @ Bryant Shopping Centre

SANDWELL PROPERTY CLUB

TRAINING WANTED

FREE MACHINE REPAIR FOR FRENCH TUTORIALS All washing machines, fridges & dishwashers in exchange for language tutorials. Call 0719 435 802

ACCOUNTANT seeks cooking lessons in return for bookkeeping tutorials Call Andy on 0789 242 778

PHOTOGRAPHER looking for DIY help in exchange for family portraits Mia on 0782 176 928

FREE ART TUTORIALS

GREEN FINGERS Retired gardener seeks young apprentices to help and teach. Bernie on 020 789 0284

HINDI WOMEN seek home taught english lessons in return for indian dance and cookery lessons 0798 285 4930

SEAMSTRESS seeks driver in return for clothes mending & repair Talk to Sheila on 020 835 901

Why Advertise? Why Not? Call 020 133 8000

SCHOOLTEACHER looking for gardener in return for language lessons (french, spanish & italian) Speak to Grace on 020 793 078

AFGHAN CHEF

STAY AT HOME MUM offering garden space for reading hour with other young parents during the day in return for car lifts. Frances 020 987682

WALKER dog walking exchange offered in leighton park. Weekends only. Mika 0789 4487 274

creative commons

报纸城市，分类化的社会交换。摄影：00：/ for Blueprint /RA

构性、经济性和社会性的建造设计视为成功施行建筑环境再生策略的关键。他们列举出 DEGW（p.138）、孟加拉乡村银行（一个来自于孟加拉国的发展银行，致力于支持微观社区经济发展。——中译者注）和人民超市（一个共同所有合作经营的超级市场。——中译者注）等组织，并将它们作为关键性的影响因素。他们所做出的努力在其称为“中枢集团”（Hub Collective）的项目中得到了很好的体现，该项目旨在提供一个服务于创意工坊与社会活动策划人的“全球网络”。在这个项目中，00：/ 既设计建筑，也为经济策略以及商业问题提供建议，通过构建新的组织方式以及空间模式，从而鼓励小尺度社区商业的发生。

Johar, I.（2006）‘Architecture of money: Re-building the common’, *Volume*（Amsterdam）, 7: 80 - 85.

87

20 世纪 60 年代的乌托邦组织（1960s Utopian Groups）

欧洲，1961—1977

受 20 世纪 20 年代乌托邦空想的影响，20 世纪 60 年代，在欧洲出现了第二波乌托邦建筑浪潮。这次浪潮中，一些人专注于将可移动性、灵活性等文化概念进行整合，而另一些人，例如康斯坦特·利文霍（Constant Nieuwenhuys）（p.178），与尤娜·弗莱德曼（Yona Friedman）（p.151），则将他们的乌托邦理想视作进行社会变革的手段。而上述这些乌托邦式的实践在建筑方面体现出一种共性——巨构。人们可以在这种巨构建筑上进行插入或剪切的建造操作，从而提供了一个可以被修改、适应和延展的灵活框架。

上述实践中前者最为闻名遐迩的涉及团体就是建筑电讯小组（Archigram），该团体于1961年在伦敦建筑联盟（Architectural Association，AA）(p. 98)成立。通过爱好者杂志、连环漫画、诗歌以及激进的声明等多种多样的传媒方式，他们为人们营造了一种消费主义城市的图景。在20世纪70年代，在石油危机爆发以及人们意识到自然以及自然资源并非取之不竭之前，社会中所充满的乐观情绪以及对科技力量的坚信态度使得建筑电讯小组所描绘的图景在当时有可能得以实现。尽管建筑电讯小组自身力图避免直接表明政治立场，但是他们所描绘的动态建筑图景引导了当代文化的转向，并影响了一批人借用建筑电讯小组所创立的系统描绘出整合了社会因素和政治因素的未来建筑图景。

阿基佐姆（Archizoom）设计小组便是上述团体中的一员，他们小组的命名即来自于建筑电讯出版的第四期爱好者杂志的刊名——"聚焦！令人惊叹的建筑电讯"(ZOOM! Amazing Archigram)。该组织于1966年成立于佛罗伦萨，由四位建筑师[安德烈·布兰奇（Andrea Branzi），吉贝托·柯瑞帝（Gilberto Corretti），保罗·德加尼罗（Paolo Deganello），玛西默.莫罗兹（Massimo Morozzi）]以及两位设计师[达里奥·巴托里尼（Dario Bartolini），露西亚·巴托里尼（Lucia Bartolini）]组成。阿基佐姆以讽刺性的方式回应了建筑电讯小组所提出的消费主义逻辑以及他们试图将建筑与政治进行分离的主张。他们在意大利领导了反设计运动（或称为激进运动），进行了大量项目实践，并频繁发表论文，对现代主义进行批判，并尝试探索灵活的，基于技术方式的城市设计方法。另一个同年成立并同样来自于佛罗伦萨的相关组织，取名为超级工作室（Superstudio），该工作室由阿道夫·纳塔里尼（Adolfo Natalini）与克里斯蒂亚诺·托拉尔多·迪·弗朗西亚（Cristiano Toraldo di Francia）合作成立。他们对主流建筑对环境以及社会问题的漠视态度以及相应所带来的恶化加以批判。此外他们还设计了许多带有思辨意味的项目来描绘反乌托邦式的世界。这些设计项目中采用了一种无限延展的网格体系从而重新再现连续而整体的自然环境图案。另一个与激进运动相关的组织是斯图蒙小组（Gruppo Strum），于1971年由乔治欧·切瑞提(Giorgio Cerretti)，皮耶特罗·德罗西（Pietro Derossi），卡罗·吉安马可（Carlo Gianmarco），里卡多·罗叟（Riccardo Rosso）和毛里奇奥·沃格里亚佐（Maurizio Vogliazzo）五人共同成立于意大利都灵。该团体将建筑视为其在60年代投身社会与政治抗议运动的一种途径，并通过组织研讨会以及散发免费图片集表达他们的主张。

这些激进运动组织所带来的影响可以从之后建筑设计思考的转向中体现出来。建筑从早先仅仅被作为静态的孤立的建造物转变为一种具有文化批判性的形式，并进而被作为社会及政治变革的时间体现。

Lang, P. 与 Menking, W.(eds)(2003)《超级工作室：非客体化生命》，米兰：Skira.

Sadler，S.（2005）《建筑电讯：没有建筑的建筑》，剑桥：麻省理工学院出版社。

建筑 2012（2012 Architecten）

荷兰，鹿特丹，1997—

www.2012architecten.nl

建筑2012于1997年成立于荷兰鹿特丹

的建筑实践组织，成员为杰若恩・伯斯玛（Jeroen Bergsma），扬・荣格特（Jan Jongert）与塞萨尔・皮尔伦（Cesare Peeren）。该组织宗旨是尝试通过巧妙设计而减少对自然资源的消耗。他们提出了“超级使用”的概念，这种概念与材料回收再利用不同，各种零件和物品以其初始的形态加以回收利用。这意味着可以将这些材料在运输、拆解以及重铸过程中的能耗节省下来。只要设计师在项目设计之初对于可行性具有清晰认识，就可以在他们的设计中结合使用各种特定的部件——例如在儿童游乐场设计中应用了5片废弃的旋翼桨叶就是“超级使用”的一个典型案例。“建筑2012”意识到若想在项目中实现“超级使用”，并不仅仅需要设计中的创新，同时还需要态度的转变，以及管理实践流程的改革。他们提出了一个对建造流程进行重新建构的方案，包括引入一个新的专业职位：一个超级使用检索员，他可以对不同对象和零部件的再利用的潜能和可行性进行评估。

荷兰多德雷赫特的一个展亭设计，利用厨房洗涤槽材料制造。摄影：John Bosma

在每个项目伊始，建筑2012都会对项目场地以及周边环境中所涉及的食物、水、交通、人、能量等要素进行废气及生产循环性能评估。这一研究改变了设计的过程，并建立起一套从如何获取材料，利用当地劳动力技术能力，直到最后进行建筑设计及相关介入操作阶段的整体性策略。他们的设计不仅体现在项目最终的介入阶段，而是渗透于他们整个制造过程的各个阶段。通过这种方式，建筑2012使得本地物质交换和生产得以增强，并最终实现降低建造活动对非本地物资的依赖这一目标。他们的灵感来源于欠发达国家地区每天都在发生的对废弃材料创新式的再利用，并自称继承了20世纪70年代在美国兴起的自助自造传统，尤其是是对在建造地球方舟（Earthship）(p.134)过程中发展形成的对废旧材料再利用以及一些生态化的实践。

88

Hinte, E.V., Jongert, J. and Peeren, C.（2007）Superuse:*Constructing New Architecture by Shortcutting Material Flows*, Rotterdam: 010 Publishers.

平民占领（A Civilian Occupation）

以色列，特拉维夫，2002—2003

“平民占领”是一个曾经被取缔的展览项目的标题，后来该展览于2003年以同名书籍的方式得以出版，由拉菲. 塞格尔（Rafi Segal）和伊亚. 维兹曼（Eyal Weizman）合作编著。展览最初的标题命名为“以色列建筑的政治性”，旨在呼应当时一个由以色列建筑师联合会（IAUA）主办的公开建筑设计竞赛。展览同时也是对于2002年在柏林举办的国际建筑师联合会主题的响应。塞格尔与维兹曼在策展中探索了在当时中东政治环境，以及对巴勒斯坦持续占领背景下建筑所能扮演的角色。然而以色列建筑师联合会对展览策划持有反对态度，并收回了对展览的预算支持；此外他们还销毁了五千份已经公开发行的展览目录印刷品。

然而《平民占领》一书的出版最终将

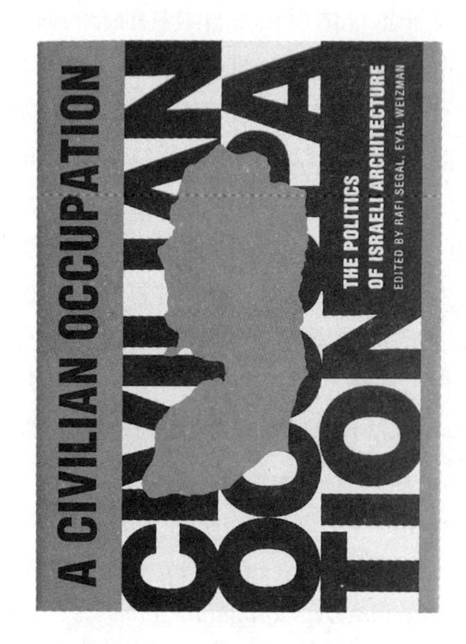

这些工作带入到公众的视野中。在书中，建筑师、作家、摄影师、记者以及一位电影制作人均将以色列式的占领方式通过空间方式展现出来，并探索了那些已被用于对占领区进行控制以及巩固权威所采用的具体的建筑性策略。该书配合大量地图、照片以及统计数据，详尽地揭示了建筑行为如何介入到占领区管理过程中，这种介入既体现在将聚居区战略性的布局在山丘顶端，从而对山下巴勒斯坦村庄形成堡垒式的监视作用，同时也体现在修建穿越型道路设施，将巴勒斯坦领土肢解成小片。展览还包含了一幅由维兹曼与以色列人权组织B' Tselem合作制作完成的地图，第一次全面展示了分布在西岸地区与以色列聚居区相邻的巴勒斯坦村庄的情况。那些以色列聚居区虽然大多呈点状分布，但是通过在地图上绘制他们的精确位置、规模以及空间形式，显示出这些聚居区是被精心设定从而实现特定的战略目标，例如将某条道路一分为二，或对某个巴勒斯坦村庄形成包围之势。这张地图同时还揭示出这些聚居区如何仅仅通过占据小片土地就将大片巴勒斯坦领土瓦解。

89

因而这本书清晰具体地显示出建筑从来不是一种不谙世事中立的职业，而发生在以色列的事实就是这样一个极端的例子。那些被包围的以色列城市的强力增长，随处发生的关口收回与新设，都显示出建筑职业同政治行为的关联。在对马阿里·艾杜明（Ma' ale Edummim）这个西岸地区最大聚居城市的总设计师托马斯·雷特斯朵夫（Thomas Leitersdorf）进行采访的时候谈到，这个城市对于那些希望追寻梦想而着力进行建造的建筑师们而言实际上是一种警示。

Segal, R. and Weizman, E.(eds)(2003) *A Civilian Occupation: The Politics of Israeli Architecture*, Tel Aviv/ London: Babel/Verso.

阿伯罕拉里·贝斯姆乔德罗（Abahlali baseMjondolo）

德班，南非，2005—

www.abahlali.org

阿伯罕拉里·贝斯姆乔德罗在祖鲁族语原意为“居住在窝棚中的人”。2005年南

把我们的土地还给我们，2005. 图片来源：Abahlali baseMjondolo

非德班的一些激进的穷人以此为名兴起了一场轰轰烈烈的运动。当时，一些社会底层组织举行了一场抗议活动，抗议政府出售一些空地。而这些空地此前已被承诺由附近一些非正式聚居区的人们使用。尽管这场运动主要以德班及周边地区为核心，但其发展迅猛，并号召起成千上万的人，最终形成后种族隔离时期南非最大的穷人运动。尽管该运动的主要目标是组织起对抗当地政府的各种活动，但是近年来，该组织成员也逐渐开始在居民区内部开展建造项目，例如修建一些孤儿院、公园和工作介绍所等。

他们的这场运动直面城市中穷人的生存条件问题，包括他们对于重要社会服务的需求以及城市中家庭所应有的基本权利。该组织所有活动的原始动机均与南非所实行的某些特殊政策相关。那些居住在窝棚中的穷人将选票压倒性的投给非洲国民大会党，而该党也承诺为当前极端贫穷而占南非人口主流的黑人群体提供合适的住房条件。然而尽管这些穷人参加了各种各样的公共参与项目，然而他们依然感到被出卖给了开发商，并因抗议而被逮捕。

90

阿伯罕拉里质疑当前本地人们每日努力工作，然而这些工作却完全由那些国外非政府组织、学者或者自助者主导。他们提倡人们能够为自己工作，以此取代之前

窝棚影院，Motala Heights，2007. 图片来源：Abahlali baseMjondolo

废物推进器 2（2008）

LEARNING & EDUCATION

glaspaper

critical writings on architecture and space

04

Against the noisy clamour for perpetual war against terror and the immediate bombing of Iraq it is easy to forget that the Labour government in the UK was elected on the basis of promises to invest heavily in education. By raising standards in schools and universities their plan was to put the UK at the forefront of the new 'knowledge led economy'.

This issue of glaspaper focuses on 'Education and Learning', examining the consequences of such policies and asking questions about the way in which these terms have been framed to suit those in positions of power. Highly publicised increases in spending on schools and the privatisation of buildings and services through the adoption of Public Finance Initiative (see glaspaper 03) has seen massive school building programmes rolled out across the country. The city of Glasgow has recently seen the completion of a PFI renovation and maintenance contract worth £1.2 billion, involving 29 secondary schools — 12 being completely rebuilt. We examine the environmental implications for the students and staff who shall work in these buildings for the next 25 years.

That an economy should be 'knowledge' led is rather like saying that a train should have an engine and travel on rails. Who controls what we mean by knowledge and benefits from its commercial application? Why is it that despite large increases in the proportion of young people attending university the gap between rich and poor shows no sign of narrowing? >>

玻璃纸（2001—2007）

的工作形式。为实现这个目标，他们正在尝试通过知识与经验的交流，缓慢地建立起一套由一些志同道合的协会以及类似组织形成的彼此团结的交流网络。

Pithouse, R.（2006）*Thinking Resistance in the Shanty Town.* <http://www.metamute.org/en/Thinking-Resistance-in-the-Shanty-Town>（accessed 9 July 2010）.

另类杂志
（Alternative magazines）

91

建筑领域的非正统出版物拥有悠久而丰富的历史，其中有两个时期作品极其丰富，这两个时期的成果都被近期的一些展览所收录，其中一个展览名为“一些爱好者杂志：来自建筑生产边缘的快讯”（2009）。该展览收集并展出了一些 20 世纪 90 年代的建筑类爱好者杂志以及这些杂志中将城市同音乐、艺术以及流行文化进行混合关联的文章；另一个展览称为“剪报，邮票，折叠：一些小杂志中的激进建筑（2010）”，该展览对 20 世纪 60 年代到 70 年代出现的上述现象尤为关注。这些杂志对那些学术类期刊或商业杂志形成了一种补充，同时其中一些杂志为外行人、非专业人士提供了发表意见的空间，而另一些则由专业人士创办，成为他们宣传某些极其专业论题和关注点的出口。近年来，博客以及其他一些网络媒体成为传播上述信息更为流行的方式，尽管这些方式不一定真会完全取代小型杂志的存在。比如大多数这种出版物的爱好者指出，这些廉价印刷、手工装订制作的杂志具有一种博客所不能带来的物质实体感。

出版这些非正统杂志的原因也同其本身的结果一样各式各样，大多数情况这些杂志都是自我服务的，例如由建筑电讯（Archigram）（p.87）出版的那些刊物，而还有一些则具有极强的政治性，或是作为更大规模实践中的一部分。以 ARse（1969—1972）为例，该杂志由汤姆·伍雷（Tom Wooley）与彼得·维尔德（Peter Wild）带领他们在建筑联盟（Architectural Association）（p.98）中的学生共同创办。杂志刊名中的首字母缩写所代表的含义变化了多次，从最初的“真实社交社会中的建筑师”到“建筑激进分子，学生与教育者”，其中 AR 又暗指了主流杂志 - 建筑导报（architectural review）。这本杂志同他们的社区技术支持中心（Community Technical Aid Centre）（p.128）一同创办，为居民邻里提供建筑性服务。ARse 杂志非常廉价地印刷成白色、黑色与红色，是一本坚定的左翼出版物，主要用于抨击建筑专业向资本主义社会的妥协。

而像《乌托邦》（1967—1978）这样的杂志则是为了自身权益而进行的一项研究课题，由一个编辑团队共同完成。这一团队包含了建筑师、城市研究者以及社会学者，其中核心成员为伊莎贝尔·奥利斯考斯特（Isabelle Auriscoste），让·波德里亚（Jean Baudrillard），米歇尔·吉尤（Michelle Guillou）和休伯特·汤卡（Hubert Tonka）. 乌托邦作为一个组织于 1966 年成立，成立地点就在亨利·列斐伏尔（Henri Lefebvre）位于比利牛斯山脉的家中。而他的影响贯穿于该组织所提出的所有七条纲领之中，以及纲领的理论文本乃至对于未来建筑介入日常生活图景的推测。这一出版物的合作特性从其格式中得到充分反应，即在篇

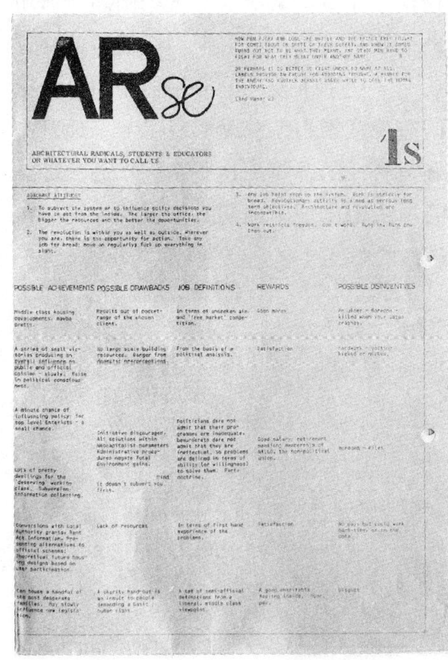
ARse
ARCHITECTURAL RADICALS, STUDENTS & EDUCATORS
OR WHATEVER YOU WANT TO CALL US
1s

POSSIBLE ACHIEVEMENTS	POSSIBLE DRAWBACKS	JOB DEFINITIONS	REWARDS	POSSIBLE DISINCENTIVES

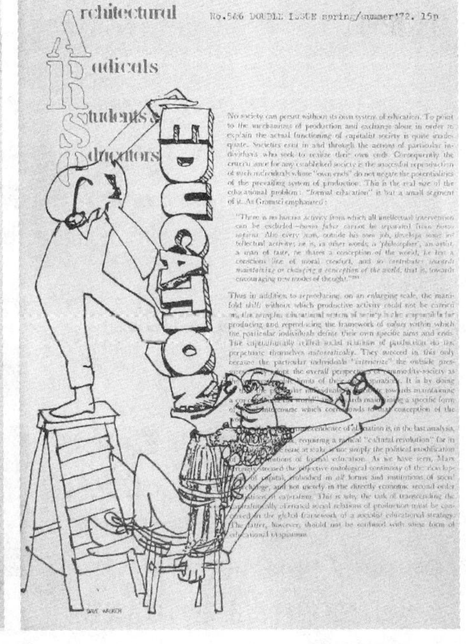
Architectural
Radicals
Students &
Educators
No.5&6 DOUBLE ISSUE spring/summer'72. 15p

ARse 发行的杂志（1969—1972）

幅中专门为评论预留出一栏。在出版杂志之外，乌托邦还进行展览策划，印刷宣传册以及组织相关活动等工作。

其他 DIY 型的出版物还包括杂志《玻璃纸》(Glaspaper)(2001—2007)。该杂志旨在将对建筑以及建筑环境的讨论带到那些不常接触这些领域的人们面前。G.L.A.S(p.132) 组织是一个由建筑学生、教师以及设计师联合组成的组织，并总共编纂了 8 期主题期刊，发起了诸如“学习与教育”，“运输与移动”等主题的讨论。

无论是以杂志、博客或者宣传册的形式，这些非正统出版物在主流出版工业设计范围之外另辟蹊径。与传统杂志不同，这些非主流出版物迎合了某些特殊的关注点，并通过个人联络方式以及共同的兴趣建立起传播网络。在某些时期，当一些著名人物在建筑设计以及学术研究两个领域都统治了话语权的时候，这些非正统出版物提供了同质化议题之外的空间，使得多样化的声音得以存在。

Rowe，C.(1997) *The Book of Zines*：*Readings from the Fringe*，New York：Owl Books.

业余建筑工作室
(Amateur Architecture Studio)

中国杭州，1998—

业余建筑工作室由王澍与其妻子陆文宇于 1998 年成立于中国杭州。工作室的初衷是以一种批判的态度面对中国当时的建筑行业。在二人眼中，传统城市结构的瓦解以及乡村地区的转型都是与过度的建筑开发分不开的。他们的实践活动最初在欧洲视野中引起注意始于 2006 年第十届威尼斯双年展中的中国馆设计。以“瓦园”为题目的中国馆装置作品由 66000 块从拆迁废墟中回收而来的旧瓦搭建而成，该作品可以被解读为作者对当时中国城市所遭受的破坏的一种评论。

与他们同时代很多设计师不同，业余建筑工作室的实践并没有一味通过向西方建筑学习获得灵感，而是深深植根于中国传统文化与历史。他们会专门去学习那些普通人日常生活进行自发建造的方法，同时从中国建筑极强的乡土传统中寻找灵感。从工作室的命名也可以看出他们希望向那些“业余的建造者”学习，专注于手工技艺的传承，并将其应用于当代建筑之中。王澍此前花费了很多年在建筑工地上向传统工匠们学习。通过将这些传统工艺同实验性建造技术以及深入的研究相结合，业余建筑工作室尝试应对当下中国高速城市化进程所带来的挑战。他们凭借专业知识与技能，使手工技艺的应用控制在可被接受的造价范围内，从而实现了与场地具有良好契合性的建筑。这些实践作品，最终淋漓尽致地体现了他们对于当代中国城市化进程的态度。

中国美术学院象山校区。摄影：Dvid Anthony Brown

Shu，W. and Zhenning，F.（2009）'The Outline of the Hills= Il profilo delle colline [Interview]'，*Abitare*，495：64-73.

业余建造对策
（Amateur building tactics）

业余建造对策是指那些发生在全世界各个角落的没有建筑师参与的大量自发的建造活动。这些建造实践活动通常最初始的动机就是贫穷的人们为了生存所进行的抗争，因此在世界各地贫的棚户区中都会发现其踪迹。这些非正式的聚居区大多修建于废弃的被人遗忘的土地上，或者修建于山体的峭壁之上，抑或修建于铁轨的两侧，甚至修建于城市的边缘或者空隙之中。非正式聚居区一般居住密度都很高，而且增长迅猛，未经规划而杂乱无章，这都折射出当地政府在住房政策上的失败，其所提供的住房供给难以满足所有公民的需求。尽管由于这些聚居区产生于多种多样的背景之中，很难为其下一个整体性的定义，但是这些非正式聚居通常可以依据他的合法性状态进行分类。然而由于合法性是基于资本主义以及新自由主义对于财产的界定而来的，因此大多数围绕这些非正式聚居区的争论都摆脱不掉对其土地所有权的讨论，这便成为问题所在。因此如果不通过它们同外部系统的关系对其进行界定，而通过其自身背景进行定义，这种情况就会变得好得多；这种界定方法可以用于调查在建造或组织这类聚居区过程中所涉及的各种策略。例如，土耳其的"吉赛肯杜"（Gecekondu）[①] 利用当地法律上未经合法诉讼程序不得拆除任何已住人构筑物这一漏洞，在夜间统一进行临时建筑的搭建。由于一个人无法在夜晚时段完成最基本满足居住要求的构筑物，因此常常需要一群人通力合作。这也意味着这些建造者不仅仅是在进行一个非常快速的建造过程，而且是常年甚至是几代人持续的，由一间房间开始一步步形成供多人居住活动的住房。另外一种集体建设活动发生在巴西，被称为姆缇劳（Mutirão），在葡萄牙语中意为"集体工作"，多个家庭及其亲朋共同帮助团体中某一家人修建住房；而当团体中其他成员需要帮助时大家也会慷慨伸出援手。姆缇劳的这种互助原则如今也被应用于拉美国家社会住房（social housing across Latin America，）[(p.166)]供给的过程中。这种非正式聚居区中的自建建筑类型经常通过自组织（Self-organised，197 页）的方式产生，并在已建住区中提供了一定数量的服务。例如建筑师阿里夫・哈桑（Arif Hasan）[(p.154)]就在卡拉奇的贫民窟住宅升级改造中主动为这些草根阶层提供帮助。

然而很多当地政府对于这些聚居区的反应往往是将居民从这类地区驱逐出去，并在一些新建社区中进行安置。这些社区往往依法兴建，并严格遵循规划标准。然而当前普遍认为这种做法并不合适。这会瓦解业已建立起来的社区关系，同时人们也被迫从城市中心区附近搬迁至城市郊区，在那里很难找到足够支持生存的工作。近年来，一些政府逐渐试图采用更有远见的态度处理这一问题，即在这些贫民社区中提供服务设施。但是由于受到发展的压力，

① "geçekondu"一词有贫民窟之意。——编者

业余建造对策。伊斯坦布尔的居伦苏 / 居尔苏于（G ü lensu/G ü lsuyu）的吉赛肯杜社区 . 摄影：Nishat Awan.

对于贫民窟的何去何从依然争论不断，而大多数情况依然以常规方式进行遣散拆毁。

United Nations Human Settlements Programme（2003）*The Challenge of Slums*：*Global Report on Human Settlements*，London：Earthscan，UN-HABITAT.

94

建筑设计学院（An Architektur）

德国，柏林，2002—

www.anarchitektur.com

建筑设计学院产生于一个被称为弗雷斯·法贺（Freies Fach）的松散建筑团体，他们的工作致力于通过行动、出版物和策展重建柏林 20 世纪 90 年代中后期的景象。建筑设计学院曾融入很多非常杰出的团体中进行工作，其合作对象包含“应用都市主义”（Institue for Applied Urbanism），法斯特（FAST）以及卡斯柯（Casco）等设计团体。他们的研究和设计项目形式多样，包括展览、装置艺术、行为艺术以及为艺术品展览设计空间。他们以批判性的思维将空间关系作为政治性的自主体的一种表现形式进行分析，从而反映出其在弗雷斯·法贺时期便提出的原初干涉主义和高度政治性的干预做法。

他们的绝大多数作品都是在编辑出版一本与其团体同名的半年刊杂志过程中相应产生的。杂志每一期都围绕一个与建筑的社会 - 政治因素相关的主题而策划，尤其会对资本主义以及新自由主义经济对于建筑专业本身以及建筑环境方面的影响进行探讨。该杂志最近的一期就在探讨欧洲移民所导致的社会矛盾持续紧张、空间的商品化转变，以及战争同空间塑造之间的关系。尽管杂志所选取的很多话题都在批判一成不变的社会现状，但有一些则是在为草根阶层的胜利而摇旗呐喊。例如杂志曾策划过一系列话题，探讨美国社会环境下的“社区设计”，这部分讨论也被以展览的方式呈现。该团体最近组织了一个会议——“对抗性建筑营”，该会议云集了一些当代设计实践以及一些理论学者的作品，这些作品对当前建筑实践进行了根本性的批判，并提出了可供选择的建议和解决办法。

作为一个设计团体和出版机构，建筑设计学院正逐步为前瞻性研究团体与批判性和高度政治性建筑实践项目之间建立起链接。

An Architektur（eds）（since 2002）*An Architektur. Produktion und Gebrauch gebauter Umwelt*，Berlin：An Architektur.

Mogel，L. and Bhagat，A.（eds）（2008）*An Atlas of Radical Cartography*，Los Angeles：Journal of Aesthetics and Protest Press.

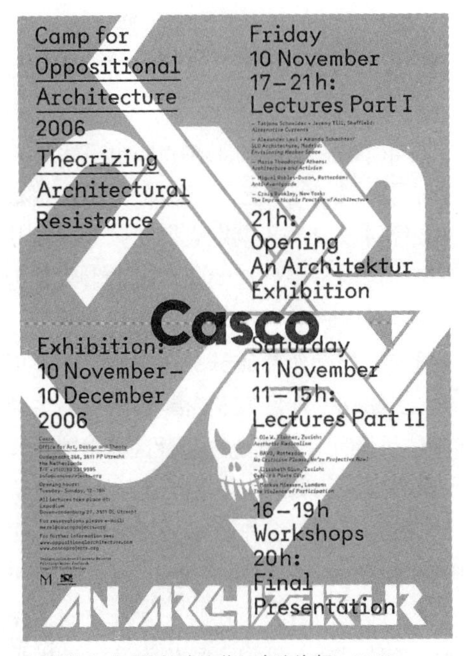

乌德勒支“对抗性建筑营”会议海报，2006

无政府建筑团体（Anarchitecture Group）

美国，纽约，1972—1975

“无政府建筑”是一个艺术家团体，20世纪70年代成立于纽约，其成员包括艺术家劳里·安德森（Laurie Anderson）、蒂娜·基罗沃德（Tina Girouard）、凯罗尔·古登（Carol Goodden）、苏珊妮·哈里斯（Suzanne Harris）、吉尼·海斯坦恩（Jene Highstein）、伯纳德·柯申保恩（Bernard Kirschenbaun）、理查德·兰德里（Richard Landry）以及理查德·诺娜斯（Richard Nonas），还有接受过建筑训练的艺术家高顿·玛塔·克拉克（Gordon Matta Clark）（1943—1978）。该组织的名称（Anarchitecture）就是无政府（anarchy）同建筑（architecture）两个词的混拼，旨在构想一种非正式的对话关系，这也是该组织内部相互协作的一个主要途径。1974年，他们策划了一场同名展览，对现代主义者所倡导的当代文化进行了批判。他们认为以建筑为代表的当代文化充斥生活同时充满各种各样的缺陷。无政府建筑对于文化态度中的停滞状态极其反感，理查德·诺娜斯将其称之为“坚硬的外壳”，或拒绝转变，其中建筑就是整个社会现象的缩影。展览中所有的作品都是匿名的，并采用了统一的形式，从而强调他们的协作方式。将建筑作为展览的核心对象可能是由于玛塔·克拉克在康奈尔大学的建筑教育背景，他于1968年毕业于该校。总体来说，该团体就是试图阻止建筑在资本主义化的社会生产过程继续推波助澜，他们利用文字游戏的方式，或者寻找合适的摄影图片，去揭露一系列与城市、居住建筑发展方式，以及土地所有权在这些过程中所起到的作用相关的问题。

与此同时，玛塔·克拉克还完成了一个称为“虚假地产”的项目，他购买了许多不能进行建造和到达的边角地块，借此对所谓美国梦对土地所有权的大肆渲染进行反驳和反讽，他这些地产没有任何经济价值而仅仅存在于纸面之上。而他的另一个项目——《食物》——尽管严格上说并不属于无政府建筑作品的一部分，但其合作者却有很多共同的成员，包括基罗沃德、古登和玛塔·克拉克。他们合作经营了一家具有开敞厨房的餐馆，并成为纽约市的一个著名场所。该餐馆坐落于苏荷区，于1971—1973年间运营，为当地艺术家们提供了一个本地的社交网络，无论从社会角度还是经济角度，都成为了该地区的一个重要节点。

95

此后，玛塔·克拉克又致力于他的作品“建筑切割”的工作中，该作品发展了无政府建筑的观念。他的这些艺术作品是将一些废弃建筑进行转变，将这些房屋划分成部分，切割并重组。这一作品再一次通过建筑的形式发表对社会的见解，主要针对了社会中与日俱增的对物质积累、财富和永恒性的渴望。

Walker, S.（2009）*Gordon Matta-Clark：Art, Architecture and the Attack on Modernism*, *London*：I. B. Tauris& Co Ltd.

播种。由另类教育者组成的社团（Ankur. Society for alternative in education）

印度，德里。1983—

Ankur，在印度语中意为“播种”，是一个于1983年成立于德里的非政府组织，旨

位于南部德里达克辛普利聚居区中的数字摩哈拉实验室。摄影：Nikolaus Hirsch/Miche/M ü ller

在同印度社会中存在的派系分裂现状进行抗争，并采取激进的教学方法实现这一目标。该组织由一些激进主义分子、教育者和艺术家共同成立，这些人感到传统的教育模式让那些在社会中被排斥的人们失望，尤其是儿童、年轻人和妇女。播种团队主要在德里那些非正式的或者工人社区进行活动和教育工作，最近他们也开始在其他一些印度城市展开活动。主要通过教育带给这些人群力量，传授给他们必要的技能，在充满竞争和矛盾的社会中生存下去。

同时播种团队的工作领域也是多样化的，包括编制学校课程体系，编写课外教材，也会针对政府的政策发表评论。他们在其选择社区中开展的行动同空间自组织行为紧密相关。该组织组建起一系列空间，并雇用当地妇女作为雇员，这使他们能够更深入了解这一地区以及当地居民所关注的问题。“播种”团队建立起社区图书馆、技术中心以及多媒体机房［上述工作都与萨莱（Sarai）(p.195) 合作，作为数字摩哈拉实验室项目的一部分共同完成］，此外该组织还建立起专门服务于年轻妇女的空间，并组织各种活动，例如在早晨以及放学后为

儿童提供了专门的活动。这些设施和活动成为各个社区的中心，并为各种不同背景人群相互接触和交流提供了场地。“播种”团队在教育上所做出的努力，为人们相互学习创造了机会和场所，也使那些在社会中被排斥、意见和感受被压制的人潜在地获得了更多的生存力量。有意思的是，“播种”团队所强调的教育学，尤其是创造力的培养在另外一些应对冲突问题的都市实践活动中也得到了回应，例如贝尔法斯特（Belfast）的艺术家组织——PS^2。

Sen，S.*Building a Bridge of Empathy*. <http：//www.changemakers.com/en-us/node/30042>（accessed 10 March 2010）

蚂蚁农场（Ant Farm）

旧金山，美国，1968—1978

蚂蚁农场是在反文化环境背景下于1968年成立于旧金山的。其创始人为两名建筑师，奇普·劳德（Chip Lord）和道格·米歇尔斯（Doug Michels），随后柯蒂斯·思科瑞尔（Curtis Schreier）也加入进来。他们的工作旨在处理建筑、设计和媒体艺术的交集领域，并对北美洲的大众传媒以及消费主义文化进行批判。蚂蚁农场的作品形式多样，包括举办宣讲活动、印发评论文章、制作视频、举办表演以及制作装置艺术品。

他们早期的作品是对野兽主义运动的笨重与不可变进行回应，为形成鲜明对比，他们创造了一种可充气的建筑，造价低廉，便于运输并可快速装配。这种类型的建筑很好地契合了他们对流浪式的、社群化的生活方式的渲染，从而同他们眼中20世纪70年代在美国到处充斥的消费主义态度形成了鲜明的对比。这种充气式的建筑方式挑战了标准的建筑建造宗旨：建筑的结构不再具有固定的形式，并不能通过一般的建筑平面和剖面表达方式进行描述。他们随后大力推广一种脱离了专业建筑知识领域的建筑类型。他们专门为制造自己的充气式建筑编制了一本说明书——充气建筑制作手册（Inflatocookbook）。因而可充气物品可以被用于构成一种参与式的建筑类型，这种建筑允许使用者自己控制房子所处的环境。在这些充气建筑中也可以举办各类活动，并被应用于节日、大学校园内或会议的演讲等场合，也可以用来作为工作室、研讨会，甚至仅仅是用于作为聚会的场所。

96

蚂蚁农场还主持了一些其他的项目。其中包括被称为“世纪之屋”的项目。该项目的形式让人联想到充气建筑，但是使用钢丝网水泥结构作为主要材料。他们还制作了视频作品——“媒体燃烧”。在视频中他们在一位通过媒体挑选的观众面前，驾驶着一辆改装的卡迪拉克汽车冲入了一道由电视搭成的墙里。此外他们还创造了一系列乌托邦式的作品，比如“惯例城市”和“自由的土地”。最后，还有可能是他们最著名的作品——“卡迪拉克农场”。该作品将十辆卡迪拉克汽车半埋入土中，排成一排，并把汽车尾翼露在外面。这既是对美国汽车文化的赞颂，同时也是对其的批判。

蚂蚁农场受到巴克明斯特·富勒（Buckminster Fuller）以及建筑电讯（Archigram）[p.87]的深刻影响，因而其建筑设计都是乌托邦式的。他们的作品同时充满反讽意味，并且总是以戏谑式的方式表达。他们作品还揭示了环境退化与大工业生产之间的关系，质疑了大众传媒以及消

50 x 50 气枕，1969；临时装置，赛琳谷，加利福尼亚，用于《全球概览》杂志副刊的生产，1969. 加州大学，伯克利艺术博物馆与太平洋电影档案馆 . 摄影：Curtis Schreier

费主义在社会中所扮演的角色，也曾通过“海豚大使馆”这样有趣的作品展示了对于先进技术的应用。他们为人们留下了游离于高等院校权威研究机构之外的一套研究方法，其影响一直延续到现今，在可持续建筑、建筑技术，甚至公共艺术和建筑等领域的相关讨论中被经常提起。

Scott，F.D.（2008）*Ant Farm*：*Living Archive 7*，Barcelona：Actar，Columbia GSAPP.

建筑师革新理事会（Architects' Revolutionary Council）

97

伦敦，英国，1974—1980

建筑师革新理事会（ARC），最初由“罗恩特里信仰”组织赞助，由布莱恩·安森（Brian Anson）领导一组学生于 1974 年成立。布莱恩·安森后就职于建筑联盟（Architectural Association）（p.98）任讲师。该组织一直保持了小团体方式存在，并被人描述为：“激进的建筑团体，就像“顽童”一样，充满了各种各样的担心、骄纵、愤世嫉俗，并总是表现出一种嘲弄的态度。”ARC 非常注重自己的公众印象，并在一次新闻发布会上公开宣布组织的成立，同时要求英国皇家建筑师学会（RIBA）解散。他们将取材于军事符号的图像衍生制作海报，公开抨击皇家建筑史学会，并以此号召建筑学生与社会团体。他们相信“创新性建筑对于社会中的每一个人都是可行的，无论他们的经济条件如何。”

为了使他们的观点得以施行，ARC 成员在伊灵、科恩谷以及布里奇顿等地以“社区建筑师”的身份提供建议，同时他们还编辑出版一系列社区报纸，包括《野鸭》和《科恩谷新闻》。同时，ARC 还为实现“在建筑企业中带来革新性变化，并以一个新的建筑系统替代皇家建筑师协会”这一目标参加竞选。同新建筑运动（New Architecture Movement）(p.177) 一道，他们批判那些提倡职业化的传统观念，也批判职业系统中不断内化的结构模式，尤其对委任系统导致的建筑师很少同使用者进行沟通这一现象进行批判。

ARC 勇敢地与权利核心力量进行对抗，并以身作则成为一个向相关领域施压的团体。他们的很多呼声似乎同当今社会更为相关，例如他们呼吁建筑师为他们的行为担负起更大的责任，同时要求在建筑职业领域仍然普遍存在的等级划分现象能够得到正视。ARC 组织于 1980 年随着安森离开建筑联盟（Architectural Association）(p.98) 而宣告解散。

Bottom, E.（2009）*If Crime Doesn't Pay：The Architects' Revolutionary* Council. < http：//www.aaschool.ac.uk/AALIFE/archive.htm>（accessed 11 Aug 2009）

张贴于建筑联盟学校的建筑师革新理事会海报

98

建筑联盟
（Architectural Association）

伦敦，英国，1971—1990

1847 年，罗伯特·科尔（Robert Kerr）与查尔斯·格雷（Charles Gray）在建造者杂志上发表了一篇文章，建筑联盟（AA）也随即于伦敦宣告成立。在这篇文章中，科尔号召其他学生通过亲手实践的方式进行他们的建筑训练。他们对于当时自己所接受的假期培训非常不满意，这种培训方式实际上是加入某些私人项目做学徒，然而纰漏百出的运作系统带来参差不齐的教学结果。建筑联盟在初期成立的时候非常谦逊，成员和邀请嘉宾都被要求在常规会议上展示其作品，并以互相评价的方式组织设计课程。1862年，通过自愿考试的方式，建筑联盟的教育体系得以正式颁布，这一体系是教学与检验教育模式的开端，并直接导致了此后建筑职业化教育体系的建立。在这一时期，建筑联盟也开始出版一些一年期的介绍图册，被称为棕皮书，之后又开始出版月刊杂志——建筑联盟笔记。经过 1893—1905 年期间对是否应该接收女学生的反复讨论，1918 年 AA 终于开始接受首批女性学生。

建筑联盟的当代历史由埃尔文·博亚尔斯基（Alvin Boyarsky）所主导。他带领学校走出了同帝国学院合并之后随之而来的危机时期。博亚尔斯基自 1971 年起，直至 1990 年去世一直担任建筑联盟的主席。在

建筑设计杂志封面上的埃尔文·博亚尔斯基（Alvin Byarsky）（1972）

他的领导下，建筑联盟成为了现今人们所熟悉的一所国际性的教学机构。由于失去了英国政府的官方承认，在博亚尔斯基任期后期，学校不得不将在校学生由从前以英国本国，并且大部分受政府资助的学生为主体，调整为现在超过 90% 国际学生。

99

博亚尔斯基最重要的贡献就是建立起单元式教学系统，这一教学模式现在已经被全世界范围内的学校所广泛采用。与传统课程设置不同，建筑联盟允许指导教师建立自己的教学方法体系，同时学生可以自由选报他们自己最感兴趣的教学组。由此，建筑联盟由现代主义正统教育体系转变为多元化的系统。博亚尔斯基鼓励辩论，甚至有时允许在不同的教学组织间存在分歧和矛盾。这样就确保学生的作品总是会面对不同观点的挑战。20 世纪 70—80 年代期间，建筑联盟还曾多次主办关键性的建筑讲座和辩论会，并由此成为了全世界建筑学演讲发展的中心。许多世界上最著名的建筑师，包括雷姆·库哈斯、扎哈·哈迪德都是在建筑联盟所营造的充满激情和思辨的环境中成长起来。

Higgott, A.（2006）'Searching for the Subject：Alvin Boyarsky and the Architectural Association School', in Higgott, A. *Mediating Modernism：Architectural Cultures in Britain*, London：Routledge.

非政府建筑组织（Architectural NGOs）

非政府建筑组织主要在两个领域内活动：赈灾和社区发展，但很多时候两种情况都会并存。这些非政府组织的工作主要从两个方向着手，来自于发达国家的团体前往第三世界国家进行工作，另一部分团体则在本地进行工作。然而全球的非政府组织文化都存在着一些问题，尤其是他们工作中把当地的专家和技术人员排除在外，导致工作地区的传统生活不能被延续。这种情况在出现人道主义灾难的时候特别显著，一旦出现这种灾害，建筑专业往往较晚才会介入。实际上是一位非建筑专业人士，弗莱德·卡尼（Fred Cuny），在 20 世纪 70 年代最早将赈灾工作同发展工作联系起来。在当时，没有任何一个组织负责赈灾行动的协调工作，在这种情况下应对灾民居住需求的标准反应就是大量提供轻质的临时帐篷。缺少统一的组织和对当地文化背景的理解意味着在当人民仍处于饥饿当中时食物却在不断地腐烂，或者各自为政的赈灾措施中，一些独立的慈善机构不断提供错误的救灾物资，比如给热带人民送去呢子外衣。这些状况促使卡尼建立起他自己的咨询公司，弗莱德·卡尼及其合伙人之后将公司命名为“交汇点”。

尽管卡尼与“交汇点”公司的主意并不新奇，但是将这些想法通过具体的措施实施下去彻底改变了面对灾难应急管理方式：他们提倡实施更好的灾民营地组织方式，鼓励单个家庭的帐篷能够围绕一个公共做饭、洗衣的空间聚集形成组团，并临近公共厕所布置。这一措施减少了疾病的爆发，提高了难民的归属感，提升了营地的安全性。此外，这种做法还创造了难民营地里自助的氛围，使得小规模乡村工业以及其他自组织（Self-organised）(p.197) 行为得以兴盛。该公司所带来的创新做法还包括训练家庭自己建造自己的居所，这一做法影响了许多建筑师，例如坂茂，他致力于设计以回收卡纸筒为材料的应急避难所，这是一种低造价低技术的应急之道，并可由受灾家庭自己建造。卡尼同时也鼓励雇用当地居民协助进行灾区清理工作，这样各种废料可以被回收利用并用于灾后的重建之中。

1995 年，卡尼 50 岁的时候在一次前往肯尼亚的救灾任务中失踪，而这也成为永远的谜。但是他的影响确实巨大的，他改变了很多组织救灾工作的组织方式，例如乐施会，同时他的工作也成为了建筑领域介入赈灾和人道主义援助的开端。例如人道主义建筑组织（Architecture for Humanity，AFH）就明确声明受到卡尼的影响。

全世界有很多非政府建筑组织，而“人道主义建筑"则被认为是使赈灾行为得到推广，并在美国和欧洲国家的建筑学生和青年建筑师中普及建筑赈灾理念的始作俑者。这个志愿非营利组织于 1999 年由建筑师卡梅隆·辛克莱尔（Cameron Sinclair）以及自由撰稿人、纪录片制作人凯特·斯托尔（Kate Stohr）共同组建。该组织的成立缘起于科索沃冲突。这对搭档实现了以往组织都没有做到的事情，即在国际人道主义灾难救援过程中加入建筑方面的举措。正如人道主义建筑（AFH）所指出的，红色 R 组织，及其所倡导的在赈灾过程中有效组织工程师们进行工作的观念，在科索沃冲突时已经存在了 20 年了。在经过与联合国难民事务高级专员（UNHCR）的一次会议并了解到科索沃地区所需要的援助项目后，人道主义建筑（AFH）举办了一次开放式建筑竞赛，从那次以后这也成为了他们最青睐的工作方式。相比让他们自己独自处理所有的紧急情况，人道主义建筑组织并公开收集各种想法，让建筑师们能够直接同各种需要他们设计智慧的救助组织以及非政府组织建立联系，而他们则负责筹措资金使好的项目付诸实施。建筑师们对他们第一次设计竞赛反响的力度展现出设计师们希望为那些需要他们帮助的人提供服务的潜在热情，建筑师的努力可以提升灾区人们的生活质量。

2003 年，人道主义建筑的兴趣致力于在各个地方建立起该组织的分会，分会独立于总部运作，而与总部只保存隶属关系。这使得他们的项目不仅仅灾难发生的时候才会介入，而是能够开展基于当地社区的发展项目，这就同社区设计中心组织（Community Design Centers）(p.126) 的工作产生交集。自 2006 年以来，人道主义建筑筹建了开放建筑网络平台，借助互联网，该平台可以让设计师们可以分享他们的各种

圣弗朗提里斯建筑 – 英国建筑在印度。摄影：Sarah Ernst

点子和资源，并且将各地的设计师联合起来帮助处于危机的人们和社区。这个网络使用了一种具有创新性的通用授权机制进行操作，从而确保了人们可以在自身经验以及他人经验基础上工作，而不需要每开始一个新的项目都得从头做起。

如果将其他非政府建筑组织一一列举将会是很长的一份名单，这里包括建筑无国界组织（Architectes Sans Fronti è res），国际人居（Habitat for Humanity International）和建筑与发展（Architecture & Developpement）等组织，这些都是非常成熟的非政府组织，并经常与联合国住居署（UN–Habitat）(p.203) 合作。而那些本地化的、底层的组织则主要致力于社区发展，住房保障以及一些其他长期的解决方法。棚屋 / 贫民窟居民国际（Shack/Slum Dwellers Internationa）(p.198) 就是其中最大的一个。该组织主要在非洲、亚洲和南美地区活动。另外一些组织还有像阿伯罕拉里·贝斯姆乔德罗（Abahlali baseMjondolo）(p.98)，则联合在拉丁美洲的阿加·康发展网络（Aga Khan Development Network），国际住居同盟（Habitat International Coalition）以及一些其他的非政府组织一起策划起声势浩大的住房改善运动。

Architecture for Humanity（2006）*Design Like You Give a Damn：Architectural Responses to Humanitarian Crises*，London：Thames & Hudson.

艺术家与空间实践
（Artists and Spatial practice）

就像建筑师已经将他们所涉及的领域拓展到建筑以外，艺术家也开始走出他们的画廊，因此两个领域本来就模糊不清的界限在批判主义空间实践中就变得更加纠缠不清了。为了同本书空间自组织的定义相啮合，所谈及的艺术家的设计实践活动和作品必须能够显示出一定的形态和形式发生转变的潜力。尽管有很多艺术家的工作都同空间相关，本节所收录的作品都直接影响了空间的产生，或者以某种方式改变了空间关系。

迈克尔·拉克维茨（Michael Rakowitz）就是一个典型例子。他本人接受了建筑训练，而他则在建筑和艺术两个领域进行跨界创作。他最让人记忆深刻的作品就是 *paraSITE*（可理解为“楼旁”，同时也是寄生虫的相关用法）（1998）。该作品位于纽约，是对当时对待街头流浪者态度的批判和视觉展示。同时该作品也旨在通过材料的使用提高那些街头流浪者的居住条件。拉克维茨设计了一系列可充气的庇护所，并与建筑的排风口连通，从而为流浪者提供温暖干燥的空间。通过针对每个个体进行私人定制式的设计，这种街景中的奇怪物体使这些流浪者的生存状态变得显而易见。在一次采访中，拉克维茨介绍在最初

迈克尔·拉克维茨：乔伊·黑伍德的楼旁庇护所（2000）。塑料袋，聚乙烯管子，铁钩与胶带。巴特利公园城，曼哈顿，纽约。图片来源：艺术家以及隆巴德·弗雷德项目

始实践庇护所的概念时，他们采用黑色塑料为原材料进行制作，希望能够为睡在里面的人提供私密性和遮光性。然而通过与设计对象进行咨询，他意识到对于这些流浪汉而言更重要的是能够看到外面，及时发现可能发生的袭击，同时也希望能够被人看到并意识到他们的存在。这种庇护空间不仅是对无家可归者现状的反映，同时也是对大量建筑浪费能源的一种回应。

马杰提卡·波特里克（Marjetica Potrč）的作品同样也模糊了在多样化场地背景中艺术、建筑和城市主义作品之间的界限。这些作品遍布世界各地，从加拉加斯非正式聚居区到佛罗里达以及西岸地区的拖车公园。波特里克既接受过建筑训练，也接受过艺术训练，他的作品既能够同各种场地相融合，同时也可以在艺术馆中展示。波特里克抛弃了建筑专业里以解决问题为导向的场地处理方式，而是尝试通过观察，从每个场地背景中学习，理解场地中会介入的各种微观的社会进程，从而实施最终的介入手段。例如在加拉加斯的拉·维加贫民区，波特里克同建筑师里亚特·艾萨科夫合作，作为加拉加斯案例（p.114）项目的一部分，他们针对当地缺水的问题设计了一个干式厕所。该项目设计在同当地居民协商的基础上产生，相比于仅仅提供那种一次性的解决方案，该方案很容易就可以被复制。而另一个位于阿联酋夏尔迦的项目，他们在一个小学中安置了一套以太阳能作为能源的海水淡化设施。这个地区拥有取之不竭的太阳能，然而实际上却几乎未被利用。可以看到在拉克维茨与波特里克的项目中，他们不约而同地希望能向人们展现出生存的不平等状态，并通过努力尝试对其加以改善。

艺术家托马斯·赫希霍恩（Thomas Hirschhorn）的雕塑装置作品表达了对自然参与式和合作式的态度，这同某种艺术传统相吻合，具体来说就是无政府建筑团体（P.94）以及罗伯特·史密森（Robert Smithson）等人所倡导的传统。赫希霍恩将雕塑作为最广泛意义上的空间状态塑造方式，对建筑结构进行近似的模仿，以此来对建筑产品进行批

101

102

马杰提卡·波特里克："太阳能海水淡化装置"(2007)。阿联酋，夏尔迦，夏尔迦·比耶纽 8 号能量与饮用水提供设施。摄影：Wolfgang Traeger、Alfredo Dancel Rubio

判。他的巴塔伊纪念馆（2002）项目，取名自超现实主义作家，坐落于德国卡塞尔的土耳其人聚居区。该作品是作为纪录艺术节的一部分而作。作品对环境的介入策略包括建造了一个电视站，小吃吧，一个关于巴塔伊的装置作品，以及一个以他作品为主题的图书馆。艺术家邀请当地居民为装置作品添加局部，从而参与到作品的创作中，而这一过程也探讨了艺术和建筑实践同营造公共空间之间的关系。

乌苏拉·比耶曼（Ursula Biemann）的作品也可被归类为广义的空间塑造，她通过视频的方式表达地理学同艺术的交叉融合。她的作品批判性的将一系列不同领域知识进行整合，这些领域从女性主义和后殖民主义理论、人种论、文化和媒体教学一直到都市主义，跨度极大。她的项目里，如撒哈拉编年史（2006—2009）以及遥感（2001），都对偏远地区的空间自组织进行了记录，这些空间自组织个体即有由撒哈拉以南非洲地区的移民到欧洲的人们，也包括全球性交易所涉及的区域范围。比耶曼对这些实践中的区域性的关联以及人群的关联进行了空间梳理，错综复杂地显示出这些空间行为都受到全球化进程所带来的社会和经济结果的影响。

另外一些艺术家则同建筑师们合作并取得了卓越的成果。例如"占位（Taking Place）"就是这样一组女性艺术家和建筑师团体。他们的作品希望定义出一个特定的女权主义空间实践应该是什么样子的。她们组织了一系列活动，既包括小型集会，也包括更大的在机构里组织的活动，同时这些活动都邀请了学生和公众成员参加。这些活动都是进行艺术概念和项目探讨的论坛，同时也提供了对空间进行当代转化的机会。例如一些讲座和研讨在楼梯井中举办，而报告厅则成为了厨艺和即兴表演的场地。无论是艺术家还是建筑师的观点，"占位"的创作都被认为是将空间抽象再现为流、社会和政治要素的尝试，正如她们团队名称所现实的，她们的创作都来源于"场所可以被随意占据"这一前提。

其他艺术家与建筑师的合作既包括正式的艺术实践，例如马福（muf）（p.175）以及公共事物（Public works）（p.190），也包括一些基于特定项目的非正式网络，例如一些由自我管理建筑工作室（atelier d'architecture

Documenta 11 展上的托马斯・赫希霍恩的巴塔伊纪念馆。摄影：Florian Kossak

乌苏拉・比耶曼。撒哈拉编年史作品的静态摄影。

autogérée）(p.105)，克里姆森（Crimson）(p.135)，劳姆雷柏（Raumlabor）(p.191) 等团体发起的项目。而像泰迪・克鲁斯E工作室（Estudio Teddy Cruz）(p.144) 的建筑实践以及追踪者／游牧观察家（Stalker/Osservatorio Nomade）(p.200) 这样的创作集体则经常与艺术家合作。同时某些艺术家与艺术流派的运动也会直接并显著影响建筑实践。例如情景主义者（Situationists）(p.178) 团队，就强调将每日政治同文化实践之间的关联作为建筑设计的新方向。

Basualdo，C.et al.（2004）*Thomas Hirschhorn*，London：Phaidon.

Lundstrom，J. et al.（2008）*Ursula Biemann：Mission Reports-Artistic Practice in the Field-Video Works 1998-2008*，Bristol：Arnolfini Gallery Ltd.

Potrč，M.（2004）*Urgent Architecture*，Pap/DVD，LA：Palm Beach Institute of Contemporary Art.

Rakowitz，M.（2000）'Parasite'，in Hughes，J.and Sadler，S.（eds）*Non-plan：Essays on Freedom，Participation and Change in Modern Architecture and Urbanism*，Oxford：Architectural Press，pp.232–235.

Thompson，N.（2004）*The Interventionists：Users' Manual for the Creative Disruption of Everyday Life*，Cambridge，MA：MIT Press.

奥雅纳事务所（Arup Associates）

伦敦，英国，1963—1985

www.arupassociates.com

奥沃・奥雅纳（Ove Arup）（1895—1988）于1946年在伦敦创立了奥雅纳及其合伙人事务所，主要从事建筑结构和工程咨询工作。由于对当时建造工程中片段式的管理操作方式不满，奥雅纳提出了他自己的建造概念："总体设计"。这一概念可以认为是以研究为导向的，实验性的，更重要的是需要通力合作才能得以运行的设计方式。在这种设计方式下，建筑师与工程师从项目开始就合作工作。奥雅纳的这种想法来源于他的教育背景，他最早获得了数学哲学学位，之后进行过短暂的建筑学专业学习，最后转向工程专业获得了第二个学位。

1963年，奥雅纳事务所由建筑师菲利普·道森（Philip Dowson）领衔成立。该事务所横跨多专业学科，融合了建筑、测量和工程服务等业务。他们在实践中发展出来的一套工作方法在之后变得愈发不可或缺，因为这种方法预见到了在现代建造过程中新技术的应用使工程项目越来越错综复杂，这是单一专业难以处理的，因此需要一种新的基于合作工作的组织结构。众所周知，20世纪70年代的一系列建筑就是这种方法应用的产物，这些建筑物都呈现出结构、表皮与功能服务直接清晰的整合性。奥雅纳事务所在这些实践中形成了一种建筑师与工程师之间新的合作关系的雏形，这加强了两个专业之间的相互信赖，同时他们也提出了在两个专业的教育和专业训练中进行更为激进的变革的构想。尽管奥雅纳公司在建造领域做出了先锋式的垂范，并彰显出整合所带来的好处，然而建筑行业及其相关专业目前依然处于各自为战的状态。

Brawne，M.（1983）*Arup Associates：The Biography of an Architectural Practice*，London：Lund Humphries.

艾希叶·伊塔夫勒尼（Asiye eTafuleni）

南非，德班，2008—

www.aet.org.za

艾希叶·伊塔夫勒尼是一个非政府组织，该组织旨在通过提供设计和发展的相关专业知识以支持非正式商业交易者，以及那些在公共场所工作的人。尽管近几年来街头商业已经开始使用市场摊位以及帐篷进行经营，并且销售的物品类型非常宽泛——从食品到非处方药品，从服装到电子商品，然而由于对经常摇摆不定的城市发展规则缺乏了解，这些人群总是处于弱势之中。这种情况也导致他们很难在竞争中凭借个人努力改变自身面貌，或者与城市官员进行平等的协商，甚至有时压根不会被严肃的对待。因此艾希叶·伊塔夫勒尼非政府组织尝试在一些非正式的领域带来改变，呼吁人们对这些小商业群体更宽容，并通过促进相互的理解去扶持他们脆弱的生活。

艾希叶·伊塔夫勒尼（在祖鲁语中意为“坐到桌前”）成立于2008年，是当时一些政府职员、城市规划专家和激进主义者在进行沃维克连接项目（Warwick Junction Project）工作时，其中一部分人组成了这一组织。而沃维克连接项目则是位于南非德班城市中心的非正式市场综合体。艾希叶·伊塔夫勒尼的合作创始人理查德·多布森（Richard Dobson）与帕特里克·诺德乌（Patrick Ndlovu）发现如果怀抱一种同情的态度同零散业主进行协商，并将他们看作是发展进程中的一部分，这些人便能够积极参与这一进程中并在各个方面都作出他们的贡献。非政府组织已经着手尝试在这一经验基础上，促进建立起一种更加敏感和具有包容性的发展策略。

更深入地理解体制，灵活行事，以及更好地组织零散商业者，这三点是在城市发展中更公正的行使权利，并实现公平商业机会的关键步骤。对于艾希叶·伊塔夫勒尼来说，这三点使他们越发坚信协商的重要性，并将鼓励人们参与进来作为他们工作的基本原则，同时也使他们更关注告诉商业者们应该如何去做，并为他们提供必需

德班的街道零散商贩，开展中的沃维克项目：城市规划所包含的街头商贩。摄影：Dennis Gilbert

的帮助。这个非政府组织同时也作为一个学习中心为创业者以及一些对与南非非正式经济相关的本地城市发展和规划问题感兴趣的研究者们提供服务。该组织宣传册中创新的一点就在于强化了它的公众形象，这吸引了不同的合伙人加入进来，从而使团队组成非常多样化：团队里混合了建筑师、社会学者以及零散商户们。而这种多元混合为各种城市更新举措都提供了一个平衡的，并可以供草根阶层发言的平台。

直至今天，艾希叶·伊塔夫勒尼的主要工作的区域都属于沃维克连接项目范围内，该项目是德班主要的交通节点，平均每天会有 460000 人会从这里通过，并有至少 5000 名街头商贩在这里经营。项目的工作内容是为不同的对象设计合适的设施，这其中包括了商贩，空间升级计划，还有一个在中心城区开展的与旅游相关的硬纸

104

板回收计划。同时由于一些街头商贩的生计受到一个计划兴建的商场项目的威胁，并随即在法律资源中心的帮助下提起了诉讼，因此城市官员还委派艾希叶·伊塔夫勒尼非政府组织对这个发展项目进行反馈调研。这一案例涉及那些在沃维克市场边缘工作的街头商贩，既有牛头烹饪厨师（当地祖鲁族传统烹饪），推车小贩，也有活禽商贩，并尝试帮他们伸张权益，使得商业行为能够适应长期的商业利益价值，而不仅仅依照官方商业价值建立操作的标准。

理查德·多布森合作编写了一本插图丰富的书，名为《在沃维克的工作》。该书对街头商贩每天的工作，以及他们对城市的影响和贡献都进行了记述，并将这些信息引入了同城市政策制定者的对话中，同时围绕经济发展进行辩论。

105

Dobson，R. and Skinner，C.（2009）*Working in Warwick*，Durban：University of KwaZulu-Natal.

Bow-wow 工作室（Atelier Bow-wow）

日本，东京，1992—

www.bow-wow.jp

Bow-wow 工作室由塚本由晴（Yoshiharu Tsukmoto）与贝岛桃代（Momoyo Kaijima）两人于 1992 年创立于东京。工作室项目包括建筑、研究和艺术活动。工作室起初的工作是记录东京独特的城市现实，并以导游手册的形式印制了一批出版物，并引导读者去发现一些城市景观中偶发的、临时的自然风景。《宠物建筑》一书中则记录了一些嵌于都市狭缝中的由使用者定制的微型建筑。而在《东京制造》一书中，他们则展示了由于极端的用地压力所导致的，原本不太可能并置的建筑项目最终交叠混杂在一起案例。

这一项研究最终渗入到他们的建筑设计项目中。在建筑设计以及艺术画廊装置设计中，他们都尝试引入一些城市中可能发生的行为与相遇机会。他们通过设计一些定制的城市家具来实现这一目标，这些家具吸引人们的参与，例如他们为 2002 年上海双年展所做的“自行车家具”作品，以及公共厨房和蔬菜售货亭设计。无论是在展览设计还是建筑设计中，Bow-wow 工作室都在尝试营造一种情景而不仅仅创造一个物品，设计过程终将导致偶遇的可能，并将空间留给使用者去适应并逐步占据。

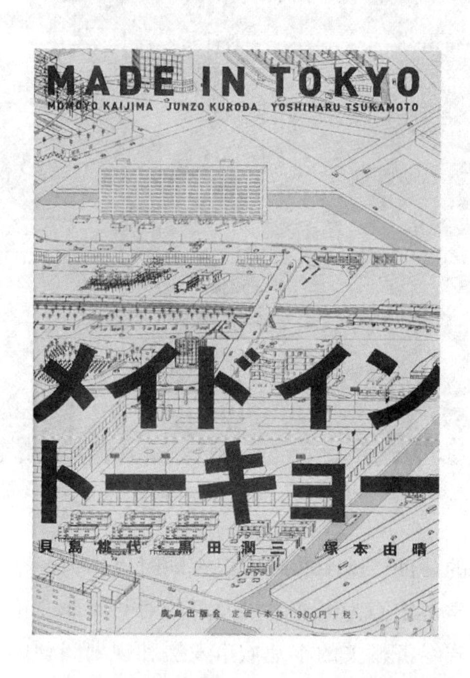

Kaijima，M.，Momoyo，J. and Tsukamoto，Y.（2001）*Made in Tokyo*，Tokyo：Kajima Institute.

自我管理建筑工作室
(atelier d'architecture Autogérée)

法国，巴黎，2001—

www.urbantactics.org

自我管理建筑工作室（aaa）是由两名建筑师康斯坦丁·派特库（Constantin Petcou）与多依娜·派特里斯库（Doina Petrescu）于2001年在巴黎组建的设计团队。aaa为对城市进行合作研究以及举行城市活动提供了一个平台，同时他们的大部分工作都是通过同其他专家、艺术家、研究学者、以大学为代表的机构合作伙伴、艺术组织、非政府组织，甚至他们的空间最终使用者合作展开。在aaa的创始人坚持之下，他们的创作都围绕每一个项目建立起一个合作网络。

aaa的创作项目都是尝试对剩余的城市空间进行临时的再使用。他们在空间内设置一个设施装置，该设施可以逐渐被当地居民占据使用，并将其转化为自我管理的空间。案例中，"生态盒子"位于巴黎北部的拉沙佩勒地区，包含了一系列由回收材料制成的花园。项目中他们还同学生与设计师一起制造了一些活动家具元素。这些元素包括餐厨站、媒体站与工作室，并可以在需要的情况下移动或搬出花园。经过5年时间（2001—2006），aaa积极地介入"生态盒子"日复一日的演变，现在它已经成为一个融合了文化、社会和经济活动的场所。而这种演变是由事务所以及当地居民共同发起的。例如，追踪者/游牧观察家（Stalker/Osservatorio Nomade）（p.200）团队在其中策划了一个设计室，并制造了一个装置作品作为他们合作项目"艾格娜缇娅大街"（Via Egnatia）的一部分，同时一组居民则在这里组织了每月定期举行的市场，而另一些人则利用餐厨单元开启了小型餐饮生意。aaa的实践在激发社会兴趣与行为层面获得了巨人的成功，他们在整个过程中扮演了监护人和促进者的角色，同时又为其他人留下了足够的空间去承担自己的责任。以至于当项目最终被迫从原址拆除的时候，居民们又自发去申请了其他地块延续这一项目。

106

工作室最近的项目名为"通道56"（Passage 56），该项目是将一个位于巴黎人社区的不再使用的通道进行转化，变成一个具有生产性的花园。这个社区以高密度和文化多样性而闻名，工作室通过使用回收材料、堆置废料并使用太阳能板减少项目的生态影响。通过一个持续的居民参与性的过程，项目从策划到实施做到了最少的花费，大量使用了由居民自己收集的回收材料。项目还同一个本地组织开展的青年生态建造项目合作，并获得了当地政府的部分授权，这也实现了aaa一开始的目的——影响当地针对城市剩余空间进行再利用和开发的政策。通道56项目强化了这样一个概念，即公共空间并不需要通过登峰造极的设计并建造成固定的形式，而是可以通过持续的社会、文化和政策影响发展而成的。项目中，客户并没有预先设定改造方案，而是逐渐的融入到管理项目的人群中，并证明了日积月累的生态化行为能够改变一个高密度并且多样文化的大都市区中的空间和社会关联。

atelier d'architecture autogérée（2011）*Making Rhizome：A Micro-political Practice of Architecture*，Paris：aaa.

通道 56 项目社区花园。
摄影：aaa

第三建筑工作室 / 乡村建筑工作室 (Atelier–3/Rural Architecture Studio)

邵村，台湾，1999—

www.atelier–3.com

第三建筑工作室由台湾建筑师谢英俊成立。在经历了 1999 年灾难性的地震之后，他将自己的工作室迁到台湾农村地区。大地震促使社会开始彻底地反思台湾建筑和建造，并导致了一次新的学校建设运动。这场运动以利用乡土技术对震后毁坏校舍进行重建为发端。地震影响最显著的区域恰恰是那些边缘的原始部落社区，这些社区往往居住在生态敏感的区域，并具有丰富的文化遗产资源，在地震中他们都受到了威胁。这些社区需要在标准临时震后援建房屋之外更多的救助。第三建筑工作室提出了一种新的建筑方案，该方案兼具耐久性、生态合理化、文化敏感性，同时其建造费用比普通费用便宜得多，比标准造价低 25%—50%。第三建筑工作室开发了一种可以“合作建造”的模型，一种可以应对特定情况进行修建的协同式的结构——比方说一种只能在农闲时节有剩余劳动力时修建的建筑。他们将传统建造技术同新技术相结合，例如在竹屏风表面上覆盖很薄的一层混凝土，从而使空间适宜社区活动使用。

107

2004 年，谢英俊在中国大陆的农村地区也开设了乡村建筑工作室进行相似的工作，其中就包括四川地震后的灾后重建工作。他采用非常低调的合作建造方式，并从整体着眼运用相应的技术。他们的建筑非常注重对环境和文化遗产的保护，同时也对社区生活进行了回应。这些集体修建的建筑抵押给银行，为村民们带来了贷款，也使得上述中国及其台湾的乡村社区融入了主流经济系统，而在以前这些对于当地的人们是不可奢望的。

对于谢英俊而言，建筑的细部设计是由参与建造个体的行为完成的，这“象征了针对一些最基本的社会和环境问题进行思考和改造”。他和他的团队重新思考建造技术的普遍应用方法，并对其进行调整达到廉价和易用的目的。有时这是对于一些简单环节的改造，例如用螺栓代替焊接节点，或者开发一个最低限度使用昂贵的高技术连接节点的建造系统。这些努力使得一种不需要特殊工具和技能的，可以自己动手的，开放式的建筑得以实现，并让那些只有少量知识的人能够完全参加到房屋建造活动中来。但是他的工作并没有止于此。在一个项目中，他帮助当地社区在他们村中建起一个工厂，这个工厂现在已经开始生产预制钢构件，并卖给那些同样需要低造价住房的地区的社区。

Ying-Chun，H.（2006）*Sustainable Construction in Community*.<http：//www.naturehouse.org/english/suscom_en.pdf>（accessed 2 Sept 2009）.

包豪斯勒（Bauhäusle）

德国，斯图加特，1981—1983

www.bauhaeusle.de

包豪斯勒是一个斯图加特技术大学的自建学生住房项目。项目运作时间从1981年到1983年，在彼得·苏尔泽（Peter Sulzer）和彼得·许布纳（Peter H ü bner）的指导下，住房都由学生自己设计和建造。一系列因素汇集到一起使得项目得以实施，既包括大学对于该项目强有力的支持，也包括学校很久以前就保持了在第一年学生自己设计自己房间的传统。由于那些年斯图加特缺少充足的住房，也促使学生申请将自己的设计建造出来。

包豪斯勒项目成为了教学课程体系中的一部分，该项目有一个提供公共使用的建筑和一系列围绕周围的小建筑组成，每

互为主体——应该做些什么，2000年威尼斯建筑双年展。摄影：Julian Stallabrass

栋小建筑里包含3—4个卧室。总的来说，包豪斯勒为30名左右学生提供了人均15—28平方米的空间。建筑使用了由沃尔特·西格尔（Walter Segal）[(p.196)] 提出的木材自建方法。而他本人也被邀请来进行教学，并对建造方法进行调整以适应德国出产的原料。大多数材料都由建筑公司捐赠。将一个项目拆分为一系列小的模块意味着将职责进行拆分，不同的成员负责监督每一部分的完成。这使得建筑的每一个部分都拥有自己的性格，但同时对于同学们至关重要的是，当建筑相交接时，必须进行协商和妥协。学生们在设计自己建筑的时候全身心投入，这表明他们体验到在设计自己房屋的过程中引入使用者这一因素具有怎样的好处，同时他们也学到亲手处理设计中所涉及的技术、建造等方面内容。本案中的空间自组织行为体现在通过实际动手学习的过程中，其重要性就在于通过经验所获得的知识要比简单通过学术授课获得的知识更为有效。

108

109

尽管这些建筑中居住的学生大多是非

包豪斯勒室外场景。
摄影：Peter Blundell Jones

包豪斯勒中的一个厨房。
摄影：Peter Blundell Jones

建筑专业的，但是他们仍然自己对房屋进行维护。同时当房屋使用的第一个15年许可到期后，当时居住的学生希望申请延长许可，并在一个最早参与学生的学生协助下得以实现。从这个建筑被人们戏谑地成为“小包豪斯”，可以看出参与和自建的方式赋予使用者一种归属感。两位参与指导的教师（同时也是建筑师）扮演了一种监督的角色，让学生可以自己作出决定，也允许他们犯错。这使得包豪斯勒拥有一种分享的氛围，直到其最初的学生建造者离开后这种氛围也延续了很长时间。同时这一项目也为德国许多类似项目开了先河，例如凯泽斯劳滕的ESA项目或者巴伐洛斯彻项目，卡塞尔市的一个使用风干土坯的建造项目。

Sulzer, P.（2005）‘Notes on Participation’, in P. Blundell-Jones, D. Petrescu and J. Till（eds）*Architecture and Participation*, London：Routledge.

棚屋（Bauh ü tten）

德国，柏林，1920—1930

20世纪20年代德国出现了一些社会主义建筑交易联盟，他们将自己称为公共福利缔造者。建筑师马丁·瓦格纳（Martin Wagner）（1885—1957）从全国范围将他们招募到一起，领导他们以协作的方式进行工作。他们大多数时间都在建造住房，以解决德国当时尖锐的住房短缺问题。在瓦格纳的影响下，“棚屋”组织采用了新的建筑方法和材料。因此他们在当时一些激进的建筑师群体中十分受欢迎。

Wagner，M. ‘Path and Goal’，in Kaes，A.，Jay，M. and Dimendberg，E.（eds）（1995）*The Weimar Republic Sourcebook*，Berkeley：University of California Press，pp. 460–462.

鲍彼勒腾（Baupiloten）

德国，柏林’2003

www.baupiloten.com

鲍彼勒腾建立于2003年，是一个柏林工业大学与苏珊妮·霍夫曼（Susanne Hofmann）建筑事务所之间的协作项目。该项目允许建筑学专业大四与大五年级学生参与建筑项目中。为了响应德国建筑行业对于学生良好专业素养的需求，工作室的目标旨在将教育、实践和研究良好地结合起来。苏珊妮·霍夫曼建筑事务所负责寻找合适的项目和客户，调整学生设计分组，对设计进行管理并最终实施。监督和技术支持则由建筑项目负责人提供。苏珊妮·霍夫曼同时还是柏林工大的一名教员。

鲍彼勒腾主要做过的项目包括一些学校和幼儿园，这些项目都来源于德国教育系统内的一个长期持续的重建改建计划。当今德国学校都需要整日开放，而幼儿园也在改进中扮演了明确的教育角色，因此也要求学校建筑进行相应的调整以适应新的教学要求。与耶鲁建筑计划（Yale Building Project）（p.213）或郊野工作室（Rural Studio）（p.193）等美国流行的设计工作室制度不同，鲍彼勒腾并不亲自将他们的设计付诸建造，而是聘请专业的工匠。前几周时间，学生们首先分头进行独立设计，重点在于将学龄儿童引入设计工作中，绘制图纸并制作模型。最终的设计则是将每个独立设计中的优秀元素进行混合，并达成集体的共识。之后，每名学生都会对项目中的一个具体部分负责，而霍夫曼在其中则充当了协调者的角色。

110

鲍彼勒腾只是一些建筑教育范例中的一个，这些案例中，学生都能够在一个从最初设计到最终实施的完整建造项目中学习。这种由一个独立设计公司同大学协作工作的组织结构形式使得项目中的权责问题可以明晰划分，也使得像鲍彼勒腾这样的团队能够切实可行地满足机构客户的需求。

塔卡图卡公园幼儿园，柏林

艾丽卡·曼恩小学翻修改造项目，柏林。摄影：Jan Bitter

Hofmann，S.（2004）'The Baupiloten：Building Bridges Between Education，Practice and Research'，*Architectural Research Quarterly*，8（2）：114–127.

琳娜·博·巴尔迪（Bo Bardi，Lina）

1914—1992

www.institutobobardi.com.br

琳娜·博·巴尔迪是一位意大利建筑师，她及其多样化和重要的工作在她第二故乡巴西以外却长期不为人知。这种忽视一方面确实是来自于当时对她的性别歧视，同时也由于她所处在西方世界的边缘位置。尽管受到了现代建筑的影响，然而她的作品却与其相区别，充满了谐趣和多样性，而这在与她同时代但更为著名的建筑师身上确实很少见到。与他们不同，博·巴尔迪坚持在作品中反映社会政治性的文脉，而拒绝装腔作势的表达。她的全部作品并没有某种特定的风格，同时尽管她设计建造了两个大型的文化项目，但其大多数的作品都致力于应对贫困社区以及历史保护的问题。即使她所进行的遗产保护工作也充满了对社会的关注：在她所开展保护案例中，并不是要保护重要的历史建筑，而是强调"保存城市的大众精神"。她的作品特点可以概括为"普通人日常的庆典"，这一特点从她的建筑设计，到家具、珠宝设计，影剧院布景设计，以至于作为策展人和新闻撰稿人都贯穿始终。

她在设计她最著名的建筑作品——圣保罗艺术博物馆——的时候，并没有使用标准的建筑表现画法，而是使用一种混合了水彩、拼贴画和创新性的画法于一身的非正式表现风格，这种表达方式将她的设计展现的栩栩如生，其间布满了人物和植物。她的另一座主要的市政建筑，圣保罗市的SESC休闲中心，展现了她对于创造具有民主性空间的渴望。项目将一个老工厂进行转化，但是她并不想要将建筑原有的形象埋藏起来，因为其原有的特征很好地表现出场地周边是巴西的工人阶层区域。博·巴尔迪的SESC休闲中心方案所创造出的空间极具野心，即带有蓬皮杜艺术中心自由开放性的特征，也同时具有伦敦巴比坎中心作为文化景观的特征。

她热衷于参与巴西每日的文化生活，这也极大地丰富了她的作品。她是一名激进主义者，运营了一间非常受欢迎的文化中心，该中心后来被政府勒令关闭。此外，她还在建筑和艺术领域进行授课和写作。

Oliveira，O.（2006）*Subtle Substances of the Architecture of Lina Bo Bardi*，Barcelona：Gustavo Gili.

111

SESC 庞贝休闲中心。
摄影：Patrick Skingley

帕特里克·布尚
(Bouchain，Patrick)

1946—

帕特里克·布尚是一名法国建筑师，他的情境设计作品同建筑作品一样丰富，并在作品中融入了很多的角色，包括开发者、政策顾问、场地经理、基金筹款人与表演者。他的大多数项目都是首先建立起一个由对项目感兴趣的人、合作者、居民、当地政府官员以及社区组织等组成的网络，一旦这一网络就位，从社会意义上场地就被激活了。通常他们会开设一个小型的空间，例如餐厅、场地办公室或者咨询区等等。这样那些经过的被项目吸引的人就可以了解这个项目，并提出自己的观点，或者观看项目介绍的视频。这个初始的阶段在建筑师、建造者和本地居民之间建立起关联，并在任何永久建造物建起之前就在场地上创造了使用行为。通过这些方法，布尚的项目从真正意义上具备了可持续性，并确保了最终建造的结果与场地结合良好，功能实用，同时有效利用了各种资源。他的很多项目都从城市尺度着眼，并通过最少的介入手段对一些旧的工业建筑进行整修和再利用。

由于具有剧院、马戏团以及城市庆典布展设计背景，布尚将建筑当作事件处理，一方面通过最小化的表现创造出最大化的影响，同时聪明地使用材料和革新性的计划。在这种非主流的城市规划中合作就显得异常重要，布尚曾同艺术家丹尼尔·布伦（Daniel Buren）以及克拉斯·奥登伯格（Claes Oldenburg）共同工作。他还曾邀请米兰工匠利用油桶建造起一个声学屏障；只要有可能，他的项目里就会汇集了各种专业人员，而不仅仅是某一单一的建筑承包商在工作。

布尚负责了2006年威尼斯建筑双年展法国馆的策展工作。相比于用传统的文字和图片进行展示，他希望在展览中强调出建筑的社会天性。Exyzt (p.145) 工作室被邀请进行展馆内部设计，他们在双年展期间在展馆内搭建了一个脚手架式的结构。展厅里既有 DJ，也包含设计工作室、厨房和桑拿房，从而强调了建筑的本质是占据而非建造实物。这一另类的方案突出了非正式网络、社会空间及建筑过程在城市里所扮演的角色，同时也与其他一些欧洲设计团队的理念具有异曲同工之妙，这其中包括自我管理建筑工作室 (p.105)、矿业城市 (p.121)、劳姆雷伯 (p.191)，当然也不能缺少由布尚推介到整个世界面前的工作室 Exyzt。

112

Bouchain, P.and Chaise, I. (2009) 'Interview : Patrick Bouchain', *Blueprint* (*London*), 285 : 39, 41–42.

威尼斯双年展中的法国馆（2006 年），由帕特里克·布尚主持。摄影：Florian Kossak

亚历山大·布罗德斯基 (Brodsky, Alexander)

1955—

www.brod.it

亚历山大·布罗德斯基（1955—）是一位建筑师，同时也是"纸建筑"团体的前成员。该团体于 20 世纪 80 年代活跃于俄罗斯，工作主要集中在反对那些由国家兴建的低质量、标准化的建筑产品。在 20 世纪 90 年代，布罗德斯基更多投入到当代艺术创作中，并于 1996 年移居至纽约。2000，他最终返回俄罗斯并开始进行自由执业的建筑创作。他在莫斯科国家博物馆的一个小办公室的外面工作，在他的故乡推广那些他所重视的事情。布罗德斯基作品的特点在于非常关注传统建筑，使用当地材料建造建筑，歌颂俄罗斯的传统，同时也无情地批判不规范的腐败的建筑工业。

他的工作也因而同当前俄罗斯的高速发展唱反调，尤其是针对那些会对莫斯科以及圣彼得堡的世界文化遗产产生威胁的项目。每当西方的"明星建筑师"做出一些具有争议性的作品，布罗德斯基建筑事务所态度总是保持克制，并将艺术与建筑之间严格的界限模糊化。他曾经建造过一个展馆，其材料全部来源于一个工业仓库废弃的木窗框。他还曾为被荒唐拆毁的俄罗斯工业遗产建造过一个纪念碑，也通过设计一个伏特加饮酒典礼的展馆对俄罗斯传统进行歌颂。他的作品还包括 2002 年他所接到的第一个设计任务，使用冰立方砌块为一个餐馆在冰冻的湖面中央搭建一个展厅。该展馆建造于水库边的木桩之上，整个结构旋转了 95° 角，并且由木材和塑料进行填充。布罗德斯基建筑事务所结合使用本地和回收材料，建造具有传统精神的现代建筑，他略带阴郁感的建筑在脆弱的城市中扮演了坚守者的角色。尽管从美学角度而言不尽相同，但是他回收再利用废弃的窗户、木材和玻璃等材料来建造新的结构的做法，却同荷兰建筑团队建筑 2012（2012 Architecten）（p.87）不经过重新加工直接使用回收材料的做法具有相似之处。

Nesbitt，L.（2003）*Brodsky and Utkin：The Complete Works*，2nd edn，New York：Princeton Architectural Press.

拒绝生物警察（Biopolice）项目。在无边界阵营期间进行合作工作的空间，墙上的地图图示了欧洲复杂的监控与监狱系统。法国，斯特拉斯堡，2002。图片来源：Bureau d'é tudes

法国各省及其同生命体之间关系的地图图示。这一作品最早在法国以农业主题进行展出，本图所示为一个制图学展览。克罗地亚，萨格勒布，2007. 图片来源：Bureau d'é tudes

研究办公室（Bureau d' é tudes）

法国，巴黎，1998—

研究办公室是一个于 1998 年以巴黎为中心成立的概念艺术团体，创始人是利奥诺·博纳西尼（Lé onore Bonaccini）与夏维尔·福尔特（Xavier Fourt）。他们利用地图描述相关联的关系，例如跨国组织或者欧盟组织。这些地图可以揭示出智库、商业公司、监察机构、情报机构、媒体团体、消费分布网络、武器制造商以及卫星公司之间的关联。另外一些地图则探究了无政府组织者的位置，持不同政见者，违章占用的土地，以及与多种不同形式非资本主义化的货物交换行为之间相关联的图表。在他们的艺术创作中，知识被认为从一开始就带有政治性，而获取知识则是至高无上的。

他们通过在斯特拉斯堡建立起自组织的空间同一些失业者、违章占地的社区以及一些非法移民联合起来。这个空间命名为“工会的潜力”，利用自由资金的方式运营。同时他们还在进行一个称为“大学切线”的项目，该项目旨在通过发表宣传自治的概念。他们建立这些项目的根源都可以总结为对艺术界充满失望，因此尝试在艺术美术馆这种机构性的场所之外，以合作的方式创作并进行传播。

研究办公室同评论家布莱恩·福尔摩斯（Brian Holmes）（p.158）合作，针对将制图学作为社会运动的一部分应用的可能性这一主题，展开了一个持续进行的讨论。福尔摩斯将它们的地图描述为“主观性的震撼”，这种方式在展示出集权主义图景的同时也清晰地勾勒出它的弱点。为此，"研究办公室"通过为那些特殊的行动事件绘制廉价的大尺寸地图的方式，使人们可以方便地了解到一些高度专业化的知识。他们所关注的事件包括欧洲社会论坛，以及无边界阵营等。因此他们的地图可以被视为一种空间自组织的工具，促使人们能够理解高层次资本主义高度复杂的运作方式，这也是激发人们思考组织有效地抵制方法的重要一步。他们的工作影响了越来越多的正在探索以绘制地图作为解放工具的潜力的那些艺术家、建筑师和地理学家，这其中包括"骇客建筑"（Hackitectura）(p.153) 以及反制图学集团（Counter Cartographies Collective）等等。

Holmes，B.（2003）'Maps for the Outside：Bureau d' é tudes，or the Revenge of the Concept'，in U.Biemann（ed）*Geography and the Politics of Mobility*，Koln：Generali Foundation.

加拿大建筑中心
（Canadian Centre for Architecture）

加拿大，蒙特利尔，1979—

www.cca.qc.ca

加拿大建筑中心是一个内容广泛的档案收藏与研究中心，旨在让普通大众了解建筑在生活中的重要性。该中心成立于1979，创始人菲利斯·兰伯特（Phyllis Lambert）是一名建筑师和慈善家。她是现代建筑的倡导者，因委任密斯·凡·德·罗设计西格拉姆大厦而著名。而更重要的是，她还参加过反对拆毁历史建筑的活动，组织了住房合作活动，还曾奔走游说反对在她的家乡蒙特利尔实施发展计划。加拿大建筑中心坐落于一栋兰伯特从建筑破坏中拯救的建筑中，而她也负责了一部分中心拓建项目的设计。档案收藏基于她个人对于建筑书籍、绘画以及宣传册的收藏。中心的目标非常明确，就是要引起公众对于建筑在社会中所扮演角色的关注，同时鼓励建筑领域的学术研究。这一目标受到兰伯特观念的直接影响，她自中心开始运营伊始直至1999年一直担任主管。

中心举办了大量的展览和教育项目，并通过活动宣传目录宣传蒙特利尔本地以及国际上的设计作品。最近的展览还包括"抱歉，没有燃料了"（Sorry Out of Gas），该展览关注了建筑对于1973年石油危机的应对，并探讨了城市的意义。另外中心的展览还有"城市感知"（Sense of the City），

早期的行为展览与图书项目（2008）

艾尔芬·赛德在加拿大建筑中心20周年纪念活动中的表演（2009）

批判性的通过感知对城市进行诠释。中心还设立了一个现场研究中心对访问学者进行资助，中心收藏的个人建筑师、印刷品、绘画，以及人工制品（例如幼儿园玩具收藏）等各种档案使这些学者受益颇丰。中心还主持公共讲座和研讨会，并到当地的学校中以工作坊和活动的形式组织扩大的项目。在这一过程中，就从教学法的层面上体现出空间自组织的存在意义，这种形式为人们提供了自由和民主的途径接触极其专业化的知识。也正是通过这种方式，在该中心的帮助下，蒙特利尔一个贫困区域的状况得以发生转变。

Borasi，G. and Zardini，M.（eds）（2007）*Sorry Out of Gas*：*Architecture's Response to the 1973 Oil Crisis*，Montreal：Canadian Centre for Architecture.

加拉加斯智库（Caracas Think Tank）

委内瑞拉，加拉加斯，1993—

www.u-tt.com

加拉加斯智库是一个以城市文化为主要研究方向的非政府组织，由阿尔弗莱多·布里莱姆伯格（Alfredo Brillembourg）成立于1993年，之后赫伯特·克拉姆那（Hubert Klumpner）加入该组织。该组织受到城市智库（UTT）的支持，并受到具部分资助。城市智库由建筑师、土木工程师、环境规划师以及沟通专家组成，围绕城市政策以及委内瑞拉城市发展中有争议的问题进行研究。城市智库与加拉加斯智库在2002—2004年“加拉加斯案例”（由联邦德国政府通过联邦文化基金资助）研究项目中受到了广泛的国际认知，并出版

114

了一本名为《非正式城市：加拉加斯案例》的书。

“加拉加斯案例”探究了“城市现实中的深层次转化，这种转化在超大城市爆炸性增长过程中往往是显而易见的”。他们在研究中邀请了来自15个国家的顾问协助，这些学者都对这个全新的、先锋式的、非正统的加拉加斯城市设计概念具有深刻的理解。研究对于传统规划方法无力应对城市居民需求这种状况进行了回应。该书深入分析了加拉加斯以及其他一些拉美城市的贫民区、棚户区。研究论证了这些区域的存在本身就是一种确定建筑现象，并且从其自身社会经济环境的角度对这些区域进行探讨。该书所传达的观点既与官方规划策略将这些区域视为非法区域的观点相左，也不同于一些非政府组织以及发展机构认为应该剥夺这些区域居民的公民权利的看法。在这一背景下，他们质疑国家层面的宏观策略是否就比微观的、基于市场的，小尺度的解决方法更有效，并着手研究到底哪种措施将会带来更显著的社会－空间不平等化。该出版物旨在成为一本“非正式城市与文化实践手册”，并使这种研究

115 同样在其他拉丁美洲城市，甚至非洲和亚洲城市中开展。

加拉加斯智库的研究方法并不希望彻底重建或替换这些非正式城市区域，而是提出一种“城市针灸”疗法，具体措施包括在现有城市肌理内加入一些小型设施，诸如组织布置一些厕所、公共空间以及新的道路等方法。在经济层面，他们拓展了建筑师所扮演的角色，在最开始阶段，建筑师需要自己筹款集资启动一个项目，随后如果项目足够有趣，将会通过政府基金对其进行资助。在这个过程中，建筑师机构扮演了一种既需要保持创新性同时也要承担风险的企业家角色。

Brillembourg，A.，Feireiss，K. and Klumpner，H.（eds）（2005）*Informal City*：*Caracas Case*，Munich：Prestel.

土地使用解读中心 （The Center for Land Use Interpretation）

美国，卡尔弗城，1994—

www.clui.org

土地使用解读中心（CLUI）是一个于1994年成立于洛杉矶卡尔弗城的研究机构，创始人为马修·库利奇（Matthew Coolidge）。该机构主要由志愿者组成并运营，是由政府以及私人艺术基金资助的非营利组织，其目标是研究实体景观同土地人为使用之间的关系。研究主要是对不同用地情况、归属权及同局部景观相关的经济文化价值进行调查。他们的工作通过建立数据库、出版、展览、讲座、在居民中组织活动、开展巴士巡游介绍、通过海报和信息亭进行宣传等多样化的方式得以广泛传播。通过这些不同的方法，土地使用解读中心引起了人们对于美国实体景观的关注并刺激了围绕这一问题的讨论。这些实体景观设计广泛，从占地广阔的加工工厂到废弃的军用设施，以至于地下水处理工厂以及垃圾焚化炉。他们的研究揭示出在发达国家中人们日常生活中有很多不常被注意到但同时也是对环境具有灾难影响的应用方式。这些应用对日常生活十分重要，同时人们也已经习以为常。

土地使用解读中心组织的巴士巡游介绍。摄影：CLUI

土地使用解读中心进一步的工作包括建立起土地应用数据库，该数据库汇总了大量素材，包括一个他们认为可被称为“典范”的美国场所的照片档案，其中一部分图片可以从网络上获取。他们还建立起一个美国土地博物馆，包含了横贯美国的一系列场地，每一块场地应对了自身区域的问题，并成为多种相关联的项目的中心策源地。土地使用解读中心喜欢将他们自己视为一个教育性组织，扮演了一个公正的专业者的角色，当他们把所谓“客观的”视角同扭曲的立场联系起来时，就可以突显出美国经济同土地应用关系之间的问题。

Coolidge，M.and Simons，S.（eds）（2006）*Overlook*：*Exploring the Internal Fringes of America with the Center for Land Use Interpretation*, New York：Metropolis Books.

城市教育学中心（Center for Urban Pedagogy）

美国，纽约，1997—

anothercupdevelopment.org

城市教育学中心（CUP）是一个非营利组织，总部位于纽约布鲁克林区。中心成立之初是由一群有兴趣和信仰的人以松散的方式组织在一起，他们关注城市如何运作，并相信若想实现城市功能的民主化，就需要整合市民的需求和意愿。中心的名称也表明了他们的工作方法，他们为学校、年轻人，甚至于社区策划教育学项目，从而使人们在本地范围内有意义地参与城市生活。通过将各种各样的人聚集到一起，城市教育学中心不仅实现了诸如展览或者学校课程体系这种有意思的项目，同时他们也通过积极到一系列他们以往很少接触的学科和发行物中进行宣传，影响了很多专业从业者思考和工作的方式。

他们的项目提出关于城市最基本的问题，例如“水从哪里来？”，或者“垃圾到哪里去了？”。通过这些表面上幼稚的问题，城市教育学中心将年轻人拉入城市每日的政策中。例如他们对纽约市的垃圾处置问题的调查是一个高度政治化的行为，因为弗莱斯·吉尔斯（英文 Fresh Kills 原意具有杀死新鲜的意思——中译者注）作为主要的垃圾填埋场地经过多年的争论刚刚被关闭。城市教育学中心还出版了一系列折叠插页式的宣传册应对各种公共政策问题，并尝试通过平面设计使高度复杂并且内在联系的现象变得易于读懂。他们近期关注的话题包括“社会安全风险机器”以及“货物链条”，这些主题揭示了本地沿海的工人们是如何融入高度复杂并且全球化的船运网络中的。

在这些项目中，城市教育学中心所充当的角色并非要实际介入事件之中。作为促进者，他们促使那些对某一事件感兴趣并具有相关知识的人同平面设计师或者艺术家汇聚一堂，设计师们负责将人们所关注的问题图示化。作为一个自组体，城市教育学中心积极地介入他们所处的环境中，以一种自下而上的方式同他人合作，最终对现有状况的转变施加影响。

房客组织大会：为使政策公共化举办的活动（2009）。摄影：Rosten Woo

116

城市教育学中心主办的关于“可支付得起的住房”研究会（2007）。摄影：David Powell

Menking, W.（2009）'The Center for Urban Pedagogy（CUP）', *Architectural Design*, 79（1）: 76–77.

替代性技术中心
（Centre for Alternative Technology）

英国，威尔士，马汉莱斯，1973—

www.cat.org.uk

替代性技术中心（CAT）坐落于威尔士地区一座废弃的板岩采石场中。该中心成立最初是为了实验一种自给自足式的社区概念，之后变为一个面向公众开放的具有教育性的信息资源中心。中心于1973年由吉拉德·摩根－格伦维尔（Gerard Morgan-Grenville）成立，他们以身作则，倡导一种远离城市中心并不依靠任何工业制造系统的生活方式。最初，有20人在中心生活，组成一个社区并通过集体的方式进行决策。参加的志愿者们辛勤工作，将采石场改造为一个非主流技术和生态生活方式的展示中心。他们建立起一个循环系统，人、动物以及种植农作物产生的废物都通过堆肥式厕所和芦苇地进行回收再利用。

中心早期生活时的社区用餐场景

摩根·格伦维尔通过募捐的方式筹措资金，那些赞助的公司和制造商所提供的产品可以在中心日常生活的使用中得到展示。风力发电机、太阳能板以及一些创新建筑产品，例如喷涂保温层等一些新技术都在中心应用的过程中得以实验验证。然而由于之后多年来对环境问题关注度

利用喷涂了保温材料的拖车作为场地办公室。图片来源：CAT

的减弱，替代性技术中心不得不加以转变。在不断变化的政治环境下，尤其是消费主义盛行的20世纪80年代，中心不得不调整态度以适应社会。他们保留了一小部分精力仍然研究环境问题，但是中心诞生所秉承的反主流文化梦想不得不被更为实际的商业和教育性目标所替代。同时替代性技术中心也转变为一个学习中心和旅游景点，从而能够提供更为稳定的收入源。

今日，该中心由一个教育中心和一个游客中心组成。教育中心面向居民开展了生态建造方法，可再生能源以及有机食品种植的课程；而游客中心则负责宣传展示可持续生活方式以及绿色技术等方面信息。从成立以来，替代性技术中心已经研究了实验性建造和能源生产技术，建立了很多风车，并应用了主动与被动式太阳能系统。中心内还有一栋沃尔特·西格尔（Walter Segal）（p.196）的自建住房，该建筑可被看做低影响建造方式的一个范例。在超过30年的历史中，替代性技术中心作为一个空间自组体，不断地通过实践案例鼓励可持续发展方式。它利用各种营利性的实验活动所带来的收入进行坚持不懈的研究，并建造创新式的建筑。1994年，中心在环境科学方向成立了一个可以进行硕士和博士培养的研究生院，并可以在进行建筑学本科专业学位的培养。2000年，一个隶属于英国东伦敦大学的学院从伦敦搬至威尔士，从而使其学生有机会进入中心学习。

Centre for Alternative Technology（1995）*Crazy Idealists?*. Machynlleth：Centre for Alternative Technology.

社会中心（Centri Sociali）

意大利，1970—

www.leoncavallo.org

社会中心在20世纪80—90年代在意大利蓬勃发展。该中心的前身可以追溯至擅自土地占用（Squatter）（p.199）团体以及自主运动，这些一般都是自组织（Self-organised）（p.197）型的空间，并有可能在某种情况下成为城市反主流文化中心，或者针对代议民主政治进行激进批判的中心。这些活动场所一般都被设置成自治的空间，相互协作，并经常尝试通过集体化的方式进行决策。

117

这些组织占用的建筑一般都分布于意大利大城市的郊区，他们为集体生活和多样化的文化、社会和政治活动提供空间。团体的成立是为了应对快速的中产阶级化，以及缺少可以负担得起的住房。这些分散的中心提供了一种从资本主义生产模式中解放出来的空间，但是这些地方也同时是非常不安全的。一些中心以半合法化的状态存在，而另外一些则被政府部门关停了。

这些社会中心组织的活动类型并不固定，比如一些中心提供社区活动，例如面向移民开设意大利语课程，进行药品咨询或者为老年人提供日间看护中心；其他一些则成为政治活动的中心，包括刑事司法改革，移民权益以及反种族主义运动等。这些社会中心同时也是文化空间，成为意大利嘻哈音乐以及其他一些地下音乐的聚集场所，同时中心里也会组织展览、剧院、无线电广播、黑客实验室以及另类出版物（alternative publications）（p.90）。社会中心的成员一般也会参加一些松散的活动网络。

118

同时一些中心最近由于被强制关停而走向下坡，但是仍然被认为是文化和政治实验重要的行动场所和实验室。自从2000年以来右翼社会中心也得到了发展，在他们内部强调其自组织的运作方式并不代表了思想解放，同时这也并不是由左翼组织所独有的特性，因此这些右翼社会中心以其作为参与团体的政治附属的形式作为自身的特征。

目前为止运作时间最长的社会中心是米兰的“雷昂卡瓦洛社会中心”（Centro Sociale Leoncavallo）。该中心成立于1975年，占据了坐落于社会住房区域的一座废弃工厂。在这个地方，基金的左翼团体聚集在一起，形成了自我管理式的空间形态，彼此之间不存在内在等级差异。这个中心存在的宗旨在于为社区提供一个集体空间，同时提供了一系列服务，例如护理、咨询、展览空间以及社区会议室。雷昂卡瓦洛中心非常幸运得以历经岁月变换坚持至今，但是目前该中心也不可避免以机构组织的形式获得了合法许可。

Wright, S.（2007）‘A Window Onto Italy’s Social Centre [Articles and Interview]’, *Affinities：A Journal of Radical Theory, Culture and Action*, 1（1）: 12–20. <http：//journals.sfu.ca/affinities/index.php/affinities/article/view/4/46>（accessed 4 March 2010）.

霍拉（Chora）

英国，伦敦，1993—

www.chora.org

霍拉是一间由拉乌尔·宾斯霍滕（Raoul Bunschoten）于1993年成立的研究工作室，

119

此外他于1994年成立的与其并行的建筑工作室也采用同一名称。通过将研究与设计实践相结合，他们发展出一套可用于复杂城市和地区条件的工作方法论，并承接了欧洲和远东地区的一些项目。这套方法论建立于研究基础之上，由四个步骤组成：建立数据库，设定设计原型，行动方案游戏与实施计划。数据库汇集了与人、场所和在一定程度上与项目相关的机构团体的相关信息；设计原型是针对数据库分析所得问题而进行的设计或者组织结构。场景游戏是一种模拟并测试原型在各种情况下如何工作的方法。霍拉会把各种类型的人组织到一起进行游戏，一般来说，行动方案游戏以棋盘游戏的形式进行，这对所有人来说都显得十分有趣。人们分成不同组：居民，政策制定者，政府官员，本地商业以及工业家，各组之间为了自身的利益发生冲突和交叠。在这个过程中，游戏即作为测试想法和状况的平台，同时也作为一个中介者，将这些完全不同的团体聚集到一起。最后的实施计划步骤则是将所选择的原型和行动方案最终实施的策略。作为他们这套工作方法的补充，霍拉发展出一套复杂的图解语言和符号，使得每个项目所涉及的大量具体信息汇总，并可以利用抽象的标记方法在素材中进行比较和操作。近期，霍拉也在着手进行一项名为“城市画廊”的项目，他们开发出一个基于他们这套工作方法的网页工具，提供给在一个长期项目中共同工作的人使用。

这套方法使得霍拉可以在一系列不同尺度下进行工作，并将最小尺度的地区细节因素同跨国甚至全球尺度作用之间难以预期的隐藏关联图示出来，并将这些因素之间如何相互影响凸显出来。他们将建筑

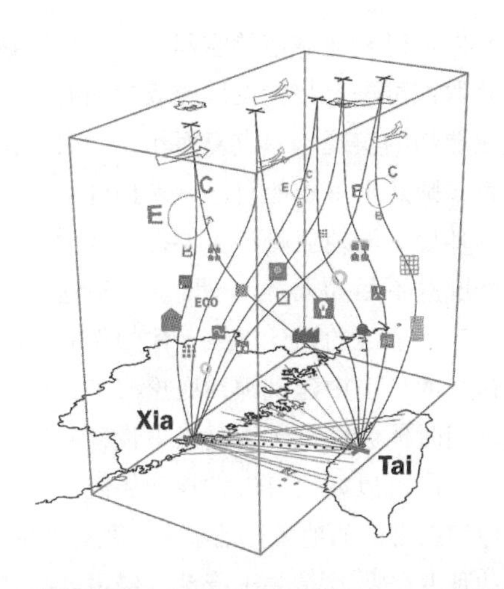

台湾海峡气候改造孵化器，针对台中与厦门两座城市跨海峡联系进行的研究。图片来源：Chora

进行中的行动方案游戏。摄影：Chora

师的角色视为一名城市监护人，这是霍拉从艺术家珍妮·范·海斯韦克（Jeanne van Heeswijk）思想中发展出的理念。霍拉这个城市监护人设计过程，不仅仅是设计一些物体或者房屋，而是从结构层面引发互动并进行组织，从而使建筑师整合各种各样的人群并创造出适应城市动态特性的城市发展策略。

Bunschoten，R. and others（2001）*Urban Flotsam；Stirring the City*，Rotterdam：010 Publishers.

克里斯提亚尼亚（Christiania）

丹麦，哥本哈根，1971—1978

www.christiania.org

克里斯提亚尼亚是一个建在哥本哈根前军事营区的自治性的居民点。在驻军离开这一区域后，围栏被拆除，但是1971年一群人占用了场地的一部分建立起一个儿童游乐场。此后不久克里斯提亚尼亚宣告成立，他们怀抱着“白手起家建立起一个社会”这一原始目标，准备组建一个自由之镇。这是最大的“贫民区社区”之一，其产生直接应对了缺少可以负担得起的住房和社会设施这一问题，也可以被视作充满压力的城市生活的一种解药。为了使克里斯提亚尼亚获得合法的地位，他们同丹麦政府发生了多次对抗，而该定居点的去留问题也成为贯穿整个20世纪70年代的丹麦政治问题的一部分。然而在同意缴纳一定集体税并获得供水与供电补偿之后，克里斯提亚尼亚于1972年被授予了半合法地位。自从那时起，政府就因希望在这个地块上进行私人开发而不断尝试将这个定居点“正常化”。但是社区从创建之初所坚持的对土地具有集体权益这一原则使得很多问题争执不下。

尽管克里斯提亚尼亚至今仍被认为是一个“自由的地区”，但是它存在的前十年无论在政治层面上还是社会意义上都显得更为激进。其中一个有意思的实验就是自行管理，社区通过集体决策一致通过最终形成了自己进行管理的规则和章程；整个社区的论坛负责讨论大的问题，而邻里间的会议则解决日常事务。在这一时期社会结构也已经落实到位，例如已经建立起幼儿看护中心以及一个免费的规划和建议服

克里斯提亚尼亚的入口。摄影：William Sherlaw

务所，同时两种免费报纸以及克里斯提亚尼亚电台也已运转起来，为人们提供非正式交流以及社区支持系统。在这段时间里，克里斯提亚尼亚也因为它所支持的同性恋激进主义、所举办的聚会以及开办的剧院以及而广为人知，这里的人们通过表演，活动以及嘉年华狂欢等形式作为社会实验和互动的模式。社区的环境因而成为一块供新的社会和政治运动成长的沃土，同时也欢迎并支持那些在普通社会里挣扎生活的无家可归者、失业者、甚至是瘾君子，并为他们提供了一个支持的系统。

Conroy，A.（1994）*Christiania*：*The Evolution of a Commune*，London：A. Conroy.

120

圣地亚哥·赛鲁吉达（Cirugeda，Santiago）

1996—

作为一名艺术家或一名建筑师，比较轻易便可以改变城市的空间，他们可以通过获取许可进行装置设计或放置临时介入的建造物的实现这一点，而作为一名市民而言，则几乎不可能自己行动提升他们所处的环境。圣地亚哥·赛鲁吉达认为这样的状况并不尽如人意，也因此针对这一问题，产生了他的设计实践。他的作品质疑在这样的环境中建筑师到底扮演了什么角色，同时他尝试赋予市民以力量，通过向人们展示可以如何打破常规和传统，从而让他们在自己的地区行动起来。在这其中，他的那些作品都是关于行动、侵占、据守和使用的可能性，在这些实践中，市民可以成为发起人，利用由赛鲁吉达制定的导则和说明进行建造，展示或创造空间。同时，赛鲁吉达的创作也质疑了将建筑师作为唯一原创设计者的观念。他所创作的是一种开源的建筑，这种建筑仅仅被构想为一种工具或使用手册，通过他的网站"城市食谱"或"城市处方"向外传播。他针对资本主义化的、商品化的空间开出的各种药方在网站上都可以看到并可以被复制。赛鲁吉达将他的设计描述为"一项城市与社会的革新"，并使一栋建筑变得更廉价并可以被所有人使用。

工作室的大部分工作目前都是在处理城市中那些在拆建中遗留的、闲置的或者被围挡隔离的场地——这些场地由于被人们主动忽视，或者缺少关注而被废弃变得不可用。一个有效的做法就是提供具体的建议，告诉人们如何向当地市政厅申请在用地上修建一些临时设施。这里所指"一些设施"，实际上并非申请上的字面含义，而是作为进行非常规介入手段的一种掩护。在"使用废料桶占领公共领地"这一项目中，

颠覆性的城市占据策略：脚手架——为你自己建造一个城市储备空间（左图）。

废料桶——占据街道（右图）。图片来源：Santiago Cirugeda/Recetas Urbanas

他搭建起来的构筑物只不过是看起来像是废料桶，而实际上则是一个通过“占领街道”的方式占据城市区域，并供市民使用的一种交通工具。在另一项为某栋建筑重新粉刷立面申请搭建脚手架的许可计划中，他们实际上是在脚手架形式的构筑物中创造出一个包围起来的空间作为临时的空间延伸或者仅仅是作为半室外空间使用。赛鲁吉达将这些容器称为“城市储备”。

Cirugeda, S.（2004）*Situaciones Urbanas*, Barcelona : Editorial Tenov.

城市矿产（City Mine（d））

比利时，布鲁塞尔，1997—

www.citymined.org

城市矿产是一个总部设立于布鲁塞尔的非政府组织，运营已超过十年，现在已在巴塞罗那和伦敦分别设立了分支机构。1995年，该团体汇集了艺术家、激进主义者、研究学者、社会组织者以及政治家，开展了一系列围绕废弃的建筑所采取的行动，并在1997年宣布作为非政府组织成立。该组织主要关注城市中艺术与政治发生交叉时出现的问题。通过对欧洲逐渐增长的公共空间私有化现象的批判，城市矿产将他们的目标描述为寻找公民身份的新形式并致力于公共空间的重新占据行为，不管这些侵占行为是实质上的还是以其他方式进行的。他们的工作以城市介入、行为研究项目的形式进行。同时他们尝试通过本地化行动，或者通过为志同道合的人和项目建立联系网络，从而在欧洲范围内对政策施加影响。

城市介入项目“球”，从字面上理解就是一个亮橙色的直径3米的一个球，这个球被用于占据一块城市空间。他们将“球”这个项目描述为一个工具：它通过自身纯粹的尺寸与物质性标识出一个空间，同时强调了年轻人缺少在城市中嬉戏的机会。通过对蓝天组（Coop Himmelblau）(p.129)和豪斯-拉克尔协作组（Haus-Rucker-Co）(p.155)早期作品的回顾，城市矿产刻意的创造出各种临时的介入方式，可以给民众力量，使他们将自身的存在融入城市中。这种介入既可以像“球”那样是小尺度的，也可以是大尺度的，比如他们在布鲁塞尔举行的露天广场（PleinOPENair）年度庆典里做的那样。

在最近一个行动研究项目“微观经济学”中，他们专注于小规模经济在维持资本主义市场引导力中所扮演的角色，并且质疑使用各种指标（例如增长率和生产力）去衡量经济成功与否的做法是否正确。他们将本地社区、学者和专家引入到项目研究中，研究对象也包含了一个每周举行的跳蚤市场，物物交换方案，当然也包括“微观经济”项目自己所组织的庆典活动。对于城市矿产来说，这些行动研究项目是对他们理念进行总体测试和发展的一种方式。他们将网络作为一种基本工具，将居民、使用者、参与者以及城市官方部门拉到一起，而他们在其中则扮演了促进者和协议者的角色。

122

2009 年的微观经济项目组织的庆典活动。利用车载升降台几星的编舞设计。图片来源：City Mine（d）

City Mine（d）（ed）（2006）*Generalized Empowerment：Uneven Development and Urban Interventions*，Brussels：City Mine（d）.

协作住房（Cohousing）

欧洲与北美，1960—

协作住房是一个于 20 世纪 60 年代末期开始于丹麦的住房发展运动。在丹麦，这一运动被称为“Bofaellesskaber”或者“居住社区”。随着越来越多女性参加工作，她们迫切希望能够借助共享式的公社服务

露天广场（PleinOPENair）年度庆典活动：位于一块闲置用地上露天电影院。图片来源：City Mine（d）

减少家务工作的负担，尤其是在照顾儿童和准备晚餐方面。人们同时还期望通过协作住房增强社会关系并发展出一种社区氛围。这种最早在年轻家庭间广受欢迎的中产阶级住房方案，现今已经成为被所有社会人群所接受的完善的住房模式。并且传播到整个北欧国家，在这些国家中，政府政策和资金都鼓励这种发展模式。这种方式在美国、加拿大以及新西兰也同样越来越受欢迎。在这些国家中，合作住房项目具有更为明确的环境计划，并同生态村（ecovillages）(p.142) 拥有很多共同点，只是不像生态村那么激进，规模更小并且同城市结合更紧密。从历史角度来看，合作住房的思想发端可以一直追溯至 19 世纪与 20 世纪的共产主义运动和妇女解放运动。比如夏尔·傅里叶（Charles Fourier）(p.150) 的方阵项目，以及由 M·F·皮尔斯（Melusina Fay Peirce）(p.183) 和埃比尼泽·霍华德（Ebenezer Howard）的“田园城市”（Garden Cities）(p.168) 运动中所发展出来的合作家政模式。

协作住房的建造通常都是定制的，邻里内部由私人住房以及共享的设施组成，居民的居住用房是私有的，并且分享使用社区设施。邻里之间通过常规会议进行意见决策来进行内部自我管理。这种项目的尺度从 10 个单元到 40 个单元不等，同时邻里内公用设施同私人设施的比例也不尽相同，但是大部分社区都会在社区厨房之外加入私人厨房。其他共享设施还包括洗衣间、供暖设备房、交通空间、开放空间和会客室。丹麦有很多非常成功的合作住房案例，其中较早的一个案例称为“丁丁花园”（Tinggården），建于 1978 年，是通过一个由丹麦政府组织的新式住区设计竞赛产生的。项目最终由“喷泉”（Vandkunsten）建筑设计事务所进行设计，公寓部分具有灵活的布局，可以允许各个家庭根据需要在临近区域增加或减少房屋从而拓展或者收缩他们的住房面积。

近期定制的一个协作住房项目位于英国格洛斯特郡的斯特劳德，项目住房类型从四卧室的住房到一居室公寓房，总共有 32 个单元。项目由居民发起，由一个公司承包建设并持有不动产所有权。项目由“建筑类型”（Architype）事务所设计，过程中不断向未来的居民咨询。同时在开发过程

“丁丁花园”协作住房，丹麦。摄影：William Sherlaw

斯特劳德（Stroud）协作住房。摄影：William Sherlaw

中在基地中心建起了一个公共建筑，其中容纳了一个公社厨房，居民每月都规定要在其中聚餐一次。每日的决策是由居民委员会在每月的例会上制定，这些决定即包括哪些人分组负责厨房、清理花园、修缮等事物。因而当一个协作住房在设计上细致入微使空间产生相互融合，同时常规设施完备并具备完整社会结构，这样便能够促进居民间产生社会互动，并且有助于创造更加有弹性且关系紧密的社区。

123

Fromm, D.（1991）*Collaborative communities：choosing, central living, and other new forms of housing with shared facilities*, New York；London：Van Nostrand Reinhold.

McCamant, K. and C. Durrett with E. Hertzman（1994）*Cohousing：a contemporary approach to housing ourselves*. Berkeley：Ten Speed Press.

William, J.（2005）'Desiging Neighbourhoods for Social Interaction：The Case of Cohousing', *Journal of Urban Design*, 10：195.

科恩街社区建造者（Coin Street Community Builders）

英国，伦敦，1977—

www.coinstreet.org

科恩街社区建造者（CSCB）是一个从科恩街行动团体发展而来的社会事业单位。该团体诞生于1977年，是为了对抗当时在伦敦南岸地区一个13英亩的大型地块上的商业开发而成立的。但是那个地块周边很多土地已经被开发成商业用途，由于缺少可以支付的起的住房，当地的居民要么选择搬迁到偏远地区，要么被强行驱散。随着人口急剧减少，学校和商店不得不关停，而留守的居民开始自发组织起来向当地议员寻求帮助。最终，一个"走访行动中心"成立，当关停一个当地游戏场的计划泄露出来之后，这一松散的团队形成了滑铁卢社区发展组织。随后不久，他们更名为科恩街行动组织，但是最关键的是通过这些早期工作他们已经确定了自身的工作性质以及非常明确地目标。这使得该组织可以担当起责任，为实现一种非主流的规划策略去进行异常长期的努力和抗争，只为了能够实现价格合理的住房以及开放的空间这两个相辅相成的要求。

科恩街组织的抗争活动一直坚持了7年，这期间还进行了两场公众调查会。第一场调查于1979年举行，目的是要决定这一区域未来的用途，社区团体在这次会上展示了他们自己对于这一区域的发展计划。具有讽刺意味的是，这些规划都是由为大伦敦委员会（GLC）工作的同一群建筑师设计的，当时这些设计师也在对社区发展进行支持，他们利用个人时间以不计费方式完成了这些工作。这次调查将双方方案都否定了，而最终双方也都根据公众调查意见修订规划方案并重新提交。第二次调查的结果仍然是不确定性的，对于双方的方案予以认可。但是最终开发商在持续的社区施压下撤出了项目，当然其原因也包括当地政府部门在最后也站在了居民这一边。

1984年，由于大伦敦委员会面临解散，当地社区以科恩街社区建造者团体的名义以每平方米1英镑的价格获得了这块土地来实现他们的发展计划。在最初的这个地块上的很多项目，连同其他邻近基地上的一些项目纷纷得以实现。这包括四座协作住房计划，一个公园，一个对公众开放的河岸步行道，以及包括一座新的社区活动和运动中心在内的一系列社区设施。这些设施的建设经费都来源于一些商业经营的利润，比如对Oxo塔的翻新项目，使得科恩街社区建造者团体能够将投资的利润支持本地的发展。在整体发展计划中的各个部分间进行交叉规划，使得从某一私有项目中获得的收益可以用于社区设施的建设，例如场地内在一个社会住房项目的地下室建设了一个公共停车场，而在一些社区中心中则包含了会议设施。这些对私人和公共使用周详的混合策划，使得科恩街社区建造者团体能够为社区提供一系列公共设施。

历经一个长期过程，一个社区行动组织最终演变为一个社区开发者，这可以被看作是一个重要的案例。这一案例显示了居民们在极端复杂的环境下到底能争得怎样的权益。在这一转变过程中，科恩街社区建造者的组织结构允许他可以对其成员承担起责任。团体的一个附属的住房协会负责建造社会住房，之后这些住房再出租给独立的住房联合体。所有这些设施都是共有的，意味着不存在买卖，同时这些联合体也负责每日的管理工作。新的房客需要经过一个培训课程，培养他们的责任感以及参与一个联合团体必要的技能。科恩街社区建造者主席团的成员主要是本地的居民以及那些提供专业建议的外来人群。这意味着早期一些参加抗争运动的人仍留在主席团中，这也包括执行理事雷恩·塔克特（Lain Tuckett）。科恩街社区建造者团体也已经发展出一套成功的自我组织社会住房机制实施模式，尽管很大一部分得益于早期抵抗运动时期的工作，但是这套模式依然可以在其他任何地区进行复制。

Tuckett，I.（1988）‘Coin Street：There Is Another Way…’，*Community Development Journal* 23（4）：249-257.

124

另类方案集合
（Collections of alternative approaches）

美国，伯克利。1981—

目前有很多当代项目致力于收藏和整

科恩街伊罗科（Iroko）社会住房。摄影：Tatjana Schneider

利用拆毁的校园建筑的随时以及泥土、沙石、混凝土的混合物制成的泥巴展馆。Cap 亚洲（2003）是斯里兰卡科伦坡莫勒图沃大学同美国波尔州立大学建筑与规划学院联合组织的一个十天期限的“建造－设计－建造”项目。图片来源：Wes Janz/onesmallproject.com

理那些具有替代常规建筑潜质的替代性建筑实践方案。本节所收录的这些项目，其策展工作都网罗了多种不同类型的实践活动，旨在详尽说明与建筑和城市相关的各种不同的思考和操作方法。

125 onesmallproject.com 是一个汇集了由建筑师和建筑系学生创作的各种建成的或设想的项目的网站和资源库。这个正在进行的项目可以被描述为处理各种遗留问题：包括被认为遗留的人群，例如寮屋居民，贫民窟居民以及无家可归者；可以被更好利用的遗留的空间；以及遗留的各种材料。这些要素都被韦斯·詹兹（Wes Janz）混合在一起，作为 onesmallproject 的创始人，他明确地提出呼吁，希望建筑师们能够行动起来认真担负起他们的社会责任来。在这个项目里，那些主流的建筑作品受到排斥，这些作品被认为对于社会不平等状态的扩散和维持起到了推波助澜的作用。相反，该项目提倡那种小尺度的具有宽容精神的作品，这些建筑能够承载人与人交流的尺度，并被寄予期望能够带来平稳但不断增加的改变。这一项目为那些为他人而作并能够为他人带来力量的作品唱诵赞歌，并为未来空间自组织案例的产生提供了优秀的间接资源。

自适应行动（Adaptive Action）项目为非主流的、被边缘化的居住空间营造方式提供了一个发展空间，并使其为人所知。“行动”一词意指尝试改变城市环境的使用方

AA41 请登船；创作者/参与者：AA。地址：蓝墙（伦敦 2012 奥林匹克运动会场地），2007—2009。通过将在邻近地区找寻到的物品进行喷涂，从而对奥林匹克蓝墙进行延伸。

文化对话网络。横跨欧洲的一系列关于文化网络化涌现的辩论，视频放映以及展览。图片来源：Peter Mötenböck 与 Helge Mooshammer

式和特性使其更具活力，同时测试当前不断被私有化并被监视的公共空间的容纳极限。该项目最早由 J·F·普罗斯特（Jean-François Prost）于 2007 年发起，并以蒙特利尔为总部。项目团队前往不同的地方举办活动、工作营、展览，或者举行圆桌会议，但是这个项目的主要发布形式是建立一个汇总并整理了全球各种小尺度概念和行动案例的网站。大量图片和标题显示了居民、工人、通行人群对于自身环境的掌控，通过展览策划，这些作品得以呈现并体现出自身价值。这可以被认为是艺术家们或者建筑师们主动退居幕后，而让其他人的行为登上舞台中心的一个案例。自适应行动的展览使那些对空间进行使用和规划的行为凸显出自身的价值，同时也为如何融入城市环境提供了其他可能性和办法。

网络化文化项目是一个由赫尔吉·穆沙摩尔（Helge Mooshammer）与彼得·莫滕鲍克（Peter Mötenböck）发起的项目，在 2005—2008 年期间运行。项目场地设于伦敦大学高德史密斯学院。该项目将发生冲突的地点作为出发点，通过研究在这些地点产生的网络化空间行为以及建筑师、艺术家、城市规划者、策展人以及激进主义者对其的回应，最终探讨欧洲的社会和文化转型问题。网络化文化项目鼓励了通过一系列访谈、对话、展览和工作坊的方式延展并培育这些网络。

欧洲非主流城市实践与研究平台（PEPRAV–European Platform for Alternative Practice and Research on the City）是一个由自我管理建筑工作室（atelier d' architecture autogérée）(p.105)同谢菲尔德大学建筑学院，布鲁塞尔回收艺术（Recyclart）组织以及柏林的“大都市区”团体共同组织的一个协作项目。该项目从 2006 年至 2007 年历时两年，平台围绕着一个共同的关注点建立，他们关注在一些活跃的参与性行为和行动中所引发的城市研究与实践，这些行为和行动大都在本地以及跨地区网络中开展。他们的工作方式包括工作会议、集会、展览和公开演讲，从而将与 PEPRAV 相关的实践者和理论家汇集一起并发展他们之间的联系网络。

126

aaa and PEPRAV（eds）（2007）*Urban/ACT*，Montrouge：Moutot Imprimeurs.

Mooshammer，H. and Mörtenböck，P.（2008）*Networked Cultures：Parallel Architectures and the Politics of Space*，Rotterdam：NAi Publishers.

Prost，J.-F.（2008）'Adaptive Actions'，*field*：，1：138-149.

社区设计中心
（Community Design Centers）

美国，1960—

社区设计中心（CDCs）是在20世纪50—60年代美国人权运动以及妇女解放运动背景下涌现出来的团体，主要为那些难以承担设计费用的社区提供技术支持和设计建议。当时的政治气候引导规划师、建筑师以及设计师将他们自己视为那些在设计过程中被排斥的人群的支持者，并且并不将城市规划视为一种技术问题或是官僚主义的繁文缛节，而是一种政治问题。人们将建筑和城市规划看作是积极社会转型中的重要参与方式步骤，而保罗·戴维多夫（Paul Davidoff）提出的“倡导式规划”的概念在当时起到了重要作用。尤其是在建筑领域内，这种观念广为传播并且可以被看作是对于现代主义中的机械主义思想和技术主导观念的一种反应。

127

在最初的时候，国家为这些设计中心提供拨款，而到20世纪70年代，政治气候发生了变化，一些公共性项目被撤回。那些最初依赖于这些拨款的组织变成非营利性质的志愿者组织。今日，各种社区设计中心仍然涵盖广泛的政治领域，其中一些仍然持有激进的政治观点，而其他的一些则更接近于新保守主义运动，例如新都市主义。社区设计中心都具备一种共识性的目标，即在设计和发展进程中加入本地社区的参与。他们通过社区参与以及动员人们反对强制性的总体规划和更新计划来实现这一目标。

哈勒姆建筑重建委员会（Architects renewal Committee of Harlem（ARCH））就是最早的社区设计中心之一，成立于1946年，由小马克斯·邦德（Max Bond Jnr.）担任委员会主任。该中心号召居民团结一心反对曼哈顿北部地区一条新快速路的修建计划，之后他们还衍生出一系列从设计和技术支持到培训和信息服务等各类职能。该组织的成员由建筑师、律师、编辑和社区组织者组成。他们同黑人权利运动相结合，而他们的工作也主要是致力于缓和少数民族聚居区的贫困问题。哈勒姆建筑重建委员会得到了拨款的资助，并同很多不同的社区组织具有合同关系。

20世纪60年代的政治气候同样也对教育机构产生了重要的影响，并导致很多附属于大学的社区设计中心产生。例如耶鲁大学的耶鲁建筑计划（Yale Building Project）[p.213]，普瑞特艺术学院的普瑞特社区发展中心（Pratt Center for Community Development），北卡罗来纳州立大学的社区发展团体以及底特律梅西大学的底特律协作设计中心（DCDC）。这些组织将学生的教学与培训同对社区的服务结合在一起；与完成最终产品相比，这些项目的教学过程更为重要，同时实践操作的经验也越来越受到重视。亚拉巴马的郊野工作室（Rural Studio）[p.193]仍保留了这种大学附属机构的性质，而其他像设计团体（Design Corps）[p.138]以及城市教育学中心（Centre for

Urban Pedagogy）(p.115) 这样一些当代组织则以独立的方式运作。

无论是否附属于一个教育机构，这些社区设计中心均质疑传统角色定位和权利关系，例如在建筑师和使用者或者在学生和老师之间的角色和关系。建筑和设计被视为在建筑环境中的一种美学介入操作的工具，然而当为那些难以支付传统建筑师设计费用的人提供一种参与性的建筑设计建造方法的同时，建筑实践的革新性潜力却被凸现出来。

Sanoff，H.（2003）*Three Decades of Design and Community*，Raleigh：North Carolina State University.

社区自建机构（Community Self Build Agency）

英国，希尔内斯，1989—

www.communityselfbuildagency.org.uk

社区自建机构（CSBA）是一个成立于1989年的非营利组织，地址位于英国肯特。该组织致力于推广让那些失业、低收入的人群以及年轻人能够主动参与的自建住房。他们向当地政府和住房公司游说，希望将自建住房供给纳入到他们的住房计划中，同时他们努力确保住房公司能够为自建住房项目提供资金，并同培训机构联系将自建房技能纳入到国家职业认证中，此外还与建筑师合作设计出能够以适合自建技术建造的住房。

128

每个项目首先需要将那些有兴趣自己建造他们自己住房的人联系到一起，并以住房协会或者合作社的形式组成一个团队。社区自建机构最终目标就是自建这种方式能够被更多人所接受，并形成他们自己的组织。社区自建机构不仅将自建住房视为房屋供给的一种解决方式，同时希望帮助那些参与者同失业的自建房者一起获得技能和经验，从而在建设完成后能够获得稳定的工作。因此，自建住房项目面向所有有或没有建造技能的人群开放，只需要他们确保每周必要的时间投入工作就可以。一般需要每周工作25—35小时，在周末或者晚间工作均可。

位于新奥尔良为流浪人士服务的圣约瑟夫重建中心。由DCDC协同韦恩·特罗耶（Wayne Troyer）建筑师事务所建造。图片来源：DCDC

自建住房的所有权购买方式可以根据环境的不同而不同，可购买全部所有权，也可以购买部分所有权，甚至租用也可以。自建住房的数量也会根据项目的差别而有所不同，例如伦敦兰贝思的天使生态自建组织就曾致力于一个有十栋住房的项目，该项目于2006年竣工。项目的设计部分与“模式1建筑师工作室”合作完成，结构和外壳建造由建造公司承担，而其余部分的施工则由自建参加者完成，包括木工、最终电气布线以及水暖安装和装饰等等。在其他案例中，例如2003年完工的，同在伦敦的霍恩西协作住房项目，十栋住房完全由自建者与“建筑类型”公司（Architype）的建筑师合作，利用西格尔（Segal）（p.196）方法建设完成。

129

Broome，J. and Richardson.B（1995）*The Self-Build Book,Totnes*：Green Earth Books.

社区技术援助中心
（Community Technical Aid Centres）

英国，1978—1985

社区技术援助中心（CTACs）成立于20世纪70年代晚期，其产生受到一些激进社区建筑实践者所提倡的制度的影响，这些实践者包括拉尔夫·厄尔斯金（Ralph Erskine）（p.183）和建筑师革新理事会（Architects Revolutionary Council）（p.97）等，他们20世纪60年代中期尝试找到可以替代贫民窟清理政策及其随后出现的不受欢迎的大型住房发展政策的办法。社区技术援助中心的先驱可以被认为是1969年的邻里行动项目（Neighbourhood Action Project），项目中利物浦市政厅同一个无家可归者福利机构“庇护所”合作。尽管这是一个短命的项目，但是它建立起的一个由建筑师、规划师和社会工作者组成的本地建议办公室的模式相当具有影响力。

当地那些反对再开发计划的社区得到了不同的志愿者和专业团体的协助，然而英国皇家建筑师学会（RIBA）的行为守则里禁止建筑师提供免费的服务。例如，支持社区建造设计（Support Community Building Design），是一个由汤姆·伍利（Tom Woolley）同来自于建筑联盟（Architectural Association）（p.98）的学生一起成立的协作团体，为人们提供廉价的服务，但必须要那些接受帮助的团体能够确保获得资金的资助。他们同其他一些组织一起为考文特花园行动组织（Covent Garden Action Group）提供了规划设计支持。另外还有重要的组织如协助团体（Assist），他们同斯特拉思克莱德大学建筑系联系为提高租房户居住质量提供免费的技术支持服务。协助团体的本地“建筑商店”不仅提供与建造相关的技术支持，同时也为如何获取

COMMUNITY NETWORK
COMMUNITY PLANNING AND TECHNICAL AID.
Vol. 4 No. 1
FEBRUARY 1987.
50p
Magazine just for bottom up
TV series planned for community action
New funds meet to back local ideas
Community Network
TCPA

资助金，创建邻里组织以及筹备请愿书等事项提供帮助。遍布英国全国的上述这些自发性组织最终导致了社区技术援助中心协会（ACTAC）在1983年成立，该组织相对于皇家建筑师学会而言被认为是一种非主流机构。

社区技术援助中心协会因而作为一种本地资源中心的方式进行运作，他为那些希望能够改善居住环境的个体以及社区组织提供广泛的服务。与皇家建筑师学会设立的社区建筑团体（Community Architecture Group）提供的服务不同，社区技术援助中心意识到在社区发展中所需要的专业技能和人员是多种多样的，因而他们还为规划、景观、工程、测绘、生态、环境教育、理财规划、经营、管理以及图示说明提供总体性的组织建议，他们相信只有将这些专业技术融为一体才有可能形成一个优良的社区。社区技术援助中心的一个主要目标就是鼓励用户的参与，同时这些中心中的职业工作都以空间自组体的方式运作，通过向公民提供专家建议让公民们直接对其环境进行改造。只有那些能够负担费用的人才被要求缴纳一定的费用，同时尽管社区技术援助中心最开始由慈善基金会捐赠，但是大多数中心都受到政府资助。这种方式也同当下盛行的政治转变相契合，即将职责由缩减的当地政府部门转嫁到志愿性机构中。这其中有趣但又有点纠结的是，很多由国家资助的社区技术援助中心都在反对政府的再开发计划和大型住房计划。20世纪80年代中期由于资金的萎缩，社区技术援助中心渐渐衰落，但是其中很多中心至今仍然在社会住房领域开展工作。

Jenkins，P. and Forsyth，L.（eds）（2009）*Architecture*，*Participation and Society*，London：Routledge.

蓝天组创造的柔软空间（1970）。摄影：Gertrud Wolfschwenger

蓝天组（Coop Himmelb（l）au）

奥地利，维也纳，1968—1980

www.coop-himmelblau.at

1968年，蓝天组由沃尔夫·D·普瑞克斯（Wolf D. Prix），赫尔穆特·斯维金斯基（Helmut Swiczinsky）和迈克尔·霍尔泽（Michael Holzer）成立于奥地利维也纳。他们的工作同豪斯－拉克尔协作组（Haus-Rucker-Co）（p.155）相似，主要是基于奥地利的弗洛伊德心理分析传统的探索，致力于研究建筑环境同我们个体对其感知之间的关系。他们的早期的作品引领了20世纪70年代晚期表演性装置作品和行为作品中将观众引入其中作为参与创作部分的这种做法。· 130

具体到这些建筑师的作品，汉斯·霍莱茵总体上受到了媒体理论家马绍尔·麦克卢汉（Marshall McLuhan）以及控制论的影响，蓝天组的作品探索了利用新技术创造出反馈互动环境的早期版本。坚硬空间（1968）这一作品利用了三个人的心跳触发了横贯维也纳的一系列爆炸，而柔软空间（1970）则利用肥皂泡将一条街道填充起来。他们还利用可充气物品发挥充气结构的潜能，从而在公共空间中产生互动。这些早期的作品探索了将城市作为实验性居住的舞台。自80年代起，他们的实践逐渐转向了主流建筑设计，他们后期设计的正式的华丽的建筑物似乎失去了社会实验的先锋性。

Sorkin，M.（1991）'Post rock Propter Rock：A Short History of the Himmelblau'，in M. Sorkin，*Exquiste Corpse*：*Writing on Buildings*，London：Verso，pp.339–350.

合作社实践
（Co-operative practices）

1844—

www.cooperatives-uk.coop

通常将一个合作社定义为一个一群为了相同的经济、社会或者文化目标工作的人以自愿性为基础组成的一个社团，作为共同事业的一部分，这个社团一般是集体所有，也通常是集体管理。这就意味着这些是私有性质的单位，尽可能不受机构部门的控制。合作社建立在自助与自我负责、民主、平等、公平以及团结的价值观基础上。他们具备开放的自愿性的成员构成，热衷于参与决策和制定规则的那些组织成员同时也担负起合作社的管理工作。这些管理与运作一般都采用投票的方式，每个成员一票，每人贡献出相同的力量。同时合作社对于所有的资金的管理也都是民主化的。

合作社作为一个现代经济结构出现可以一直追溯到19世纪的英国，是对当时由于工业化而带来的经济萧条的一种应对策略。洛奇代尔社会公平先锋组织（The Rochdale Society of Equitable Pioneers）成立于1844年，他们设想出的原则随后成为了全世界合作社的模型。这是一个消费者合作社，由28名编织工与其他一些工匠共同成立，这些人的劳动技能由于当时不断增长的机械化变革而越来越不被需要。他们的店铺向成员们售卖面粉，糖和其他基本食物。他们当时制定的原则，也就是后来被人们所知的"洛奇代尔原则"规定了要保持一个开放性的成员结构，坚持民主，控制，为资金支付有限的利息，向成员们分发盈余，仅可进行现金交易，在政治和种族问题上保持中立，鼓励教育。除了关于政治和种族问题的条款，其他这些原则在现今国际合作社联盟的条款里都被完整保存了下来。

建筑领域接受这些合作社实践原则的进程较为缓慢。爱德华·库利南建筑师事务所（Edward Cullinan Architects）是首先以合作社形式进行实践的团体之一，他们在1968年事务所成立三年后改为以合作社方式运营。从法律角度来说，他们仍然保持了合伙人结构，但是每位成员负责他们各自财务事物，包括保障保险，而所有人都收到一定百分比的费用。这一非正式协议使所有成员都会参与到设计工作的每个阶段并参加决策。库利南事务所的操作方式是雇员中每个永久成员都担任主管职位，获得利润分成，并参与每日的管理决策。这似乎已经成为在建筑职业领域被接受的合作社式的运营模式。

集体建筑（Collective Architecture）是

一个成立于格拉斯哥的实践团体，近年来该团体开始根据合作社的原则进行运作。集体建筑最初成立于 1997 年，当时命名为克里斯・斯图尔特建筑师事务所（Chris Stewart Architects）。2007 年，他们事务所的 14 名雇员每个人都获得了平等的公司资产。这种共有性的结构也体现在日常设计运作中，每一个建筑师都对他们的项目全权负责，包括设计、管理、客户联络以及费用等方方面面内容。事务所参与到遍布苏格兰的许多城市更新、住房以及社区项目中，并在设计中应用可持续方法。集体建筑包容性集体性建筑设计方法的特点体现在以下两个方面：首先是他们选择的合作对象，主要是社会团体、住房合作社、本地制造商；第二点就是他们选择建造的建筑，主要为公共项目，包括住房和社区空间。另外一个来自格拉斯哥的合作型设计事务所为城市设计合作社（City Design Cooperative），该合作社成员是景观建筑师和城市设计师。他们工作室结构是非结构化的，所有的成员都在专业工作中将教学和研究结合起来。

132

在建筑领域中还存在一些劳工合作社，例如一个来自于曼彻斯特的事务所——URBED（城市，环境与设计）。该事务所专长城市设计以及针对社会可持续性和公平性转化提供长期的咨询意见，他们将自身的这种专长引入到事务所内部的组织结构，于 2006 年改制成为一个合作社。URBED 参与的社区工作表明了对于居民来说，在设计过程中将工作方面的相关知识传达给他们是非常必要的。基于这一点，他们为租户们开发出一套培训课程，策划城市介入方案，并组织住户乘大巴参观新建的和老的邻里社区，从而帮助居民获取有用的知识信息，并在涉及自身住房和邻里问题时做出合适的决定。近期，他们还出版了《城

131

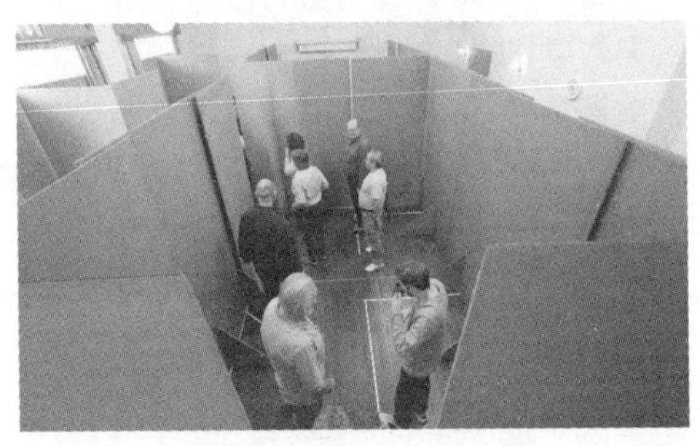

“家的设计”的一部分全尺寸室内模型，这是由 URBED 和玻璃房子面向租户和居民组织的训练课程。图片来源：URBED

“家的设计”训练课程中使用的邻里塑料模型。图片来源：URBED

G.L.A.S.：我们的柏林（Unser Berlin）：关于格拉斯报所提问题的一个公共开放性作品。摄影：Florian Kossak

市涂鸦》，这是一本主要反映城市设计和再更新问题的内部期刊，并成为了多种思考性工作的论坛。

建筑师们在专业团体之外进行的各种操作确实可以以劳工合作社的方式进行，这不存在任何法律问题。例如“格拉斯哥建筑与空间通信”（Glasgow Letters on Architecture and Space，G.L.A.S.）组织就是一个由苏格兰斯特拉思克莱德大学的校友组成的团体，他们于2001—2005年在一起共同运作。他们的目标就是要通过设计、平面设计、写作对建筑环境中的资本主义化产物进行批判，他们最具影响力的成果就是“格拉斯报”，这是一份自己发行的出版物，其中通过一系列主题期刊质询了这些问题。

其他一些团体则选择为合作社组织工作，例如索隆（Solon）。这是一个独立的，本地运作，并关注社区问题的住房协会，成立于1974年，目前在布里斯托，南格洛斯特郡，门迪普和迪恩丛林地区运作，其目标是提供质优且价格合理的出租住房，同时他们专门介入到城市中心再更新项目中，并长期鼓励居民加入到开发过程中。在其早期阶段，索隆会雇用自己的建筑师，尽管由于意识到会对利益产生冲击，这种措施并不被皇家建筑师协会鼓励。

虽然在本节中所介绍的各种合作社形式的工作室类型多样，但是他们都在渴望能够在一个平等的环境中工作，同时责任以及利益也在每个成员之间平等分配。其他还有一些合作社包括矩阵（Matrix）[(p.171)]，动物园团队（Team Zoo）[(p.201)]，维也纳人花园城市运动合作社（Viennese Cooperative Garden City Movement）[(p.209)]。

‘Cooperatives in Social Development’, *Social Perspective on Development Branch*, http://www.un.org/esa/socdev/social/cooperatives/[accessed 26 April 2010].

Woolley, T.（1977）‘Cullinan’s Co-op’, *Architects Journal*, 166：741-742.

反社区组织（Counter Communities）

美国，1967—

美国具有丰厚的乌托邦社区传统，这一传统可以一直追溯至发现新大陆时期的清教徒聚落，其中包括延续时间最长的沙克斯（Shakers）乌托邦社区，也包括受欧洲影响的傅里叶主义（Fourierist）[(p.150)]聚落例如布鲁克农场，甚至于20世纪60年代的嬉皮士社区。尽管这些社区的运作方式极端多样化，但是这些聚落都以建立起一个远离主要人口中心的新的社会秩序为目标。因此他们无论从物质层面还是社会层面都需要白手起家。尤其在20世纪60年代，在加利福尼亚和亚利桑那地区炎热干旱的沙漠环境中，很多反社区组织成立。这些项目中的大多数对当时生活方式给社会和生态环境带来的破坏不满，希望寻找到一种可供替代的方式，这些团体受到一些幻想主义的建筑师、艺术家或激进主义者的指导而建立。尽管这些人的目标是创造一种可以被复制的生活方式，但是他们通过案例传播出来的信息却显示大多数反社区的例子都还是孤立。这些反社区中的一部分至今仍在不同的化身下运作，例如纳德尔·哈里里（Nader Khalili’s）[(p.163)]对于低环境影响砌块建筑的设想仍然在卡尔地球机构中被鼓励和研究。

其中一个早期案例就是雅高桑提（Arcosanti），这是意大利建筑师保罗·索莱利（Paolo Soleri）的一个独特创意，他预想了一种建在亚利桑那沙漠中心的巨构建筑，可以供5000人居住。该项目自1970年开始启动建设一直延续至今，并一直遵循了索莱利奉为理想城市的设计原则。通过将建筑同生态相融合，那些在科幻小说中出现的概念和想法第一次被H.G.威尔斯（H G Wells）付诸丁实践。索莱利的理想城市理念提倡极限化的高密度，混合使用，自制并且经济自给自足型的社区，并推广一种节俭的生活方式，能够在对地球带来最小环境影响的情况下居住。尽管这些原则同生态村（ecovillage）（p.142）概念相近，索莱利的理想城市最初始却是关注建造一种生态化的建筑，而并没有关注合作社模式或者其他精神要素。而后者对于生态村来说却同样也是其动机的一部分。雅高桑提是索莱利建造理念的一片试验田，将其想象成蔓延的城市郊区的一种替代形式，它最后将成为一个以步行作为主要交通方式的高密度城市。由于缺少资金，直至今日该项目只有一小部分被建设起来，并且只有60名永久居民。尽管如此，这一项目历经岁月仍然具有很强的教育意义，同时在其历程之中，来自全世界很多志愿者参加到它的建设、创作工坊和研讨会中。该项目对在建造中学习的重视应该来自于20世纪40年代索莱利在塔里艾森同弗兰克·劳埃德·赖特共同工作的经历。

133

雅高桑提的陶制拱顶（1972）。摄影：Annette del Zoppo

陶斯的角型村舍地球方舟，新墨西哥州。摄影 :Kirsten Jacobsen

洛杉矶，穹顶村落（1994年前后）。摄影：Craig Chamberlain

134

地球方舟（Earthship）可以看作是已经传播到美国之外地区的反社区的一个案例。该案例最早在20世纪70年代中期由建筑师麦克·雷诺德（Mike Reynolds）设计。他们旨在实现一种以被动太阳能实现自给的居住形式，同时这种居住还需要价格适中，不需要任何专业建筑技能就能够方便的修建，并使用任何可使用的废旧材料，包括饮料易拉罐，玻璃瓶和金属垃圾。

经过许多年的时间，基本的设计依然保持不变，在朝阳面具有一个玻璃立面，而部分掩埋的墙体则由轮胎与土混合夯实筑成。这一墙体构造形成蓄热设施，在日间吸收热量并在夜间释放热量，从而减少对供热系统的依赖。地球方舟中设置有太阳能光电板，提供电力和热水。同时雨水被回收使用，而盥洗污水处理系统也在设计阶段被加入进来，通过“生活机器”系统实现，这一系统在新炼金术研究中心（New Alchemy Institute）(p.176) 中第一次设计出来。近年来，随着对气候变化的关注日趋增加，地球方舟被更多人认识并接受，而雷诺德现在也被专业的建筑社团以及建筑监管机构所接受。而在此前，他们彼此之间的关系非常紧张。一些地球方舟也被应用于赈灾事件中。

135 拉马基金会（The Lama Foundation）成立于1967年，创始人是艺术家斯蒂芬·德基（Steve Durkee）与乔纳森·奥特曼（Jonathan Altman）。他们来到新墨西哥州陶斯镇，建立起一个公社，旨在追求心灵上的平静以及摆脱如机构一般等级化的生活方式。他们在当地印第安原住居民的帮助下利用风干土砖建造房屋。而他们同“全球目录”（Whole Earth Catalog）(p.212) 创始人斯图尔特·布兰德（Stewart Brand）的友好关系也让他们与斯特芬·贝尔（Steve Baer）结识，而后者则协助建立起了同逃离都市（Drop City）(p.141) 项目相类似的网格球顶房屋。最终，网格球顶也被应用于穹顶村落（Dome Village）项目中。该村落创建于1993年，并于2006年关闭，创始人为激进主义者泰德·海伊斯（Ted Hayes）。该项目由于选址位于洛杉矶城市中心区毗邻市商业街区的一个停车场中而显得极其独特。这里聚集了住在20个网格球顶房屋中的35个人，并形成了一个自我管理式的社区。该社区不仅提供居住庇护所，同时也像小型村落一样管理运营，为其居民提供了支持系统。穹顶村落同时还组织工作营，包括电脑扫盲，社区园艺以及提供就业指导。由于其所处地理位置，导致最终租金过高，尽管已经有第二版方案正在进行之中，穹顶村落用地最终还是被依法收回。

Counter Communities：*Projects by Paolo Soleri*（*Arcosanti*），*Lama-Foundation*，*Mike Reynolds*（*Earthships*），*Nader Khalili*（*Cal-Earth*），*Ted Hays*（*Dome Village*），2003/2009. [Film] Directed by Oliver Croy and Oliver Elser. USA：Croy and Elser.

克里姆森建筑历史工作者（Crimson Architectural Historians）

荷兰，乌德勒支，1994—

www.crimsonweb.org

克里姆森建筑历史工作者团体成员为艾沃特·多曼（Ewout Dorman）、安努斯卡·普罗恩霍斯特（Annuska Pronkhorst）、米歇尔·普罗伍斯特（Michelle Provoost）、西蒙尼·罗茨（Simone Rots）、乌特·范思提佛特（Wouter Vanstiphout）和卡桑德拉·威尔金斯（Cassandra Wilkins）。该组织创始于1994年，其工作范围介于历史研究、评论和建筑实践之间，并主要关注当代城市。他们的工作始于鹿特丹这座他们曾居住的城市，揭露其战后重建历史的另一面，他们的研究显示出鹿特丹城市的

海尔莱克海德·霍赫弗利特 / 霍赫弗利特地区，“欢迎来到我的后院！”项目，2001—2007 年，摄影：Maarten Laupman

拆毁和再发展并非第二次世界大战中轰炸的结果，而这一观点与当前普遍承认的观点相左。克里姆森提出事情的另一面是该城市的拆毁进程始于 20 世纪 30 年代，而这一进程一直大张旗鼓地进行，不仅经历了第二次世界大战期间，而且一直延续到战后。这一研究出发点也导致了对全世界范围战后城市的研究，并关注在冷战期间以致现今新镇运动中的规划建设活动中，城市规划是如何作为一种政治工具被加以利用。

克里姆森并不愿将历史视为一个发生在过去已经结束了的事件，而是一种能够穿越时间通过某种意义浸染城市的事物。而他们的项目也试图将历史的这种潜能在现代环境中激发出来。他们对于新镇的研究也促成了他们同鹿特丹港口区新镇霍赫弗利特（Hoogvliet）郊区之间的长期约定。“维姆比：欢迎到我们的后原来”是一系列策划案和政策决策，在其中克里姆森扮演了空间自组体的角色，他们组织展览并帮助实施一系列小型项目，例如实验性建筑、一个娱乐性公园，一个庆典活动以及各种艺术作品等等。经过六年时间，克里姆森在项目中进行分析研究，提供咨询，并被委任各种工作，从而揭示并强化了该地区的特质，并通过这样的工作也成为再更新进程的一部分。

136

他们的工作方法是首先进行实证研究，通过采访和观察调研寻找到对象的物质和社会学特性。在这一基础上，他们建立起对于该地区的描述，这种描述并非基于商业发展的贪念，而是以一种非常有力和具体的故事让人们相信这一地区的潜力。这就成为一种城市策略，而在霍赫弗利特，这种对于过去以及现今城市条件的深入分析，带来了高度具体化的发展建议方案，例如仅仅为音乐家们提供的合作住房，以及由手工船模型形成的公园。克里姆森将他们的实践活动称为“为可能性绘制一张全景图”。

Crimson and Rottenberg，F.（2007）*WiMBY! Hoogvilet*：*Future*，*Past and Present of a New Town*，Rotterdam：NAI.

麦克·戴维斯（Davis，Mike）

1946—

麦克·戴维斯既是一名作家，同时也是一名历史学家，他在20世纪60年代加入美国圣地亚哥民权运动。戴维斯较晚才投身学术界，此前最初为学生组织的一个民主社会团体工作并成为一名激进主义分子，之后也曾做过卡车司机以及工会组织者。他30岁时获得奖学金资助在加州大学洛杉矶分校学习，期间曾一度赴英国爱丁堡大学进修并在伦敦为沃索（Verso）公司工作。他的经历背景使他的写作和教学充满对社会排斥与贫穷现象的关注。他在南加州建筑学院任教多年，教授城市理论，并在教学中鼓励学生通过研究“社会和环境历史”，并参加社区项目等方式探索洛杉矶这个城市。他曾经跨越数个学院进行授课，包括地理学、历史和政治科学，而目前则在加利福尼亚大学河滨分校的创意写作学院教学。

戴维斯的著作大多基于一个社会学者的视角，关注全球化的贫民窟问题以及非政府组织、世界银行和国际货币基金组织的政策。同时他还通过研究白人迁徙、产业空洞化，住房和就业沉淀，歧视等问题以及联邦政策分析美国城市的衰退现象。他的研究还涉及城市发展同自然生态系统之间的关系问题。他的著作《石英城市》（City of Quartz）被认为预测了导致1992年洛杉矶骚乱的种族矛盾问题。而人们在他的《贫民窟星球》（Planet of Slums）一书影响下开始关注当今世界上大量城市居民的生存困境。究其根源，新自由主义思想实际是殖民主义的直接继承者，该书抓住了世界上大多数人群正在直面的急迫状况。在书中戴维斯提倡蓝领阶层人群能够进行一场全球化革命，发出他们关于生态问题的呼声并提出自己的社会信条，而不要仅仅满足于通过微小渐进性的措施进行地区性的改良。

137

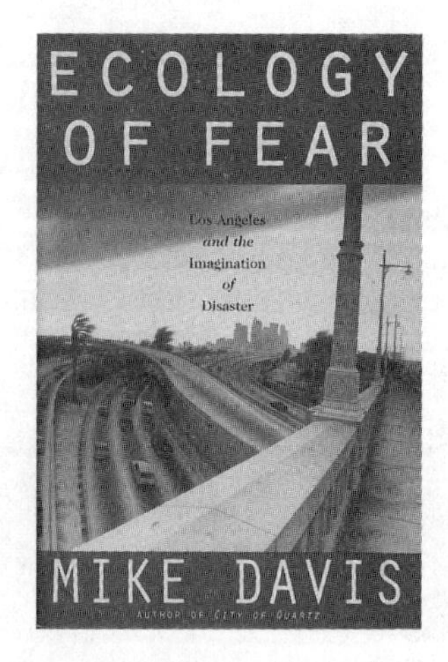

在他所有著作中，戴维斯都强调了空间同政治的交集，并指出只有解开潜在政治力量的束缚才能够真正理解空间的创造。

Davis，M.（1998）Ecology of *Fear*：*Los Angeles and the Imagination of Disaster*，New York：Metropolitan Books.

吉安卡洛·德·卡洛（de Carlo，Giancarlo）

1919—2005

吉安卡洛·德·卡洛是一位意大利建筑师、规划师、作家和教育学者，他曾是C20组织的一员，该组织对其在建筑中看到的一切不良现象都展开激烈的批评。他同时也是TeamX小组成员，该建筑组织曾针对国际建筑师联盟所提出的现代主义信条发起挑战，而德·卡洛曾在该组织关于“参与建筑”的演讲活动中作为一名主要演说者。他于1969年发表的演讲及随后整理出版的文章–

《建筑的公共性》，开创性地提出了设计过程中应引入使用者因素以及建筑具有政治天性的观点。德·卡洛从未将建筑与政治分开看待，他曾经积极参与意大利反法西斯抵抗运动以及战后意大利无政府主义运动，并一直保持了一名反政府主义者的角色，即对建筑实践同时也对学术界进行批评，批判他们充满偏见的思想，将形式和虚有其表的图像凌驾于社会与生活体验之上。

德·卡洛的大多数建筑作品都位于乌尔比诺（Urbino），1958—1964年间，他为这个意大利山区城镇进行了一个总体规划，并在随后的40年中不断参与其中。德·卡洛通过新建筑项目和旧建筑改造进行城市介入，这些方案非常严谨地植入城市肌理之中，同时对城镇的社会生活非常关注。结合他在特尼（Terni）这个临近罗马的工业小镇的社会住房项目来看，他的建筑作品提供了一种表达他在设计过程中引入使用者与居民因素这一观点的基础。特尼住房为意大利最大钢铁公司职工建造，而对于德·卡洛而言，不仅理解未来居民的愿望非常重要，而且与这些工人在工作时间进行信息沟通也同样重要。他坚持主张那些工人在参加这些沟通活动的时候也能获得酬劳，但是管理人员却不被获准参加。这样这些钢铁工人及其家庭成员在设计的每一个阶段都能够参加进来，在其中，建筑师扮演了教育者和设施提供者的角色。

德·卡洛的著作同时也是对其建筑实践的支持。他于1978—2001年任双语杂志《社会与空间》（Spazio e Società）编辑，该杂志关注全世界范围下的建筑领域，即关注那些姿态高调的建筑，同时也会关注一些乡土的以及其他一些非常谦逊的建筑形式。同时作为一名启迪性的教育家，他还成立了建筑与都市国际实验室（ILAUD），这是一个开始于1976年的年度举行的暑期学校，并一直延续至今。德·卡洛是一名将建筑作为政治职业进行实践的知识分子，并在他那个时代鹤立鸡群：他在乌尔比诺及其他地区的作品显示出对遗产极端尊重与关注，同时对技术进步又保持一种开放的态度。此外他强调建筑师责任以及看重实践同理论关系都体现了他思想卓尔不群之处。

乌尔比诺大学校园。摄影：Santo Rizzuto

de Carlo，G.（2007）'Architecture' s Public'，in Blundell-Jones，P.，Petrescu，D. and Till，J.（eds）*Architecture and Participation*，Abingdon：Spon Press，pp. 3–22.

DEGW

138

英国，伦敦 1971—2009

www.degw.com

DEGW于1971年成立于伦敦，作为纽约空间规划事务所JFN的分支机构。成立之初合伙人均具有建筑教育背景，其中路易吉·吉福尼（Luigi Giffone）同时也是一名工程师，弗朗西斯·达菲（Francis Duffy），约翰·沃星顿（John Worthington）和稍后加入的彼得·埃利（Peter Ely）则曾一起在建筑联盟（Architectural Association）(p.98) 学习。DEGW 是最早强调机构团体如何使用空间以及设计应在其中扮演关键角色的设计团体，并将其思想付诸实践。他们彻底改变了对大尺度办公空间的空间规划，其手法包括设置标志物强调组织结构的变化特性，以及应对这种变化对于办公用房所提出的需求，并将移动和遥控办公的概念融入其中。

DEGW 的设计实践还强调了研究的重要性，他们从美国规划和商业运作中获取灵感和经验并应用到自己设计过程中，例如“时间预算”，“活动制图”，“倡导式规划”等概念，以及在建筑实践中精确应用科学方法。他们在建筑中对于时间和管理的关注使得他们在参加不同建筑生命周期阶段设计时都做出了具有影响力的作品，这些作品范围极广，既有结构核心设计也有室内装置设计，同时他们在设计和管理空间的过程中引入使用者，强调设施管理是大尺度建筑成功的关键，此外他们还推动了建筑物占用前后调研、组织培训工作营、举办战略简报等工作方式的应用，并关注团队合作技术的发展。因而 DEGW 在如何将建筑智能应用于广泛环境背景之中这一领域中被当作先锋案例。

DEGW 实践中最关键的一点是将咨询与设计工作合为一体，同时二者之间互相挑战。自从该组织于 2009 年夏由戴维斯·朗顿（Davis Langdon）接手，他们关停了其设计部门，仅仅专注于咨询工作。这一争议性举措改变了在实践中的基础和具有创造性的动态平衡，这使得无法通过具体的设计检验他们对于组织结构方面的想法，反之亦然。

Duffy，F.（1998）*Design for Change：The Architecture of DEGW*，Basel：Birkhäuser.

设计团体（Design Corps）

美国，洛利，1991—

www.designcorps.org

设计团体是一个创立于 1991 年的非营利机构，创始人为 B·贝尔（Baryan Bell）和 V·B·贝尔（Victoria Ballard Bell）。他们成立该组织的初衷是解决他们所生活的北卡罗来纳洛利市周边地区，面向移民工人群体缺少足够的住房服务问题。这个农业大州极度依赖来自于墨西哥及其他中美洲国家的劳工，尤其是对于像水果采摘这类季节性劳动力的需求。鉴于他们的移民状态，这些劳工不符合获得健康保险和住房优惠政策的资格，同时这些人所依靠的为他们提供栖身住所的那些本地农民本身也身处财务困境。这

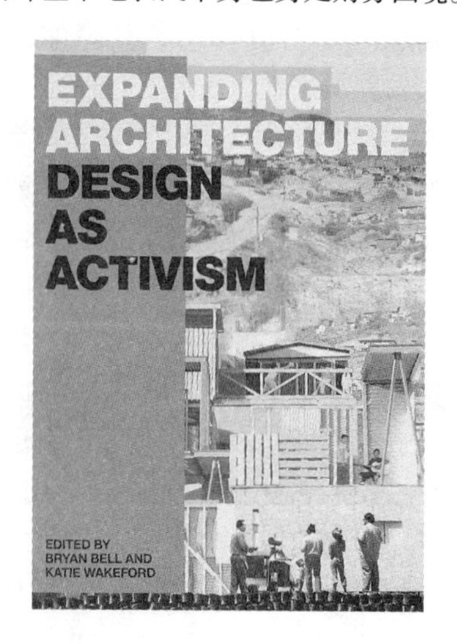

就导致了这些外来劳工极度贫困的生活和工作环境，并形成了一个被隔离的人群。在过去十年中，设计团体组织了一个农场工人住房项目，筹措资金，并试图为这些工人们建造起在文化习俗上适合的住房。

最初，设计团体的行动并不会等待授权才开展，而是同农民进行接触，请求他们协助建造更好的设施。这一项目包括申请一份联邦政府资助金，这能够提供 50%—100% 的建筑经费，而花销的不足部分则由农民承担。这些建筑属于一份十年合约里的一部分，作为获得一栋新建筑的回报，签署这份合约的农民需要统一为工人提供达到一定生活标准的居住条件。这些条件由设计团体设定，是他们通过问卷调查、采访以及工作营等方式进行寻访获得的成果。他们这种参与式的设计方法使得设计者能够理解个体的需求和问题。例如在一个案例中，一位农民为工人提供了双层床铺，然而这种条件被证明对老年人来说难以接受。因此此后在合约里即写明“不可提供双层床铺”。

在这一案例中，建筑师的角色被拓展成：设计团体不仅为具体的需求提出项目设想，同时也进行资金筹措，并通过他们同农民制定的合约将专业知识作为讨价还价的筹码，确保那些需要的人们获得更好的生存条件。设计团体的工作因而显示出建筑师如何能够成为自组体，并具备改变社会和物质条件的力量，这些都是通过同那些了解相应团体需求的当地人群合作而实现的。设计团体的工作之后拓展到他们北卡罗来纳州总部之外，为美国其他乡村社区带去了大量的项目，并延续了他们这种让设计师走进难以获得专业帮助的社区的合作式项目运作形式。他们还是 SEED（社会经济环境设计）网络的发起人，该网络制定出指导、评价和衡量设计项目对社会、经济与环境因素影响的通用性标准。

Bell，B.，Fisher，T. and Wakeford，K.（eds）（2008）*Expanding Architecture*，New York：Metropolis Books.

掘地者与推平者（Diggers and Levellers）

英国，英格兰，1647—

“推平者”是 1647 年成立于英格兰的一个松散的政治团体，主要围绕拓宽选举权范围，扩大对宗教差异的容忍度以及公平审判程序等需求进行活动。人们以一次名为“推平”的活动为该组织起了这么一个通俗的名字。那次活动是由于一些地主们将曾经公用的土地竖起围墙防止农民进入继续在这里捡拾柴火或放牧牲畜，而活动主要目的是将树篱和围墙放倒。然而这些“推平者”并不支持那次活动，并试图同该活动保持距离。

一个更为激进的组织成立于 1649 年，并将自己命名为“真正的推平者”。该组织由吉拉德·温斯坦利（Gerard Winstanley）领导，他们鼓吹所有人都应放弃财产所有权，并回归到 1066 年诺曼人入侵以前的状态。在那个时候土地并不由国家或者君主所有，而是划分为小块用地由农民们根据民间法规或者习俗约定占用，这些规则一般延续了血缘关系的原则，同时每个人只耕种自己的一小片土地。在这些主张之上，真正的推平者们还倡导在土地上进行集体耕作。在 1649 年，该组织获得了萨里郡的圣乔治山，开始翻耕土地进行农业活动，并在该地生活和工作。这也成为遍布英格兰的一系列集体社区出现的发端，这些社区主要出现在南部，包括北安普顿郡的韦灵伯勒，肯特郡的考克斯哈尔，白金汉郡的艾弗，赫特福德郡的巴奈特，米德尔塞克斯郡的恩菲尔德，贝德福德郡的邓斯塔布尔，莱斯特郡的博斯沃思以及横跨格洛斯特郡与诺丁汉郡的一些地方。这些组织的激进主义分子不仅将树篱和围墙清走，还深挖土地进行农业耕种，并为他们自己也赢得了一个通俗的名字——“掘地者”。在这个时期，该组织发表了一个宣言，名为《真正推平者的标准进步》。在这场运动的高峰期，参加者来自从南部到中部英格兰的广大地区，共计有100—200人规模，但是这些社区受到了来自政府的残酷迫害。他们最终被愤怒的地主们在神职人员支持下驱逐出去。这场运动最终于1652年走向尾声。而就在同年，温斯坦利出版了他关于社会改革的著作——《在一个平台之上的自由之法》（The Law of Freedom in a Platform）。

140

尽管掘地者运动仅仅在17世纪持续了

THE
Declaration and Standard
Of the *Levellers* of *England*;
Delivered in a Speech to his Excellency the Lord Gen. *Fairfax*, on *Friday* last at White-Hall, by Mr. *Everard*, a late Member of the Army, and his Prophesie in reference thereunto; shewing what will befall the Nobility and Gentry of this Nation, by their submitting to community; With their invitation and promise unto the people, and their proceedings in *Windsor* Park, *Oatlands* Park, and severall other places; also, the Examination and confession of the said Mr. *Everard* before his Excellency, the manner of his deportment with his Hat on, and his severall Speeches and expressions, when he was commanded to put it off. Together with a List of the severall Regiments of Horse and Foot that have cast Lots to go for *Ireland*.
Imprinted at *London*, for G. *Laurenson*, Aprill 23. 1649.

刻绘着英国推平者的宣言与标准的木版画（1649），作者：William Everard

很短一段时间，然而他们基于土地共同所有观点而形成的社会设想却激励了很多人，包括20世纪60年代的旧金山掘地团体（San Francisco Diggers），他们通过街头剧表演与直接行动相结合的方式，鼓励一种自由的生活状态，贡献出免费的食物，建立起免费的商店和免费医疗中心。而“土地是我们的”（The Land is Ours）组织则从20世纪90年代中期便开始在英国参加竞选，并以“掘地者”作为他们的依据，争取土地权利，保存公共空间，呼吁让普通人参与到土地使用及资源分配决策之中。而掘地者与梦想者（Diggers and Dreams）网站及出版团体则是这一短暂历史时期的另一个分支，他们争取在英国实现公共性的生活方式。

Hill，C.（1972）‘Levellers and True Levellers’，in C. Hill，The *World Turned Upside Down: Radical Ideas During the English Revolution*，London: Temple Smith.

直接行动（Direct action）

直接行动是指那些为寻求物质状况的改变，不通过政府政治渠道，而直接进行抗议的活动，这种结果往往由于发现前一种方法最终失败或不能满足要求而最终导致的。直接行动可以采用很多种方式，从甘地所倡导为了吸引注意并给当权者施加压力的非暴力不合作运动，到奉献自己身体进行抗议。在20世纪早期，妇女参政论者们非常著名的抗议活动就是用锁链将自己锁在栏杆上，扰乱公共集会并破坏公共财产。直接行动事实上在很多社会运动和抗争中都是一种有价值的手段，这其中就包括商业联盟运动以及最近发生的另类全球化运动。该运动的本质是自组织（Self-organised）(p.197)式的，并最终演变成了由许多草根团体形成的全球性网络，这些团体之间在目标共享，以及对不同政策的渴求的基础上建立起了彼此之间横向的联系。

从特定的城市角度来看，擅自土地占用（squatting）(p.199)亦是一种直接行动的方式，他们占据了废弃的建筑物并转为已用。同时像“回收街道”这样的运动则临时对城市环境进行改变，从而强调对于公共空间的共同所有一定要高于空间的私有化和商品化，而这种情况在伦敦城市内已经比比皆是。艺术家以及激进主义分子约翰·乔丹（John Jordan）曾是“回收街道”组织的共同创始人，他也曾与社会艺术团体平台一同工作，建立起秘密反政府小丑军组织以及最近的气候行动营。乔丹为这些直接行动带来了创造性的方法，将艺术化形式同社会化政治结合到一起。通过同社会运动团体一同工作组织活动，他将艺术作为一种转变社会和空间关系的方式，而不仅仅是表现其自身。

John Jordan with Ariadna Aston（2009）‘Think like a Forest，Act like a Meadow’，*field*: 3（1）（2009）: 23 - 33. <http://www.field-journal.org/index.php?page=issue-3>（accessed 12 July 2010）.

第六区（District Six）

南非，开普敦，1966—1994

www.districtsix.co.za

第六区是指一个已被迁走的社区，他们的自组体的表现形式，及其所体现的当时的状况和背后的原因都已被后来的项目覆盖，现在仅仅留存一个关于“共享”的历史遗迹，或者说是一段“城市记忆”，在进行展示，给那些非社区原始居民的外来人去凭吊。与此相关的最关键的一个项目就是第六区博物馆及其网站，至今仍然作为一个网上图书馆以及社区论坛保持着运营。而在博物馆背后还有另一个宏伟的项目——重建第六区，一些人会认为这个项目愚蠢而不可实现，而对于其他一些人来说［比如南非土地维权委员会（South Africa’s Land Claims Commission）］，这是一个国家应负的责任。事实上，这一计划已经开始付诸实施（24个家庭住房被建设起来），尽管这些无法也永远不可能再把曾经消逝的东西复原重建回来。上述项目都建设在具有抗争历史的环境中，这些区域曾充斥了激烈的反抗、竞选宣传、文化性和批判性的抗议，以及寻求克服第六区被摧毁后所带来的影响与遗留问题的各种社会号召与动员。

在南非历史里，第六区的故事被广为传颂并被详细记录下来。那里最初是一个混合了多民族居住的城市中心区，该区域在种族隔离法案（1950年指定的种族住区法）颁布后被夷为平地，60000名居民被迁移至一个新的有色人种镇区——米歇尔平原，以及其他一些位于贫瘠的开普弗莱茨地区的聚居区。他们的家园与历史被人以武力生生剥夺了。自从1994年民主进步以来，一系列旨在恢复第六区的计划开始运作起来，尝试通过房屋修建项目，城市设计和其他的积极行动，或者通过多样化的社区性及文化性的项目实现这一目标。关于第六区的书籍、电影以及论战有很多，包括2009年上映的对其拙劣模仿的科幻电影“第九区”。

141 尽管第六区于1867年就已出现——当时作为开普敦的第六行政区，但是该区最初形成一个由解放的奴隶、商人、艺术家、劳工以及移民者组成的混合社区，则要从1966年该区域明确联合起来进行抵抗活动开始算起。在当时，这个区域被设定为只允许白人居住的地区。因而可以认为这一年也是“空间自主体”活动在第六区开始产生的时间，但其真实情况却远远比这种描述更为复杂。以同样的标准衡量的话，第六区结束的时间也是比较容易确定的，但是对于这一点其实存在着不同的争论：一些人认为是1994年就是第六区开始走向终结的时间点，当年曼德拉选举上台，而南非在种族隔离制度下被统治的日子技术上讲已经一去不返了。但事实上，只有当这个曾经在历史上存在的社区（或者说其精神）在其所矗立的历史地点上重新被竖立起来，反抗与斗争才能说真正走向尽头。

Off District Six Committee Hands（1990）*The Struggle for District Six: Past and Present: A Project of the Hands Off District Six Committee*, Cape Town: Buchu Books.

逃离都市（Drop City）

美国，科罗拉多，近特立尼达，1965—1973

www.clarkrichert.com/dropcity

逃离都市是一个位于南科罗拉多州的国际社区，建于1965年，并于1973年被废弃。尽管该项目十分短命，但是它的影响力却很大，它被认为是第一个乡村嬉皮士社区。电影制作人吉尼·博诺夫斯基（Gene Bernofsky）与艺术学生乔安·博诺夫斯基（JoAnn Bernofsky），理查德·凯尔维特（Richard Kallweit）还有克拉克·里切特（Clark Richert）购买了七英亩土地，并一起生活工作于此。该社区的组织没有明显的等级性，它承担了那个时代对于“逃离”主流生活方式不断增长的渴望，并作为一种针对消费主义、个人主义生活方式的反应。此外也表达了他们对于美国当时的对外政策，尤其是越南战争的态度。

在1965—1969年间的全盛时期，逃离城市容纳了大约14—20名居民，他们最重要的艺术成就就是建筑。受到巴克明斯特·富勒（Buckminster Fuller）(p.96)球形网架设计的启发，很多穹顶被建造起来，这就像是富勒科学精确的方法的一种自己动手完成的版本。这也是这种网架球顶第一次被用于家庭居住。直到那时，这种技术

逃离都市组织建造的被动式太阳能收集装置。由Zomeworks设计（1967）。摄影：Clark Richert

形式还仅仅被用于建造展览建筑或者工业建筑和设施工程。在逃离都市社区中，穹顶的建造并没有使用系统化的工具，也未经过精确设计，而仅仅使用废弃回收的材料，包括汽车顶棚等。通过结合应用乡土建筑技术，他们衍生出富勒设计的一个变异方法，而富勒也在1966年为逃离都市社区授予了他的第一届狄马克森奖用以表彰他们所作出的贡献。这一殊荣使逃离都市社区在美国反文化运动历史中占有一席之地，但也吸引来诸多媒体的目光并最终导致它走向终结。对于社区的公开宣传与其创始人最初所追寻的隐逸和隔离的目标背道而驰。大量年轻人和游客前来参观社区，而社区开放式的政策也导致他们不能将任何人拒之门外。到了1969年，所有初创成员尽数离开，而逃离都市也变成略带堕落意味的笑话，也让那些一直冷嘲热讽的人如愿以偿。

逃离都市项目一开始是被设想成一枚种子，并能够被无限复制。尽管这种愿望终究未能发生，但是它影响了很多实验性的项目，同时在政府对于环境研究投入极度缺乏的那个年代，该社区也作为一个非正式研究中心运作着。就是在这里，史蒂夫·巴尔（Steve Baer）发展了他的祖姆设计（Zomeworks），这是富勒穹顶的一个灵活版本，可以非常容易的在原有结构上进行增加和拓展。祖姆工作室公司就是逃离都市项目最终的产物，同时还有一些其他关于被动太阳能设计包括建造大型太阳能收集器的实验。或许在这一遗产中，那些短期实验的自组个体得以凸现出来。逃离都市同时还激励了很多反社区组织（counter communities）(p.132)，并影响了全球目录（Whole Earth Catalog）(p.212)项目的创始人。 142

Sadler, S.（2006）'Drop City Revisited', *Journal of Architectural Education*, 58: 5 - 14.

生态村（Ecovillages）

多地，1987—

gen.ecovillage.org

生态村是一种国际性的社区，致力于实现一定程度的自给自足并对环境只产生较低的影响，这些社区建立的原动力通常是渴望寻找到一种可以替代资本主义社会模式的可持续性道路。这些生态村的大多数都是全球生态村网络的成员，而规模则从50—500名成员不等。一些生态村具有很高的精神层面需求，例如苏格兰的范德霍恩社区（Findhorn）(p.148)和印度的奥罗威尔，而其他一些则专注于建立合作性和平等主义的社会结构形式。生态村通常积极在社会组织方面进行实验，运作新型教育和社会福利系统，实验共时性民主形式，或者可替代的经济模式。例如克里斯提亚尼亚（Christiania）(p.119)和范德霍恩社区都拥有一个本地现金与非正式物物交换系统。这些生态村也可以为进行绿色科技实践研究提供温床，例如基于永续农业原则的新的堆肥厕所与废水回收利用设计。目前在生态村网络中大约包含500个村落，其中既包括位于塞内加尔与斯里兰卡的大型生态村组团，以及一些处于城市环境中的小型生态城镇，如克里斯提亚尼亚，此外还有教育中心，如位于威尔士的替代性技术中心（Centre of Alternative Technology）(p.116)。 143

结晶水（Crystal Waters）是一个非常著名的生态村，位于澳大利亚布里斯班

结晶水生态村中的太阳能房屋。摄影：Max O Lindegger

伊奎克住房项目前院及填充部分。摄影：Cristobal Palma

附近，拥有200名村民。该生态村始建于1985年，当时还是一个合作型社区，1987年该社区成为同类社区中第一个完全根据永续农业原则进行设计和操作的社区。该合作社拥有500英亩土地，都是利用一些寄希望于该项目的居民建立起的信托基金购买的。生态村80%的土地公共所有，其中包括耕种区域以及野生生物栖息地，其他的用地则由私人所有，包括结晶水村中的住房与商业产权。该居民区力图尽量低的影响环境，恢复土壤肥力，同时在一个经济衰退地区改善社会经济状况。该社区颁布了一系列内部章程，确保可持续性建筑方法实施，对土地使用、场地上的商业行为以及回收等级等方面进行监管。结晶水社区并不追求完全的自给自足，而更倾向于同周边社区保持联系。

Dawson, J.（2006）*Ecovillages: New Frontiers for Sustainability*, Totnes: Green Books.

元素（Elemental）

智利，圣地亚哥，2000—

www.elementalchile.cl

元素是一个建筑实践组织，成立于2000年，该组织的成立源自于试图解决智利的社会住房问题。之后他们加入了一个特殊的实践项目，与一所大学（圣地亚哥卡特里卡大学），一个石油公司（COPEC，智利能源公司）以及一家建筑事务所（阿勒姜德罗·阿拉维那）形成了合作关系。

元素组织的第一项目位于伊奎克，这是智利最大的一个港口。这一项目为他们带来了广泛的赞誉。他们被邀请为100户寮屋居民在他们已经占用了30年的地方重新修建住房，并且在政府每户补贴7500美金的标准下完成这一任务，这其中包含了土地出让费用，基础设施接入以及建设费用。他们的基地位于城市中心，因此地价比一般用于社会住宅建造的城郊区域高出三倍。那些郊区用地更为低廉，但会导致在往返工作地点的路途上多花费2—3个小时进行交通通勤。元素团体意识到土地购置之后剩余的补贴经费只允许他们

在交房和使用后的伊奎克住房室内景。摄影：Taduez Jalocha

建起半栋住房，因此他们专注于建起房屋的必要部分，包括整体的结构，厨房和浴室。因为那些寮屋家庭在此前很长时间里为满足自身的需求已经具备了一定的自建技能，并保持了这样的传统，因此他们可以在这个设计良好的房屋框架中开始填充住房的其余部分并完成最终的住宅建筑。这种解决社会住房问题的操作方法，并没有将该问题视作一种公共开销，而视为一种公共投资。经过一定时间，一个个完整的住房被添加入框架之中，他们那些曾经裸露的设计慢慢通过占用和使用变得柔化。

元素团队坚持将他们的住房工作视为城市项目，这一观点表明他们相对于单体建筑,更有志于保护已有社区和进行邻里设计。这其中包含了一个能够应对个体需求以及各个社区情况的参与性的设计过程。通过理解采取怎样的措施在生态和社会层面同时可行，他们开始作为空间自组体有所作为，将紧张的住房补贴转化为一种激发的工具，使这些钱能够被真正的用于解决巨大的住房缺口问题上。

Verona, I. (2006) 'Elemental Program: Rethinking Low-cost Housing in Chile', *Praxis: Journal of Writing + Building*, 8: 52 - 57.

泰迪·克鲁斯 E 工作室 (Estudio Teddy Cruz)

美国，圣迭戈，1994—

www.politicalequator.org

泰迪·克鲁斯的实践工作着眼于提华纳/圣迭戈边境区域。尽管边境本身正在变得越来越军事武装化，但是对于那些蓄意越境的人而言，仍然可以有很多应对策略让其依然漏洞百出。比如人们会利用地道偷渡或者在夜幕掩护下翻阅屏障。当这些“违法”人群向北迁移的同时，各种各样的事物，无论是大的或小的却都在向南传播。例如美国消费主义社会的过剩物品，从被拆解的房屋到废弃的轮胎，都越过边境转运到墨西哥被回收再利用。在这种持续往复的各种物质流背景下，克鲁斯开始着手实施他的实践活动。他的灵感来自于那些非正式聚落对于“废弃”材料的创造性再利用方式，以及通过层层叠加的项目形成的灵活空间。他创造出一种在美国和墨西哥都能够承受的建筑，并同非政府组织以及非营利机构共同合作，在边境两侧同时开始实践他的想法。

泰迪·克鲁斯 E 工作室将实践活动同研究融为一体，而克鲁斯本人则曾在圣迭戈的伍德伯里大学任教，目前他就职于加利福尼亚圣迭戈大学。他的实践方法拓展

边境围栏：利用摄影对美国－墨西哥边境围栏景象进行再现，由泰迪·克鲁斯E工作室在第11界威尼斯建筑双年展上呈现。摄影：Lisbet Harboe

了建筑师所扮演的角色，在系统与材料领域，社会政治现象等方面开展研究，同时还参与到同建筑环境相关的政治与法律问题中。麦克·戴维斯（Mike Davis）(p.136) 是他的一个长期的合作者，同时也是他在城市研究方面的良师益友，有些时候又变成他的客户。其中一个项目为一个作家房子设计了一个拓展部分，填充了地块并建在一个单层车库上方。另一个更加无伤大雅的试探项目是一个规划测试实践，他也是克鲁斯长期以来所致力于的项目之一，旨在增加美国城郊蔓延区密度。这一实践很好地诠释了他们的工作方法，项目最开始以研究的方式进行，调查使用标准城郊住房的那些移民社区，大多数的家庭都在使用原本为小家庭设计的房屋，有些会在一层增加一间商业用房。这些增加密度并带来混合使用的空间实践会被那些陈旧的规划控制以及分区政策所禁止，这也证明了克鲁斯的观点，他认为房屋，以及传统意义上的建筑，在不修改政策和法律结构的前提下都没法取得进步。

145

泰迪·克鲁斯E工作室所进行的项目都始于物资短缺问题和经济衰退，并将在这些危机中发现的创造性的日常实践活动作为创意的源泉。他们在一个项目中，发现其具有建筑意义的解放潜质并深入了解它的内在政策背景，并同当地的非政府组织以及其他非营利机构协作设计了自下而上的解决方式。他们工作中创造的房屋形式被广泛传播，同时他们举办的工作坊、讲座以及展览也影响力很大。他们曾参加威尼斯建筑双年展，以及在提华纳与圣迭戈边境举办的InSITE公共艺术项目年展。

Cruz T.（2005）'Tijuana Case Study: Tactics of Invasion - Manufacturing Sites', *Architectural Design*, 75（5）: 32 - 37.

Exyzt 事务所

法国，巴黎，2002—

www.exyzt.org

Exyzt事务所总部设在巴黎，由五名建筑师尼克拉斯·海宁格（Nicolas Henninger），弗朗索瓦·温舍尔（François Wunschel），菲利普·里佐蒂（Phillipe Rizzotti），皮埃尔·施耐德（Pier Schneider）以及吉勒·博班（Gilles Burban）合作成立，他们主要在巴黎拉维莱特建筑学校共同进行研究。2002年，他们围绕"建筑与居住一体化"概念成立了一个事务所，这一举措意味着Exyzt不仅仅进行项目设计同时还参与建造之中，他们搭建起临时的结构并创造出社会空间，这些空间都是在同当地使用团体进行协商之后确定下来的。从他们2003年第一个项目起，这一协作组织已经稳健的成长为一个网络，具有相似想法的人们围绕特定的项目聚在一起，这些人包括平面设计师，水暖工，流行音乐主持人，摄影师，木工，电工，网页设计师，厨师以及作家。Exyzt事务所已经在包括巴黎、威尼斯、伦敦和圣保罗在内的很多城市进行过装置艺术作品创作和设计介入。

Exyzt事务所一般会选择城市中空旷的场地或者建筑进行实践，在土地所有者的许可下进行临时占用，并利用简单的结构和活动单元对它们进行转变，这些临时装置富于一种自建的美感，并且便宜而且易于建造。尽管Exyzt的项目看起来都十分非正式化，但是都会进行精心策划。通过同当地居民以及特定的用户群体建立起联系，并通过举办工作坊和各类活动，他们设计的空间能够被这些人群妥善的使用。尽管像伦敦的索斯沃克·丽都以及达尔斯顿·米尔这样的项目受到极大欢迎，同时使很多人看到了空间占用的极大可能性，但是Exyzt直到目前为止都抵抗住所有诱惑，没有将这些作品转化为永久性的设施。事实上，他们作品内在的这种临时性似乎也恰恰是他们成功的关键要素，他们所坚持的这种特性确保了没有任何空间单独针对某一主导性用户群体是特别合适的。Exyzt的工作方法，以及所创造的受剧院以及表演布景影响的临时可逆建筑物，都同远在柏林的劳姆雷伯（Raumlabor）（p.191）协会相类似。

Archinect（2008）*ShowCase：Southwark Lido，a Temporary Public Bath in the Heart of London*. <http：//archinect.com/features/article.php. id=77268_0_23_120_M>[accessed 1 February 2010].

哈桑·法赛（Fathy，Hassan）

1900—1989

www.hassanfathy.webs.com

哈桑·法赛是一名埃及建筑师和工程师，它的最重要功绩在于将埃及的乡土建筑介绍给人们所熟知，并且让那些已经被遗忘的传统建筑系统重新焕发青春，并为穷人服务。法赛的工作植根于新独立的埃及民族大环境之中，他的职业生涯体现出反殖民主义的立场，而他的这种立场又可以概括为建立在抵制现代主义并大力宣传推广具有文化明确性的建筑这两点基础之上。他试图让传统的生活模式能够被大多数人所接受。

他的建筑建造方式是基于努比亚人在上埃及地区的泥土建筑技术，在这种建筑中拱和穹隆被用于建造不需要昂贵模板的屋顶。他曾担心这种建造技术已经完全失传，直到他发现村民仍然在使用这种古老的方法。法赛将这种技术同开罗的乡土城市建筑元素相结合，并整合到他的设计元素中，例如捕风窗（Malqaf），木板帘（mashrabiya），

146

麦塔维拉（Metavilla）厨房。摄影：Florian Kossak/Tatjana Schneider

以及卡阿（qa'a）（一个位于传统住房上层的中心冷房，拥有高屋顶和自然通风循环），还有沙尔沙比尔（salsabil）（室内设置的用于增加干旱沙漠空气湿度的一个喷泉或水池）。对于法赛而言，将这些非常不同的建筑传统技术进行混合是创造一种埃及民族建筑形式的方法，然而他之后被批评将多样化的文化等同看待而并不理解特定元素的文化重要性，这或许也是他本身所带有的西化的情感的一种结果。

在他的著作——《穷人的建筑》中，法赛围绕他最著名的项目——新高纳介绍了他的理念以及技术。这曾是一个由埃及政府于 1946 年授权进行规划的城市村庄，这些村民被从卢克索附近的古迹地区迁移出来，并在此处重新定居，从而防止他们继续劫掠古代墓葬。法赛利用这一机遇在大尺度范围内对他的理念进行实验，建筑师以及专业工匠为居住者提供帮助和建议，并同他们协作建造在社会和经济角度都具有多样性的公共住房。村民们接受了利用土坯建房的技术培训，房屋的设计是通过咨询住户产生的，因此每一家庭都拥有独一无二的住房。然而这一实验最终失败了，村民们拒绝放弃他们所熟悉的世代倚赖的生存之道，同时他们也不愿意搬进带有穹顶的房屋，因为他们认为这种房屋只适合作为墓穴。

新高纳给建筑领域提出了一些重要的问题，需要建筑师更加关注他们设计服务对象社会和文化价值。但是同时该项目也显示出在不引入实体开发商、银行和工业建筑行业的情况下，住房项目能做到怎样的程度。自新高纳项目之后，法塞的职业生涯变得困难重重，尤其在争取项目委任过程中，因为他已经被认为对商业建筑的利益是一种威胁。然而，他所强调的适用性技术（后来他被认为是这场运动的创始人之一），所使用的当地材料以及建筑方式，连同他对于创造一种在社会和经济上都同文化背景相符合的建筑的渴望，都使他的作品在现在这个时代看起来格外具有意义。

Fathy，H.（1976）*Architecture for the Poor：An Experiment in Rural Egypt*，*Chicago*：University of Chicago Press.

建筑师与规划师女权组织（Feministische Organisation von Planerinnen und Architektinnen）

德国，1981—

www.fopa.de

建筑师与规划师女权组织（FOPA）自 1981 年开始运作，致力于减少在职业范围内以及广义建筑环境中针对女性的歧视。该组织的联络网络产生于一次针对柏林国

147

新高纳存的砖砌场景。摄影：Christopher Little/Aga Khan 文化信托机构

际建筑展览（CIBA）（分别于 1984 年和 1987 年举办两次）组委会的抗议活动，她们认为该组委会将很多女性排斥在外。一个称为“弗劳·斯坦恩·艾德”的团体“挟持了”第一次 IBA 的一场会议，并且举办了一系列讲座，并通过这种方式她们批判了在规划和建筑过程中将妇女排斥在外的行为，以及在大型翻新工程中对女性住户的忽视，此外还有在新建筑项目中专门委派男性建筑师。FOPA 的第一批主管为维罗妮卡·凯克斯坦恩（Veronika Keckstein），克斯汀·多霍福尔（Kerstin Dorhofer）和艾伦·诺赛斯特（Ellen Nausester）。她们现在已经成立了遍布德国的多个地区办公室，其中一些在举办讲座和研讨会，探讨女性职业生涯的延续与发展，另外一些则更专注于研究。她们自 2004 年起开始出版期刊。尽管 FOPA 是一个德国组织，类似在建筑领域提升女性地位的自发性运动在世界很多国家都在进行，例如成立于 1922 年的“美国建筑行业女性协会”，或者成立于 1999 年的“建筑行业中的妇女组织”，诸如此类还有很多。

'Women in Architecture'.<http://www.diversecity-architects.com/WIA/wia.htm>[accessed 20 July 2010]. Spatial Agency Encyclopaedia.

费罗，塞尔吉奥（Ferro Sérgio）

1938—

塞尔吉奥·费罗是一名巴西建筑师与画家，他于 1938 年出生于库里提巴(p.166)。1962 年，他毕业于圣保罗大学，但是被巴西当时的独裁政权连同他的导师维拉诺瓦·阿提加斯（Vilanova Artigas）以及同事罗德里格·勒费夫尔（Rodrigo Lefevre）一起投入监牢。法罗之后被流放长达 30 年之久，其间大部分时间都在法国格勒诺布尔建筑学校教书。在 1960—1970 年之间，他都是新建筑（Arquitectura Nova）组织的成员，这是一个激进的建筑团体，由他和弗拉维奥·英佩里奥（Flavio Imperio）和罗德里格·勒费夫尔共同成立。这一团体批判巴西的现代主义风潮，他们将其视为对绝大多数在贫困生活中挣扎的巴西人民的

一种排斥。相反，他们投身于城市行动中，并且提出在设计以及建造过程之外民主化的营造建筑的策略。他们将它们的工作描述为创造一种“贫穷的美学”以及“节约的诗意”，描绘出一种高度政治化的建筑实现方法。

费罗对于这一观点专门进行了衍生：他认为城市并非像现代主义者所鼓吹的是一种美学的场所，而是一种容纳了极度残忍行为的场所。他的这一概念成型于20世纪60年代当他参加巴西利亚新首都设计之时。在围绕项目所进行的建筑演说中大肆宣扬的自由与民主，但这同在工地上不人道的现实工作条件形成了强烈的反差，而这也成为费罗对于建筑行业批判的来源。他见证了场地上最真实的工作状况，微薄的薪酬，食物的匮乏，痢疾横行，以及极其危险的施工操作无视工人们的生命。其中最恶劣的情况发生在奥斯卡·尼迈耶的个人英雄主义式的建筑建设中，国会议事厅的碗状形式需要一个巨大的钢结构，然而很多工人被压死在这一钢结构之下。而天主教堂的混凝土骨架则需要工人在吊挂摇摆中进行施工。费罗将这种工作条件视为“镇压与控制”组织系统中的一部分，这一系统通过不断地暴力威胁最终控制这些工人群体。

这些经历促使费罗在论著中将建筑类比为日用商品生产，其“现代化”的生产都需要进行劳动力分工从而攫取最大的利益。对于费罗而言，这种态度同时也体现在建筑制图中，制图已经成为带有排斥性的一种内部语言，疏离建筑工人，将他们当作是一种可有可无的纯体力劳动者。这种情况在建造流程中的各部分被分割之后变得更加恶化，使得建筑师具有绝对的控制权，剥夺了那些真正实现他们设计的人的所有能动作用。在费罗对于建筑的概念化设想中，设计建筑的这一过程不能够同他们的建造相分离。

Andreoli, E. and Forty, A.(2004) *Brazil's Modern Architecture*, London: Phaidon.

范德霍恩社区
(Findhorn community)

英国，苏格兰，范德霍恩，1962—

www.findhorn.org

范德霍恩社区坐落于苏格兰乡村，1962年创始于一个拖车公园，当时彼得·卡迪(Peter Caddy)与艾琳·卡迪(Eileen Caddy)失业，并同他们的三个孩子一起搬进了公园。他们同多萝西·麦克林恩(Dorothy Maclean)一起提出一种更加可持续并且追求精神价值的生活方式，并以自己耕种食物做为发端。这也使得范德霍恩公园开始具有极高的生产性，即使在北苏格兰不利的气候条件以及拖车公园沙质土壤条件下，其产品依然既优质又丰产，闻名遐迩。现今社区已经形成了一个由很多小片耕种有机作物的农田构成的生产网络，并融入了一种具有很强精神团聚力的生态化生活方式。

范德霍恩的规模和状况经过多年持续发展，从最开始的六名居民扩充至现在300名居民，他们都居住在拖车公园中最开始的那片场地上，同时一个基于本地经济和组织方式的大型社区在这一节点周边聚集形成。他们在1972年以范德霍恩基金会的形式获得了慈善机构身份，并且成为全球生态村网络的创始成员。这一网络将社区所进行的追寻一种更加可持续的生活

149

彼得•卡迪在范德霍恩花园中。图片来源：范德霍恩基金会。

甘蓝与最开始的拖车。图片来源：范德霍恩基金会。

方式的工作进行汇总，并在经济、文化和精神层面上都被认为是生态化的。

最近的研究显示出范德霍恩已经在当今这个工业化世界中给很多社区都带来了或多或少的影响，大约能影响到英国平均社区数量的一半。这种影响是通过他们的有机食物生产以及其能源独立性带来的，社区场地中建有四座风车，并能够将余电售给国家电网。范德霍恩同时还应用了由新炼金术研究中心（New Alchemy Institute）（p.176）开发的“生命机械”系统，将植物与微生物混合使用对废水进行处理。其他一些创新措施还包括将原有的拖车替换为生态友好型的建筑，发行本地货币，称为艾柯，这一货币在其他一些生态村（Ecovillages）（p.142）中也能流通。此外他们的举措还包括同范德霍恩基金会相关联的很多小型社区商业。其中包括范德霍恩出版社，曾出版过许多与生态和精神化生活相关的书籍，还有一个有机食品商店以及蔬菜盒子计划，此外还有一个补充医药中心。这一综合组织同时还作为一个培训中心，开设了与可持续社区生活相关的多样化的培训课程。

150

Caddy，E.（1991）*Foundations of a Spiritual Community*，2nd edn，Moray：Findhorn Press.

傅里叶主义社区（Fourierist Communities）

法国与美国，1808—1968

C·傅里叶（Charles Fourier 1772—

1837）是一位法国社会理论家，自1808年起直到1837年他去世，其理论在一系列文章中被发表，并描绘出一种乌托邦社会的图景，这些图景都是建立在性解放原则，协作式组织，女性解放以及人际交流的基础上。基于他关于不同类型人类性格的理论以及强调每个人都应该寻找到一个适合他们的伴侣的想法，傅里叶计算得出1620人应该是人们在一起生活和工作的一个合适数字。这些人群团体将会集体生活在一种他命名为法伦斯泰尔（Phalanstere）的乌托邦之城，其中包括一座U形布局两侧有两翼的建筑中。法伦斯泰尔中建有大型会议室，私人房间以及花园，并被普遍认为是埃比尼泽·霍华德的田园城市（Garden Cities）（p.168）的前身。对于傅里叶而言，法伦斯泰尔是一种明确站在工业革命及伴随而来的资产阶级贪婪社会的对立面上。他意识到工业社会或许能够带来财富，但是其工作条件却是疏离的并缺乏公正的。他提倡用一种激进的图景取而代之，在他的图景里，人们只需要做那些他们所热爱的工作。

151

在法国，这一理念被实业家让·巴普蒂斯特·戈丁（Jean-Baptiste Godin 1817—1888）付诸实践，他希望创造一个社会，每个人拥有平等的财富。1859年，戈丁建立起一个称为法米利斯泰尔（Familistere）或社会宫的公社式聚落，该聚落与锅炉工厂相连，内部包含一些便利设施，如合作式商店，一个洗衣房，护理站，学校以及一个剧院。这座建筑根据傅里叶的原则进行设计，拥有一个内部庭院以及康乐花园。戈丁的这一实验一直保持了协作的方式，并延续到1968年直到场地的一部分被出售。目前该建筑受到欧盟资助进行了复原修整。

傅里叶主义在美国也同样产生了影响，这种理念被阿尔伯特·布里斯班（Albert Brisbane，1809—1890）所推崇，并于1843年在新泽西州建立起北美方阵，将社区成员汇聚一起，参加多样的社会合作与行动。这些成员发自内心的积极参加到设计过程中，使得社区建筑随着社区的发展逐步增长，同时他们自己承担建造工作。社区建造起属于他们自己的、具有本地特色的傅里叶法伦斯泰尔建筑。这些建筑中的公用空间同个人空间以及家庭储藏空间相互平

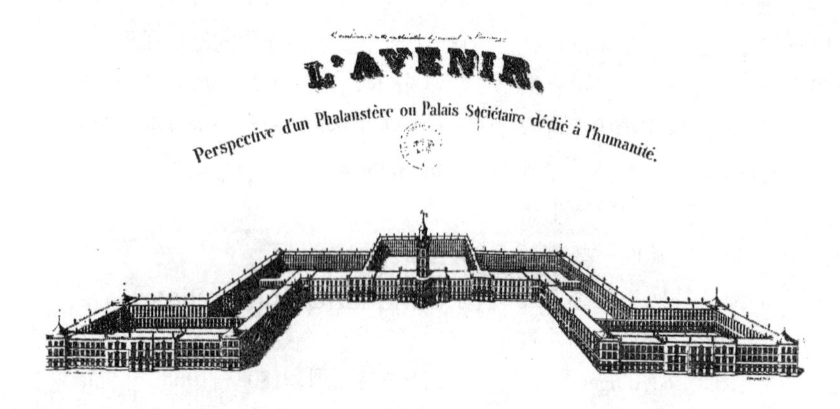

法伦斯泰尔建筑的透视图。图片来源：Victor Considérant

法米利斯泰尔的内部庭院，吉斯。
摄影：Melaine Lefeuvre

衡，并建起了私人的农舍。这一社区最终随着1857年的一场大火走向终结，灾难摧毁了场地上大量房屋。但是在此之前社区的瓦解已经显示出先兆，人们在妇女权利、废奴等意识形态上出现分歧，同时一些成员希望方阵成员能够具有宗教隶属关系，这些都促成了社区最终瓦解。

Fourier，C.（1971）*Design for Utopia*：*Selected Writings*，New York：Schocken.

尤纳·弗里德曼
（Friedman，Yona）

尤纳·弗里德曼是一名匈牙利裔法国建筑师以及理论家，他的乌托邦建筑项目主要着眼于城市规划，基础设施以及使用者所能实现的权利等方面问题。1958年，弗里德曼发表了他的宣言——《建筑的移动性》，这一声明的目标读者是一类新的人群，这些人由于制造业不断向自动化转型而从繁重的工作中大大解放出来。弗里德曼预见随着休闲时间的增多，将彻底改变社会形态，进而产生对一种新建筑的需求。他在自己的项目“空中城市”（Velle Spatiale）（1958—1969）中开发出这种建筑类型，其拥有临时的轻质的结构框架将建筑承托至地面上空，从而能够跨越现有城市、国家边界、水体进行延展，并创造出一种供人使用和栖居的连续景观。

弗里德曼的空中城市同康斯坦特（Constant）(p.178)情境主义者在建设乌托邦城市方面具有相似之处，比如新巴比伦（1956—1969）。两种城市都是为了预期的脱离工作的生活状态而设计，从形式上两个计划都通过支柱悬浮在地面之上，创造出一种能够将世界延展的网络。他们甚至还应用了相似的美学标准，一种同建筑电讯（Archigram）(p.87)所带来的流行感大相径庭的美学方式。他们利用拼贴画，使用有节制的色彩和模型创造出一种不那么华丽乐观但可能更为实际的氛围。但是由于弗里德曼对于参与性的强调使他又与他同时代的人有所不同，这也包括康斯坦特，他的新巴比伦带有一定的极权倾向。在弗里德曼的作品中，空间自组织体现在使用者的自我增值过程中，而使用者的地位居于建筑师和修建房屋的能工巧匠之上，在他晚期的作品（从20世纪70年代中起到80年代晚期）中可以看到他在印度及非洲和南美洲的很多国家，为那些不具备技能的劳动者编纂了一系列自建房屋手册。他还同联合国教科文组织以及联合国共同工作，开发出一种象形语言，有助于传播一种使用当地材料的建筑系统，并能够在处理一系列问题（从水管理到事务政策基础建设等诸多方面）中起到传递信息的作用。

153

弗里德曼的理念经常超出建筑和规划的范畴而包含了现代艺术、社会学、经济和信息系统等多方面内容，但是他的工作都紧紧围绕着个人自由这一原则，这也是他在1958年的宣言中同他所强调的非专业人员以及使用者的不可预测性、参与性以及赋权原则一起首先提出来的。

Friedman，Y. and Obrist，H.U.（2007）*Yona Friedman*，Koln：Konig.

游击园艺（Guerrilla gardening）

欧洲与美国

www.guerrilagardening.org

游击园艺的定义是由利兹·克里斯蒂（Liz Christy）创造出来的，她是一名艺术家，于20世纪70年代在纽约生活和工作。当时内城的邻里关系不断地弱化，中产阶级迁居到郊区，同时缺少投资，最终导致了公共空间的不断衰退。克里斯蒂注意到西红柿这种植物可以在垃圾堆里生根发芽，这种柔弱的植物却传递出一种潜在的信号。她开始在一些空余空间撒种，并在荒废的树池里种植。这一努力最终在曼哈顿鲍尔利街同休斯敦街角的空地上营建起一个社区花园。这一最初带有非法性质的行为却很快声名在外，而他们也称自己为绿色游击队，并被邀请去各处协助建立社区花园。这些最初的花园最终获得了合法地位，并被确定为社区园林用地性质，确保它们不会被开发行为破坏。

理查德·雷诺德斯（Richard Reynolds）是伦敦的一名游击园艺运动参与者，也是运动同名网站的创始人。他将自己的行为描述为“在他人土地上进行的非法耕种行为”。尽管游击园艺运动的定义主要起源于美国与欧洲，但它也变成了一种世界性的现象，特别是在通过网络Wed 2.0技术紧密连接在一起之后。在英格兰，这一运动可以追溯至“掘地者”(p.139)争取公共土地以及在废弃和被遗忘的空间里种植食物的斗争。然而存在着这样一种政治理想，即公共土地由人们共同所有，其所得也由那些参与游击园艺运动的人们所均分，但是这其中仍然存在一些关键性的差异。游击园艺种植者并不一定需要耕种食物，事实上其中很多花园并非因为生存问题而建，而是源于对美和创造健康环境、公共空间的需

便道游击园艺。摄影：Josef Bray-Ali

求，或者仅仅作为自我表达，抑或有一些就是单纯因为需要一个花园而建。

Reynolds，R.（2008）*On Guerrilla Gardening：A Handbook for Gardening Without Boundaries*，London：Bloomsbury.

约翰·哈布拉肯（Habraken，John）

1928—

www.habraken.com

约翰·哈布拉肯是一名荷兰建筑师，主要研究大众住房以及用户和居民参与建筑过程的策略。他因提出将建筑基础硬件设施划分为支持和填充两种类型而声名远扬。他的这一概念在1961年出版的著作——《支持：一种大众住房的替代方式》——进行了具体阐述。《支持》一书提倡了一种由国家向那些能够自己建房的人群提供基础设施支持的方式，他的这一想法在某些方面受到了巨构主义者作品的影响。哈布拉肯之后还成为了建筑研究基金会（SAR）的主管，该基金会主要研究在大众住房项目中工业制造产品的应用情况，以及调查建筑师在其中扮演的角色。

哈布拉肯的解决方案将住房设备分割成很多不同的组件，其中每一个组件都可以进行分别处理，这种方法介于纳比尔·哈姆迪（Nabeel Hamdi）(p.154)定义的“供给范式”和“支持范式”之间，这两者是哈姆迪在其著作《没有房屋的住房》中所提出的。供给模式住房的硬件和技术问题被认为是能够通过大规模加工和流程规范化被解决的，上述两种方法可以确保产品的质量和标准性；而支持模式的住房则承认社会资源的分散特性，从而主要着力于替代社会基础设施。这被看作是一种管理和资源配给的问题，典型的例子就是人性居住（Habitat for Humanity）(p.100)或者社区设计（Community Design）(p.126)运动中的管理性工作。在哈布拉肯的措施中，大尺度硬件设施由技术人员和建筑师，工程师和结构公司同国家协同进行设计建造，而在框架内的填充建房工作则通过小尺度的个体建造完成。这就允许使用者们在一定程度上参与他们自己家园的设计中，并可以实施自建房策略，同时确保灵活的建筑模式并能够适合所需。约翰·特纳（John Turner）(p.202)与科林·沃德（Colin Ward）(p.210)在之后又对哈布拉肯的方法进行了补充，他们借助相似的模型专注研究住房供给的社会学和经济学方面。而DEGW(p.138)的办公建筑设计作品也反映了这一点，在设计中他们将支持和填充的概念应用于建立办公建筑的生命周期。

Habraken，J.（1972）*Supports：An Alternative to Mass Housing*，London：Architectural Press.

哈吉泰克图拉（Hackitecura）

西班牙，塞维利亚，1999—

mcs.hackitectura.net

哈吉泰克图拉是一个由建筑师、艺术家、计算机专家以及激进主义者组成的团体，发起人为何塞·佩雷斯·德·拉马（Josė Pėrez de Lama），塞尔吉奥·莫雷诺（Sergio Moreno）与帕布罗·德·索托（Pablo de Soto），成立于1999年。他们的实践利用了新技术创造出一种临时性的空间，能够摆脱官方社会结构体系下的控制和监管，这种控制和监管在当代社会中是以技术和政治化的方式规定下来的。他们受到黑客文化的启发，利用免费软件以及通信技术通过自下而上的组织，并在无联系的空间之间创造出新的关联，从而颠覆了业已建立起来的权力结构。这一组织经常协同工作，针对通信的效果及其实体空间技术，社会网络的形成及其如何能够融入一个激进行动计划并发挥作用等方面展开研究。

他们曾经和"海峡独立媒体"(Indymedia Estrecho) 合作，为直布罗陀海峡绘制地理图解并建立横跨两侧的联系，这是非洲与欧洲大陆相距最近的地方同时也是高度军事化的区域。作为一系列项目的一部分，他们建立起一个网络连接，并使其成为两个大陆间一个免费的公共接口，并且创造了一种"非正规的跨边界沟通空间"，一种针对边境地区不断增长的监控和安保制度的反制策略。这一项目还包括在海峡两岸举办的一系列常规活动。这些活动被称为法达伊亚特，意为"穿越空间"，内容包括工作营、呼吁行动，以及研讨会。这些活动将移民群体、劳工维权组织、性别激进主义者和沟通激进主义者、政治理论家、黑客、联盟组织者、建筑师和艺术家们融聚在一个当代媒体实验室中，这里也将成为西班牙塔利法与摩洛哥丹吉尔之间永久的公共接口。通过组织一些直接反对拘留移民者的行动，这一系列活动在一段时间内建立起一个在两个大陆间进行沟通、行动和团结协作的网络。

Observatorio Tecnol ó gico del Estrecho (2006) *Fadaiat : Freedom of Movement-Freedom of Knowledge*.<http : //fadaiat.net/>[accessed 2 February 2010].

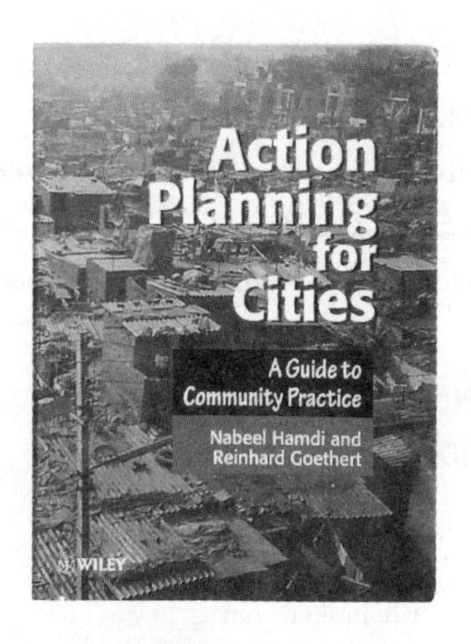

纳比尔·哈姆迪 (Hamdi，Nabeel)

纳比尔·哈姆迪是一位参与式规划的先锋人物，他于2004年出版的著作《小小的改变》中对于非正式个体参与城市生活的描述具有相当大的影响力。该书启发了一种新的城市思考方式，即优先考虑小尺度的、累积式的变化，而不要仅仅关注大尺度项目。他的著作展示出保守派到处鼓吹的自上而下的涓滴效应难以产生通常预期的大尺度变化。而相反，自组织系统自下而上的逆流效应反而会产生最大的改变。他通过一些欠发达地区的城市案例，揭示出仅仅是安置一个公交车站这样最微小的改变，会导致人群在这里候车，并诱发大量的小尺度经济，例如人们售卖食物和饮料，或者促使这一区域修建路灯，并聚拢很多家中没有电的儿童在这里写作业，同时又意味着卖糖和书的商贩出现在附近兜售他们的货物。

哈姆迪个人的设计实践经常会使用在草根阶层中进行小尺度置换这一策略，这种做法无论是在他早期同大伦敦地区理事会合作，用于测试参与式设计和规划的住房开发项目中或是他晚期以顾问的方式帮助不同政府和联合国机构进行的项目中都有所体现。他的作品集中体现了一种新的设计方式，即尝试寻找一种方法利用他的建筑师技能，去支持或挑战已经存在的结构，而非全部重新开始。这是一种同已有事物合作的方式，通过微小的改变，利用时间和自组体进行作用，而不是从外部直接引导进程。

作为一名教师，哈姆迪 1992 年在牛津·布鲁克斯大学开设了一个名为“开发实践”的研究生学位课程，并获得了空前的成功，该学位也作为“开发与应急实践中心”的一部分。该硕士课程在此类课程中是最早开设的一个，以实践训练为基础，允许学生到真正的场地中同从业者协同工作。

Hamdi，N.（2004）*Small Change：About the Art of Practice and the limits of Planning in Cities*，London：Earthscan.

阿里夫·哈桑（Hasan，Arif）

阿里夫·哈桑是一名建筑师和研究学者，在卡拉奇这座拥有超过 1200 万居民的巴基斯坦城市工作。其工作主要面对很多相关联的资源短缺问题，例如常规性断电，供水短缺以及极度高昂的地价。哈桑因其参与的低收入住房项目，尤其是奥兰吉·派洛特项目而蜚声国际。该项目提供了很多对寮屋聚居区进行房屋升级的方法。通过与卡拉奇达伍德学院建筑学生的合作研究，哈桑为奥兰吉聚居区开发出一种建设框架，该框架承认一种从事被称为“萨拉瓦拉”（thallawala）职业的人在建设中承担的中心角色，这些人实际上就是在聚居区里划定并管理一个建筑场地的人物。通常来说，萨拉瓦拉们承建建筑部件，提供建造方面的建议，同时为萌芽阶段的聚落提供施工用水和信用贷款。因此萨拉瓦拉提供一个新聚居区建造所需的最低级别的基础设施，而奥兰吉项目主要工作目标就是提高萨拉瓦拉的技能，并为他们寻找价格更为低廉的建筑材料。在这一过程中，空间自组织首先要对那些现有的社会基础设施是否满足建立一个聚居区的条件进行考量。哈桑的运作方式显得十分少见，因为他只是增强并利用已经存在的技术和知识，而不是另辟蹊径引入其他的一些方法。

奥兰吉所应用的另一种策略就是组织

在修建地下排污管道前后的奥兰吉某街道的对比。图片来源：奥兰吉·派洛特项目研究与培训中心

居民争取财政支持并建立起他们自己的污水处理系统，聚居区中每一个巷道街区都对他们自己所使用的下水网络部分负责。他们还针对小型商业以及健康和教育项目施行了一个信用方案。在项目过程中，适合低收入群体社会和经济状况的专门的环境卫生以及建筑技术被开发出来。通过强化本地已有的方式，自组体再次得以显现出来：只有在自建房这种前提下，同时还有萨拉瓦拉们有效地推广相关专业技能，居民自己建造下水系统这一发展策略才可能得以实行。项目不仅仅强调对物质基础设施进行升级，同时还强调发展社会基础设施，这也使项目具有了可持续性。这种微观尺度规划模式现在已经在巴基斯坦被复制应用于其他一些聚居区之中。

Hason, A.（2002）*Understanding Karachi: Planning and Reform for the Future*, Karachi: City Press.

156

豪斯－拉克尔协作组（Haus–Rucker–Co）

奥地利，维也纳，1967—1992

www.ortner.at/haus–rucker–co/de/haus–rucker.html

豪斯－拉克尔协作组是一个成立于1967年的维也纳团体，创始人为劳里德斯·奥特纳（Laurids Ortner），刚瑟·赞普·凯尔普（Gunther Zamp Kelp）和克劳斯·平特（Klaus Pinter），曼弗莱德·奥特纳（Manfred Ortner）随后加入。他们的工作探索了建筑的表演性潜能，其作品主要通过装置和对充气结构或者义肢设备超常规的应用，改变对于空间的感知。这一关注点同20世纪60年代的乌托邦建筑实验（utopian architectural experiments of the 1960s）(p.87)相契合，例如超级工作室、阿基佐姆、蚂蚁农场（Ant Farm）(p.95)，以及蓝天组（Coop Himmelblau）(p.129)等团体。同这些团体一起，豪斯－拉克尔协作组一方面探索建筑作为一种批判工具的潜力，同时另一方面研究将创作设计作为一种技术工具在现实的实验环境同虚幻的乌托邦城市之间架起桥梁的可能性。

受到情景主义者（Situationists）(p.178)所提出的将表演作为吸引市民参与的一种方式这一概念的启发，豪斯－拉克尔协作组创造出一种表演形式，观看者同时也会变成参与者，并能够影响自身所处环境，而不仅仅是作为被动的观众。这些装置一般采用充气式结构，例如“七号绿洲”（Oase No.7）（1972年）。该作品是为了参加“5号文件”展而创作，位于德国卡塞尔。一个充气式结构从一栋已有建筑立面上生长而出，创造出一个可用于休闲和游憩的空间，这一空间可以看做是对圣地亚哥·赛鲁吉达（Santiago Cirugeda）(p.120)的“城市存量”的一种当代反映。他们还创作了“思想延展”系列作品（1967—1969）的各种版本，该系列作品都由各种能够改变佩戴者视觉认知的头盔构成，例如“飞向大脑”作品就迷惑了佩戴者的视觉和听觉，创造出对于现实世界一种不曾有过的不安感；这一作品同时还为佩戴者制造了一种他们最难以忘怀的景象。

豪斯－拉克尔协作组的装置艺术是对资产阶级生活中禁锢的空间的一种批判，并创造出临时性的、一次性的建筑。同时他们这种义肢式的装置是为了增强

佩戴了环境转化器的劳里德斯、赞普和平特（飞翔大脑，视野自适应和下雨器）1968。摄影：Gert Winkler

感觉经验，并突出我们感知力中那些与生俱来的特性，这一做法同样也在巴西艺术家李吉亚·克拉克（Lygia Clark）同时期的作品中有所体现。这些作品的当代版本也可以在劳姆雷伯（Raumlabor）（p.191）和Exyzt（p.145）所偏爱的充气式结构作品中找到。

Rodrigo，A.（2005）*Expanded Space.* <http：//www.roalonso.net/en/arte_y_tec/espacio_expandido.php> [accessed 14 July 2010].

健康住居（Healthabitat）

澳大利亚，新港海滩，1985—

www.healthhabita.com

健康住居专注于将环境状态，尤其是适宜性住房的供给，同普遍意义上的健康和幸福生活联系在一起。他们的作品特别着重于解决澳洲原住民文化大环境下的问题，这些人群的生存环境和健康状况显得极度匮乏让人担忧，而这些问题都与澳洲白人有关。健康住居组织成立于1985年，组建者是建筑师保罗·佛列罗斯（Paul Pholeros），人类学家斯蒂芬·雷柏（Stephen Rainbow）和内科医师保罗·托吉尔罗（Paul Torzillo）。该组织活动开始于一个对在安娜古·皮简加加拉地区由原住民控制的健康服务的报道，目前该项目已经成为国家性项目。该报道最初的目标是尝试寻找到在这块土地上尽管提供了必要的健康保障，疾病等级仍然居高不下的原因，以及寻找到这种原因同住房供给状态的关联。

157

健康住居的项目大多是在处理日复一日的住房维护和改进工程，包括提供必要的清洗和烹饪设施、环境卫生设备和取暖设备等。健康住居工作方法的成功之处在于其组织的单一性以及承诺在研究的每一阶段都会进行一些实际行动或进行材料的转化。以往，那些原住民社区的人们发现不管经过多少调查、分析和报告，他们的生存状况都没有什么提高，在这样一个大背景下，健康住所做出的这种保证就变得尤为重要。健康住居工作的重要性就在于他们将设计同健康和幸福生活联系在一起，这种关联看似明显但却经常被忽视，而且其所涉及的问题范围远远超出了原住民社区本身。

Pholeros，P. and others（1993）*Housing for Health：Towards a healthy living environment for Aboriginal Australia*，Newport Beach，NSW：Healthabitat.

乌尔姆设计学校（HFG Ulm）

德国，乌尔姆，1953—1968

www.hfg-archiv.ulm.de

设计学校（HfG-Hochschule fur Gestaltung）是一所教授工业设计和视觉传达的私立学校，坐落于德国乌尔姆，于1953年开办，停办于1968年。该学校始于对包豪斯实验的延续，并由包豪斯前学生马克斯·比尔（Max Bill）掌管，直到1956年他由于同年轻教职工意识形态方面的冲突而辞职。在1957年比尔离开后，由托马斯·马尔多纳多（Tomá s Maldonado）主管的设计学校选择了一条背离设计以艺术为基础的新方向，开始强调科学和社会的重要性，并逐渐发展出一种被人们称为“乌尔姆模式”的设计新方向。

在该学校存在的短短15年间，通过其实验性的教学方法，以及在设计学校与工厂之间建立明确的联系，它在设计教育领域带来了持续的影响。该学校在乌尔姆创作的很多作品，都伴随着学校里不断地争论而诞生，并通过在1958到1968年每半年发行一期的杂志《乌尔姆》被广为流传。

为纪念汉斯·索尔（Hans Scholl）和苏菲·索尔（Sophie Scholl）这两位被纳粹处决的抵抗运动组织成员，乌尔姆设计学校由他们妹妹英格·索尔（Inge Scholl）协同奥特尔·艾舍（Otl Aicher）等人共同创办。环境设计作为提升人类住居的一种整体性方法，连同政治教育一起被看作是增强社会民主理想化的一种策略。学校创立之初获得了来自美国和欧洲的资金支持，之后开始依靠政府基金，然而这些资金总是十分有限。学校的讲师被迫通过为企业提供咨询工作获得额外的收入，当然这也证实了该学校教学策略的实用性。奥特尔·艾舍引入了一种设计发展的模式，这一模式尝试解决研究和教学之间的脱节问题。设计发展团队由教员及学生助理引导，并同德国博朗这样的企业伙伴共同工作，根据市场状况开发产品。然而这些合作也显露出乌尔姆设计哲学面纱下一些矛盾点，一方面是致力于工业化大规模产品制造，而另一方面又对工业化充满怀疑，其根源在于以利益最大化为目标往往没有办法实现乌尔姆希望利用设计让社会往好的方向转变这一目标。

乌尔姆设计学校的实验性教学方法还包括废弃传统大学结构设置中的系所划分，而取而代之将训练围绕主题进行组织，例如工业设计、视觉传播、建筑、信息和电影。师资系统中客座教员占到很大一部分比例，而固定教职工只占到师资比例的五分之一。这也创造出一种不断自我评价和批判的氛围，并为乌尔姆设计学校带来了良好的声誉，成为了前沿设计研究和教学的中心。他强调设计师的社会责任感，同时帮助对设计进行重新定位，使其在本质上具有政治活跃性。在20世纪60年代，设计学校重新将重点转向理论，对于这一举措马尔多纳多同艾舍意见相左。内部争斗最终导致了地区议会资金撤出，而学校也于1968年在抗议声中关闭。

Spitz，R.（2002）HfG Ulm. *The View behind the Foreground：the Political History of the Ulm School of Design*，Felbach：Edition Axel Menges.

布莱恩·福尔摩斯 (Holmes，Brian)

brianholmes.wordpress.com

布莱恩·福尔摩斯是一名艺术评论家、文化理论学者和激进主义者，主要关注点在于艺术同政治性行为的交集领域。他的批判性文章对建筑师尤为有用，其论述是在当自组织论和艺术实践领域对新自由主义状态的批判，并在建筑专业领域引入了激进的政治概念，这一领域原本对于社会和环境公平性、政治以及更大范围内的“全球化”结果等方面的整合远远落后于艺术实践。他的论著挑战了建筑专业自我声称的中立性态度。

Holmes，B.（2007）*Unleashing the Collective Phantoms：Essays in Reverse Imagineering*，New York：Autonomedia.

独立出版商 (Independent publishers)

当代空间自组体行为所带来的影响通过新的出版物和传媒形式得以强化，有些情况下是通过那些尝试使用创新性传播形式的专业独立出版商实现的。这些出版商经常使用新旧媒体混合的方式，并利用本地网络进行信息发布。他们所进行的这类工作同那些商业出版公司非常不同，一般在本质上就具有更强的实验性。像“爱好者杂志”(p.90)这样的非主流出版形式更多转向独立出版发行，并且能够快速印制和分发各种材料，这类型的出版组织能够方便的发表经过同行评议的文章。

一些独立出版发行的书籍同样会在内部进行审稿工作，并尝试实现具有平等主义特性的分销模式，包括使用创新性的公用许可证，例如 PEPRAV 著作《城市行为》（UrbanACT）一书，就通过本地网络以固定价格“买一送一”的方式进行发行。上述这些连同后文将会列举的其他一些创新团体，为了实现“自由知识”传播这一目标而努力工作，而他们所面对的来自商业出版公司的压制，经常会扼杀创造性和实验性。

b 书籍（b_books）于 1996 年成立于德国柏林，即作为出版商，也经营书店和文化中心，之后也开始进行影视制作。该公司产生于一个由具有自我管理性质的空间、临时机构和与艺术相关的组织形成的网络，这其中就包括建筑设计学院(p.93)，这些团体都关注公共性和反公共性的构成问题。通过策划一系列事件，展览和行动，这个书店成为一个重要的集会场所，同时 b 书籍不断出版与艺术，城市实践以及公共环境相关的书籍。

b- 书籍出版社的一份出版物

实践出版社（Praxis（e）Press）是一个开放式的电子书出版机构，专注于针对理论和实践的批判性著作，包括无政府主义、反种族主义、环境保护主义、女权主义、马克思主义、后殖民主义、后结构主义、同性恋、情境主义以及社会学等方面的作品。

找回公共性（Re-public）是一个在线免费杂志，内容主要关于当代政治，理论和实践，在杂志通过公开征集专题问题的方式进行组织，并同时伴有项目，工作坊和广播等形式活动。

欧洲爱好者杂志（Eurozine）是一个欧洲期刊网络，它是一个核心站点，链接了合作期刊和杂志。该团体1983年脱胎于一个非正式的欧洲期刊与杂志网络，当时该网络被当作可以交流想法和经验的论坛。从那时起，伴随着网页出版形式成为可能，并带来新的机遇，欧洲爱好者杂志于1998年正式成立，并成为一个发表与欧洲政治文化相关文章的独立平台。欧洲爱好者杂志的形式允许它将新旧媒体的优点进行整合，在一个免费的多语言检索的网站上将来自合作期刊的最优秀的文章发表，这也显著增加了这些文章作者和原期刊的认知度。

159

e-溶出（e-flux）是一个来自于纽约的艺术期刊，创立于2008年。该期刊最近协同一个覆盖多个国家大量地区的书店网络共同开展了一项“按需打印”的服务。这些书商可以在当地打印并发行该期刊，根据当地的条件这项服务可以是完全免费的，也可以收取一定费用，同时杂志免费的在线版本也能够通过网络获得。

Fredriksson, C. H. and others（1998—）*Eurozine*. <http：//www.eurozine.com/>[accessed 13 July 2010].

简·雅各布斯（Jacobs，Jane）

1916—2006

简·雅各布斯是一名作家同时也是一名激进主义者，生于美国，之后移居加拿大多伦多。她主要致力于城市规划相关问题的研究，如城市衰退以及由于自上而下的规划政策而导致的邻里关系丧失。她因她那部影响深远的著作——《美国大城市的死与生》而闻名于世，该书出版于1961年，是对于美国20世纪50年代城市再更新政策的尖锐批判。雅各布斯还因她为草根阶层进行的激进活动而闻名，包括发起游行运动抵制那些有可能摧毁邻里关系的项目。她所参与的最重要的一个项目就是自1962年一直延续至1968年的抗议运动，这是一场同纽约总体规划之间旷日持久的抗争，最终罗伯特·莫西斯（Robert Moses）引导取消了在纽约建造下曼哈顿地区快速路的计划。

雅各布斯一直在捍卫普通公民的权益，并倡导寻找一种适合并关注当地社区的规划方式。她经常劝告规划者们为人而建造城市而不要为车去建造。在某个时期里，很多评论者都建议拆毁那些不太合适的战后住房建筑，但雅各布斯是最早强调在现有城市肌理中增加密度和多样性的人之一。雅各布斯虽然没有在城市规划方面进行过专业的训练，但是她通过对城市生活的敏锐观察，将经验例证同一般性的感知方法进行结合。雅各布斯将城市设想为自组织的生态系统，城市中的居民、景观步道、公园和邻里空间都是其中重要的要素，并彼此相互作用。她推崇具有混合功能的城市开发模式，并且重要的一点在于应当通过向当地居民进行咨询引入自下而上的机制。在她之后的著作中，雅各布斯推荐了通过“引入置换”进行城市经济更新的策略，该策略提倡当地工厂进行本地货物的生产，鼓励小尺度多样化的经济并在本地提供就业机会，同时承担起相应的环境责任。这一方法虽然在当时是认为非常激进的，但是现在已经作为一种创造可持续性社区以及应对气候变化问题的策略被广为接受。

雅各布斯的影响在于她的很多重要理念今日看来已经司空见惯，但是在她所处的那个时代确实非常激进的。雅各布斯一生不懈坚持的运动为普通公民赋予了伸张自身权益的力量，同时她早期在组织草根阶层方面所取得的功绩也为在美国兴起的倡导性规划以及社区设计运动（Community Design movements）[(p.126)] 铺平了道路。

Jacobs，J.（1961）*The Death and Life of Great American Cities*，New York：Random House.

泽西·德维尔（Jersey Devil）

美国，佛罗里达，华盛顿，斯托克顿，N.J.，1972—

www.jerseydevildesignbuild.com

泽西·德维尔是一个松散组合的组织，其基础建立在吉姆·阿戴姆森（Jim Adamson），斯蒂文·巴达尼斯（Steve Badanes），以及约翰·林戈尔（John Ringel）之间的合作关系，他们自20世纪70年代早期便开始共同或独立进行工作。他们根据新泽西民间传说中的一种生物为自己的团队命名，主要是因为一个偶然经过他们设计作品的路人看到其中一栋建筑随口而出这个名字。他们的工作方法促使几人聚在一起：他们不仅仅涉及建筑，同时还同其他专家和工匠合作一起将其建造出来。这种工作方式是对主流建筑领域中将设计同建造分离做法的一种批判。他们从乡土传统可持续性的自建住房中汲取灵感。从这一角度来说，他们不认为自己的工作是“另类的”，相反认为这些作品就是主流的一部分，只不过是被那些追求巨大利益的人所排斥。他们将自己的工作看作是对这种建造方法的一种回归和改良。

在泽西·德维尔的项目中，自组体来源于设计所给定的空间同其他人的工作技能的结合，专家和工匠的技能将同设计一样影响结构的形式。通过不断研究设计同建造的次序关系，他们促进了专业技能工匠、建筑师和使用者之间的创造性交流。160在项目过程中他们经常就住在场地上的帐篷里，从而同场地建立起一种密切关联，而这种关联对于那些仅仅看过一两次场地的建筑师来说是不可能具备的，这些人对场地的经验经常仅建立在地图信息和场地照片之上。对于泽西·德维尔而言，建筑是通过设计和建造的过程最终实现的，而

建造中的飞机住宅，科罗拉多。图片来源：Jersey Devil

不仅仅是为他人建造提供信息和服务。

Branch，M.A. and Piedmont-Palladino，S.（1997）*Devil's Workshop：25 Years of Jersey Devil Architecture*，New York：Princeton Architectural Press.

荣格·马里奥·豪雷吉建筑师事务所（Jorge Mario Jáuregui Architects）

巴西，里约德内卢，1994—

www.jauregui.arq.br

荣格·马里奥·豪雷吉建筑师事务所（JMJA）是一家坐落于里约热内卢的事务所，主要承接公共投资项目，在城市的“正式”与“非正式”地区都有他们的项目。他们因对里约棚户区改造升级项目，以及对城市周边地区的整合性改造而闻名。在20世纪70年代巴西军人独裁统治的岁月里，棚户区被拆除，其中的居民被迁移安置。从那个时期起，就不断有人进行贫民窟升级改造的尝试，但是这些尝试都是零星的，并且没有清晰的策略。1994年，随着塞萨尔·马亚（Cesar Maia）竞选成为里约市长，该城市建立起一个9年期项目，称为“棚户专区”，该项目成为拉丁美洲最大的棚户聚居区升级项目。JMJA在一次公开竞赛中获胜，领导该项目进行。同在他们介入之前的主导策略相反，这次他们将在现存的建筑、社会和经济基础上进行建造。

这个由市政府运作的项目被翻译为“贫民窟街区”，该项目尝试应用一种整合式的解决方案，每一个棚户区都会配备一个由建筑师领导，包含工程师、社会学者、律师、文化和社区顾问的团队。这确保了每一个提案都与所应对社区独特的社会以及地理

161

坎普莱克所·德·阿赖茅的缆车站。图片来源：JMJA

环境条件具有很好的针对性。除了提供必要的上下水和电力基础设施，该项目还尝试改进该区域内的社会基础设施，在原有城市肌理内植入学校、运动中心和社区设施。该项目重要的一个方面就是土地使用权的规范化，并修建起新的道路改善拥堵状况和并提供应急服务，同时也对一些小的道路进行了升级。在一些情况下，一些有争议的想法也被采纳了，例如让旅游者参观贫民窟。在一个项目中，JMJA 提议建设一个连接海滩到贫民窟中心地区的索道缆车，可以雇用当地的年轻人作为游客向导，该项目最终被采纳和实施。

161

尽管“棚户专区”项目被一些人抨击，认为没有将足够的权力归还给当地的团体，但该计划所做出的工作已经取得了巨大的突破。JMJA 具有针对性的处理方法成功的以贫民窟的逻辑开展了工作，肯定了已经形成的居住区自身具有内部组织和支撑结构，这一点无论在任何情况下都应该被保护并强化。他们工作中值得注意的一点是要求建筑师和规划师参与完整的改造项目，并需要每日都出现在他们负责社区的工作现场。

Machado，R.（ed）（2003）*The Favela-Bairro Project：Jorge Mario Jauregui*，Cambridge，MA：Harvard GSD.

凯里建筑事务所 （Kéré Architecuture）

布基纳法索（非洲国家——编者注）与德国，1998—

www.kere-architecture.com

迪耶比多·弗朗西斯·凯里（Diébédo Francis Kéré）是一名来自布基纳法索的建筑师，他在德国学习，现今他在两国之间奔波开展工作。1998 年，他成立了“间岛学校修建基石”（Schulbausteine fur Gando）组织，该组织具有非营利性质，其所承担的首个项目是为在凯里的家乡间岛修建小学筹措基金。尽管当时凯里仍在柏林工业大学就读，但他创办了一个联盟组织，号召他的同事为学校募捐。从那时起，他便从赫福特·阿兹内米特尔制药公司获得支持，该公司承诺在后续十年中一直提供资金。

凯里将来自发达工业世界的技术进行改良，建造符合当地情况的低造价建筑。建造技术不需要使用重型机械，同时其中

162

小学室内场景，间岛。摄影：Erik-Jan Ouwerkerk

小学校花园，间岛。摄影：Erik-Jan Ouwerkerk

的一部分还可以对当地居民进行培训。传统建造方法被加以改良。例如在间岛，学校的建筑是由使用精细黏土制成的压缩泥土砖建造，这种方法提升了材料的性能，同时也改变了人们将黏土建材认为是穷人建筑材料的看法。这些黏土砖材料还同其他一些传统方法相混合，例如浇筑的黏土地板以及一些便宜的建材，例如镀锡薄钢板屋顶。

163

一种对社会的责任感驱使凯里首先在他的家乡开展项目，随后进一步在整个布基纳法索展开。现在他的实践已经拓展到也门、印度和马里。通过将建筑同发展相关联，凯里的项目进行全盘性的统筹，而他的团队已经将其涉及范围拓展到学校修建之外，还包含了妇女间协作，支持女童接受教育，以及通过培训为青年人提供所需的工作，并给建筑带来了社会性转变的可能性。

Slessor，C.（2009）'Primary school，Gando，Burkina Faso：Diébédo Francis Kere'，*Architectural Review*，226（1352）：66–69.

纳德·哈里里（Khalili，Nader）

1936—2008

calearth.org

164

纳德·哈里里是一名伊朗建筑师，并在伊朗和美国两地生活和工作，并率先尝试被称为“超级土坯砖”以及沙土包结构这样的技术。他的设计最初是参加美国国家航空航天局（NASA）对在月球和火星上建造人类定居点概念的征集，但是这些简单的建造技术也在很大程度上可被用于建造庇护所，满足了这些建筑对快速建造和无须专业建筑技术的要求。这些建造技术从第一次海湾战争以来被用于建造临时紧急避难所，并同联合国难民署高级办事处合作加以实施为伊朗难民提供住房。1991年，哈里里成立了“沙土与建筑”加利福尼亚事务所（Cal-Earth），着手进行同“超级土坯砖”方法相关的技术研究。这一非营利组织设计了原型，并在摩哈维沙漠的极端气候条件下对其进行了测试。

哈里里的建筑职业生涯开始于在洛杉矶以及德黑兰开办事务所进行高层建筑设计。但在39岁的时候，这位建筑师将在两个地方的事务所都关闭了，并在伊朗各处寻访，研究一种合适为穷人提供住房的技术解决方案。他花费了5年时间研究沙漠地区乡土建筑，以及贾拉鲁丁·鲁米（Jalaludin Rumi）这位苏菲教诗人和哲学家的作品。哈里里称自己受到了鲁米很大的影响，并将他的作品翻译为英文。在这一时期，哈里里还开发了一种称为“戈尔塔夫坦”（Geltaftan，波斯语字面意思为“黏土”与“火”）的技术，在这项技术中土坯砖建筑从内部进行过火从而增强其耐久性。他利用这种技术为一座临近德黑兰的村庄建造回迁住房，并建造了一座学校。但是他的技术并没有被广泛应用，其中一部分原因在于使用燃油进行过火所带来的污染，以及相对较高的费用。

“超级土坯砖”方法是对这种早期作品的一种发展，是使土坯砖建造能够适合那些对于这种建造技术一无所知的地区的一种尝试。填充满沙土的沙包按照一定的顺序进行排放，并根据穹顶的结构原则构建起承压结构，而沙包之间放置刺铁丝提供拉力，并使其具有抗震能力。如果有可能的话，一些来自于本地的稳定性材

位于“沙土与建筑”加利福尼亚事务所的展示性建筑。摄影：Graham Burnett

料，例如石灰、水泥和沥青等也会添加到泥土里。这种系统所追求的就是不需要技术劳工，并完全通过既得的、本地的和环境友好型的材料进行建造。这种结构能够同时适应于建筑形式和空间布局，同时这种灵活的系统既可以作为临时建筑使用，也可以建造永久性建筑并在结构外部应用防水涂层。这种可以将临时结构转变为永久庇护所的可变性尤其适合于灾区赈灾以及难民营建筑修建，在后一种情况中，难民营修建国家可能不愿修建永久避难所，但是战争的现实往往会持续很长时间。相较于雇用那些承包商从事专业性很强的工作，这些避难所可以由难民自己建造，甚至是那些妇女、儿童和老人也可操作。这种建造系统还鼓励激活本地经济，而不去依赖大型跨国结构公司建造。哈里里的人道主义建筑赋予了那些自组体他们最需要的帮助，使他们能够建造起他们自己的家园，并为这些难民群体保持了尊严。此外即使这些庇护所建筑仅仅为临时应用而建造，然而这种结构的坚固性为这些脆弱人群带去了将其转变为永久建筑的可能性，而这是像帐篷这种标准应急方式所不具备的。

Khalili，N.（1996）*Ceramic Houses and Earth Architecture：How to Build Your Own*，Hesperian，CA：Cal-Earth Press.

拉卡顿与维赛尔
（Lacaton & Vassal）

法国，巴黎，1987—

Www.lacatonvassal.com

事务所于1987年成立于巴黎，创始人为安妮·拉卡顿（Anne Lacaton）和让·菲利普·维赛尔（Jean-Philippe Vassal），主要从事商业、教育、文化和住宅建筑设计。贯穿他们作品的一个线索就是不断探索在各个情况下的关键要素是什么，并创造出一种基于经济概念的温和的建筑语言。无论是在他们著名的对东京宫（Palais de Tokyo）的改造，还是他们的社会住房整修，拉卡顿与维赛尔都对现有的建筑进行了非常智慧的再利用，通过创新性的设计，以及发掘各种情况下转化的可能性，从而最小化地引入新建筑。他们认为对于大多数项目而言，90% 重要的东西已然在场地上存在了。菲利普·拉卡顿在尼日尔的 5 年时间里一直坚持了这种态度，并将这段时间描述为他这种思想成型的一个重要经历。在那里，他亲眼见证了在极端匮乏的生存环境下，通过创新的办法所能带来的巨大改变。

165

法国，社会住房，米卢兹（法国东部城市——编者注）。摄影：Phillippe Ruault

法国巴黎，东京宫。摄影：Phillippe Ruault

这个工作室近期出版了一本著作，《加和：大尺度住房发展 – 一个特殊的案例》。该书主要介绍了巴黎郊区的住房转变，并很好地展示了他们的设计方法。在案例中，他们的设计被作为一种修改和改造，而不是像当地政府所推荐的全部拆毁重建。拉卡顿与维赛尔坚持认为完全拆毁这种做法，无论具体的置换措施本身多么绿色，都不是一种对环境友好的方式。与此相比，他们强调以一种自内向外的方式，对那些功能已然不再满足需求的建筑进行改造。这种改造以对用户的需求进行研究为出发点，指导建筑的形式外观。墙和立面被拆除，加建了阳台，并创造出交流空间，同时这些空间沿着加建的轻质结构进行布置，营造出一个冬季花园。这些转变随着一座座建筑的改造逐渐显现，最终改变了整个街区的特性。通过谨慎的工作过程控制，他们的设计的优势还体现在不会破坏和分离已经建立起来的居民团体。该工作室已经将这种策略应用于巴黎第十七区的一个十六层公寓街区中，以及法国圣纳泽尔市切斯纳区的一个高层街区中。

拉卡顿与维赛尔强调建筑师的首要任务就是思考，并决定到底应不应该修建一栋建筑。他们认为他们的角色远远不止于建造，而是在每个项目中整合法律和管理方面的问题。他们名声在外的另一个原因是因为他们为创造优质的空间往往会使预算大幅超支，这里所指的优质空间并非是说精致的墙面涂料或者表面粉饰。例如，他们曾经做过的法国的米卢兹社会住房项目，通过应用非常规的构造方法精细掌控建造程序降低造价，从而提供了两倍于普通项目的面积，但是为了实现这点，建筑师还需要对税制规则和住房法规进行整合，从而使租户不会觉得负担过重。在混凝土框架之上建立起一栋栋园艺式的绿色住宅，使用者以多样化的方式将原生态的美整合一身，然而表面上对建筑控制力的丧失却让这些建筑师乐在其中。

Ruby, A., Ruby, I.and Steiner D.（eds）（2007）*Lacaton & Vassal*（2G Books）, Barcelona：Gustavo Gili.

拉丁美洲居住组织（Latin American Residential Organisations）

拉丁美洲，1960—

拉丁美洲的很多社会住房都是通过住房合作社建造的，这种形式能够协调集资贷款并组织起微观经济活动。这些住房项目大多遵循"autogestion"的原则，意味着这些人以自治性，草根式，同时民主化的决策进行自我组织和管理。建设一般通过互助的原则进行，尽管一些合作社允许居民出售他们的房产，但是其他一些则只允许他们将房产传给下一代。

在拉美国家中，智利的情况尤其具有典型性,那里曾发生了一场轰轰烈烈的运动，并使得20%的廉租住房都是通过住房合作社的形式建起来的。在1906年，该国是最早一批进行住房补贴的国家政府之一，此后该国成为第二大抵押放贷国和最大的以国家牵头提供住房的国家。然而，这些住房补贴的力度并不足够，同时当这种模式传到其他国家时，有时被用作公平性住房政策的一种替代品。由于补贴水平较低，导致了一些创新性的住房解决方案开始出现，例如由元素（Elemental）（p.143）组织在伊奎克进行的模式化开发，或者是政府与国际组织合作开展的项目,例如人性居住（Habitat for Humanity）（p.100），该项目为人们提供了组织性和技术性的帮助。

一些拉丁美洲的住房合作社也是"拉丁美洲住房秘书处"（Secretaria Latinoamericana de Vivienda Popular, SeLVIP）组织的成员，该组织的成立是为了对资本主义住房和规划系统的可替代性方案进行探讨；阿根廷、玻利维亚、巴西、哥伦比亚、古巴、厄瓜多尔、墨西哥、乌拉圭、巴拉圭、秘鲁、多米尼加共和国以及委内瑞拉的很多代表性合作社都是SeLVIP组织的一员。该组织成立于1990年，每年都会举行会议。SeLVIP合作组建者之一的建筑师Nestor Jeifetz，在低造价住房供给大争论中是一名领导人物。Jeiferz还于1998年成立了"寮屋与租户运动"（MOI, Movimiento de Ocupantes e Inquilinos）组织，该组织以阿根廷布宜诺斯艾利斯的寮屋运动作为基础。"寮屋与租户运动"组织接管那些不再使用的建筑，并在合作社的成员自己的家园处于建设过程中时，将其作为临时性住房出租给他们。这一方式通过互助协作得以实现，建筑以合作的方式建造，并进行自我管理。"寮屋与租户运动"组织的另一个工作领域是为争取住房权利发起运动，并尝试对住房政策施加影响。

在巴拉圭，住房合作社作为国家住房计划的一部分在20世纪60年代晚期开始出现。该住房计划为合作社财产所有权提供了法律框架，并创立了一项国家基金，每一名雇员都要拿出收入的百分之一，而雇主则提供相应的配套。随后不久，在1970年，乌拉圭互助支持合作社住房联盟（FUCVAM，Uruguayan Federation of Housing for Mutual-Suport Cooperatives）成立。这是一个国家保护伞组织，由一个已经形成一定规模的劳工运动衍生而来，并且现在已成为最大的并最频繁组织社会运动的团体，代表了300个独立的住房合作社以及20万户家庭。FUCVAM提供法律和会计服务，拥有一个技术部门、培训中心、运动和青年活动设施，此外还举办活动，呼吁降低利率、增加住房基金以及改变自1973—1985年12年间独裁统治下指定的法律法规。

FUCVAM因而在乌拉圭最艰难的时期里保护了合作社这种形式，确保了经历整个20世纪60年代确立下来的法律框架依然能够发挥作用。现在，通过支持一些地区为争取权益所进行的努力，并为他们提供专业知识，FUCVAM已经把他们的这种模式传播至南美洲各处。例如他们曾这样帮助过玻利维亚和委内瑞拉的团体。同时该组织也是国际居住联盟（Habitat International Coalition）的成员之一。

167

在拉丁美洲存在着一大批相似的团体，其中一些帮助组织并实施实用的建造和管理方法，例如阿根廷科尔多瓦的住房经济实验中心（Centro Experimental de la Vivienda Economica），哥伦比亚波哥大的住房联盟（Fedevivienda），以及乌拉圭蒙得维的亚的社会与城市心理咨询与教育研究中心（Centro de Asesoramiento y Estudios Educativos, sociales y Urbanos）。其他一些则专注于培训和政策改革，以求能让更好的住房政策被政府采用。玻利维亚科恰班巴的人群住区国家网络（Red Nacional de Asentamientos Humanos）就是这样的组织。

Fox，M.（2007）'Building Autonomy, One Co-op at a Time'，*Yes! Powerful Ideas, Practical Actions. Available.* Online HTTP：<http：//www.yesmagazine.org/issues/liberate-your-space/building-autonomy-one-co-op-at-a-time>[accessed 20 April 2010].

杰米·勒纳（Lerner，Jaime）

www.jaimelerner.com

杰米·勒纳是一名建筑师和城市规划师，曾任巴西南部库里提巴市市长，也曾在1971—2002年间分别在不同时间里两次通过选举任巴拉那州政府官员。他在1971—1975，1979—1984，以及1989—1992三次担任市长任期上，将库里提巴改造成为世界上绿色程度最高的城市之一，拥有70%的回收再利用率，同时一套高效且价格合理的交通系统之后也被波哥大、洛杉矶和巴拿马学习采用。勒纳取得这些成绩最重要的一步就是由其前任伊沃·阿苏亚·佩雷拉（Ivo Arzua Pereira，1962—1966年间在任）建立起库里提巴城市设计与研究中心（IPPUC）。由这样一个独立机构所带来的创新性能够指导应用规划理念，从而保证城市规划的延续性。IPPUC采用了一套独特的方法，即利用创造力和简单化原则解决城市问题，使得花费大大低于规范性的方法。例如他们利用羊群修剪市政公园的草坪，这一措施被世界上很多城市所采用。

勒纳在以职业建筑师和规划师身份出

道初期，曾是巴拉那联邦大学的一个本地设计团队的一员，该团队在1964年响应城市需求进行库里提巴更新规划设计。该设计名为库里提巴总体规划，并在1968年被采用并建议建立IPPUC。在他1971年当选市长之后，勒纳进一步推动了这项工作，其中第一项重大举措就是将主要商业大街改造为步行街。这一举措在72小时之内就被落实，雷厉风行的作风使得区域内的商户根本来不及反对这一计划；尽管这一事件引发了一些争议，但是随后商业交易量相应增长，人们普遍开始认同市长的决策为城市环境带来了好的转变。

巴士候车亭，库里提巴。摄影：Luciano DeSouza

从巴厘圭公园看库里提巴市区。摄影：Rodrigo

主要步行大街，库里提巴。摄影：Lee Pruett

勒纳主持的最著名的一项城市工程就是库里提巴的整合式公交运输系统，名为“综合交通网络”（RIT），该网络承载了相当于一个大型地铁交通系统的乘客运输量，而其花费却只相当于后者的一小部分。该系统拥有专用公交车道，创新性的公交候车亭，并保持均一性收费从而相当于对那些居住在郊区的贫困居民进行补贴，这些因素都使得RIT被认为是世界上最高效且廉价的交通系统。其他的一些问题的处理方式也都显示了设计者对于城市及其居民的深刻的理解，以及如何恰当运用权力将合理化方案加以实施。例如在解决垃圾收集和鼓励在那些街道狭窄垃圾收集车难以进入的贫民区进行回收再利用等问题上，执行者和设计者发挥了聪明才智。他们安排垃圾回收车每周定时到访贫民窟地区，居民们利用袋装分类的垃圾就可以换取免费公交车票或者演出或足球比赛的门票。学校也鼓励学生们收集垃圾换取玩具。同时还会雇用那些失业者和流浪者在垃圾处理工厂工作，并利用回收的电脑进行再培训。作为执政者，勒纳实施了一项计划，渔民们从水中打捞垃圾可以获得报酬，在获得额外收入的同时又能够同时清洁海湾。在库里提巴，相比于进行高昂的投资兴建泄洪渠，他们将洪泛区改造为一个公园，洪水溢出的区域就成为游船湖。这促进了城市绿地空间的发展，又不需要花费大量的经费修建昂贵的堤坝。

勒纳所带来的城市建设倡议显示出创造力和横向思维在不需要大规模投资的情况下就能够创造出可持续并且以用户为中心的城市。在其中，空间自组织行为表现在理解城市尺度的实施措施同局部条件之间的关联，同时这也是一个人发挥其领导才能和个人魅力，从而在相对短的时间内带来大尺度的改变的一种例证。勒纳决定从政在其中或许起到最重要的作用。很难想象如果不介入政治，并强调政治同空间的紧密关联，这些成就又如何能够实现。

Kroll，L.（1999）‘Creative Curitiba’，*Architectural Review*，205（1227）：92–95.

莱奇沃思田园城市（Letchworth Garden City）

英国，莱奇沃思，1903—

www.letchworth.com

莱奇沃思田园城市于1903年在英国的赫特福德郡开始兴建，曾是最早的一批建设的新镇，也是关注社区管理和经济可持续性城市规划的一个早期案例。作为埃比

169

尼泽·霍华德（Ebenezer Howard，1850—1928）思想的产物，这座田园城市所立足的观点最早在他的著作《明日：一条通往真正改革的和平道路》一书，以及之后再修订版《明日的田园城市》中进行阐释。该书为自身可持续性城镇提出了一种模型，将便捷的都市生活同乡村生活的优势结合在一起，并由一条农业绿化带环绕，提供工作和食物。该书带来了很多收益，并使霍华德能够在1899年建起田园城市联盟，并为莱奇沃思筹措到足够的资金，这些资金完全源自于私人企业。

尽管现在霍华德已经因为设计了田园城市的原则而闻名，但是他最前瞻性的贡献可能在于他为田园城市建立社会和经济结构的方式。他成立了一个公司，称为第一田园城市有限公司（FGC，First Garden City），并通过该公司进行城镇建设，原本计划居民在7年之后将会购买这些不动产。然而，第一田园城市有限公司对房屋所有权的持有一直延续到1945年，之后伴随两项议会法案通过，居民可以完全掌管他们的土地，而不动产权现在则归莱奇沃思田园城市遗产基金会所有。第一田园城市有限公司起初向家庭和农场出租土地，所获租金收益重新投资进行城镇建设。自从所有当地公民都成为股份持有者之后，他们获得了决定资金如何使用的发言权。公司曾面临很多挑战，特别是创建新的家园，而他们最为有效的一条市场策略就是在1905年举办了一场全国住房设计竞赛和展览，征集低于150英镑造价的创新式住房设计。

今日，莱奇沃思的社区管理在很大程度上依然遵循了霍华德的“租赁索费”原则，居民们为他们所获得的服务付费，而那些在最初开发过程中进行投资的人则获得报酬，在这种情况下也是对于城镇的再投资。这套系统使得遗产基金会能够构建一系列服务和设施，其中包括一座医院、博物馆、公园、迷你公交车和移动商店服务，同时他们还运营了很多商业活动补充基金会的

1906年由派克和昂温为田园城市租户设计的明信片，展示了伊斯特霍姆和韦斯特霍姆·格林的村舍房屋。

收入。近期，该镇已经达到了3万人的人口目标，并清偿还了所有债务。随着这套系统最终实现无亏损经营，莱奇沃思以经济自主可持续运转的方式最终部分达成了霍华德最初的设想。

在莱奇沃思之后，霍华德还在1920年建立了韦林田园城市，自那之后，田园城市运动在英国和全世界都产生了极大地影响，尽管这些影响主要体现在其官方的特征而非社会创新性。莱奇沃思所实行的两项计划也同样具有先锋性的，这就是牧场绿色大道计划和住房庭院计划。这两项计划包含了可持续合作住房（co-operative house keeping）(p.183)设置，从而挑战了家务劳动的传统观念。住房庭院项目修建于1909—1913年间，是一个拥有32个公寓的住房开发计划，为那些专业人士设计，以期减少家务工作为他们带来的负担。餐食都在一个中心厨房加工制作，既可以带回自己公寓享用也可以在社区餐厅进餐。霍华德就是这种协作生活方式的大力倡导着，在他搬到韦林田园城镇前一直都居住在住房庭院项目中。

Howard，E.（1902）*Garden Cities of To-Morrow*，2nd edn，London：Swan Sonnenschein.

伊佐·曼奇尼（Manzini，Ezio）

www.sustainable-everyday.net

伊佐·曼奇尼曾接受建筑师训练，现在则在米兰工业大学教授工业设计。他的研究专注于战略设计和社会创新，并以此作为回应当今世界环境和社会挑战的一种方法。曼奇尼认为社会创新每天都在发生，是对社会问题的一种应对，并常常会利用新的一些还未被主流社会采用的技术。在这一过程中，曼奇尼认为设计师的角色就是扮演一个促成者，他们的工作主要是通过设计出一套系统和进程创造出适合这种创造力产生的条件，而并非具体设计产品和具体对象。在其中曼奇尼认为设计师所应用的关键性方法就是如何恰当的应用制定行动方案的技术。

170

曼奇尼列举了很多在这样的社会创新和服务过程中的小尺度的、本地化的且具有草根性的原创行为，用以证明人们自己可以非常智慧地利用资源，这些案例包括时间银行、拼车、家庭护理以及起居室餐厅。人们因而围绕着对特定服务的需求创建起协作性群体，而对于这样过程的策略和手段的设计，曼奇尼将其称为“服务设计”。对建筑师和城市学者而言，这意味着首先要将城市视为一种人群的组织，而不是根据常规的方法将其看作是建筑和基础设施的组织。

一个采用了与“服务设计”相类似方法的草根型项目就是“非洲随意制造者（Maker Faire Africa）”项目。该项目于2009年由埃梅卡·奥卡佛（Emeka Okafor）创立，并由联合组织者尼·西蒙斯（Nii Simmons，同时也是阿芙罗波提克斯组织的合作创建者）、亨利·巴诺（Henry Barnor，马克加纳思想组织的合作创建者）、埃里克·赫兹曼（Eric Hersman，艾弗里·加杰特组织的合作创建者）以及马克·格里姆斯（Mark Grimes，奈德网 Ned.com 的创建者）等人承包和提供支持。该项目是对“美国随意创造者”杂志的一种拓展，并为自己动手制作技术狂热者举办年度活动。这一非洲版项目成为了将遍布整个大陆的创新者汇聚一堂的一个平台，在此同时关注自下而上的设计技术，并创造出对于非洲非常特殊的发展挑战实用的产品原型。他们同当地的一些机构协同工作，其中一个主要的合作方为加纳的艾舍西大学学院，“非洲随意制造者”的主要任务是通过组织年度活动为当地创新活动提供基础条件，在他们的网站上为设计师们提供配套服务，筹集资金发掘资助当地的天才。这些将乡土性、手工技术同新技术相结合的方式同桑吉夫·尚卡尔（Sanjeev Shankar）（p.209）在印度所采用的方法，以及安娜·海瑞歌（Anna Heringer）（p.209）在孟加拉的作品相似。

Manzini，E. and Jégou，F.（2003）*Sustainable Everyday：Scenarios of Urban Life*，Milan：Edizioni Ambiente.

彼得·马库斯（Marcuse，Peter）

www.marcuse.org/peter/peter

彼得·马库斯是一名律师，同时也是一名规划师，他的著作曾涉及社会住房、住房政策、规划的历史与伦理，产权和私有化的合法性与社会学等众多方面，同时也关注全球化和空间问题。

他的著作关注建筑和城镇规划行业中

的排他性，建筑作为设计同规划学之间彼此脱离，仅仅处理空间和建筑环境的使用问题。同时，马库斯强调建筑与规划在逐渐商品化的现象，并表达了对实现这种商品化的方法愈发强烈的反感。他提到的其中一个具有特殊工作形式和不同组织类型的案例就是规划者网络（Planners network）[(p.185)]，在该项目早期阶段他曾是其中的一名成员。之后马库斯曾同城市权力同盟合作，在为草根组织所做的工作中引入批判性城市理论，并围绕着他自己的核心论题展开工作，从而描绘出一种替代性的城市图景，在这样的城市中，那些被“掠夺的人”，穷人、无家可归者以及被剥削的人应当受到那些对社会“不满”的人、艺术家、知识分子等的支持。理论在其中所扮演的角色就是建立起两个团体之间的相互理解。

Marcuse，P.（1991）*Missing Marx：A Personal and Political Journal of a Year in East Germany，1989—1990*，New York：Monthly Review Press.

Marcuse，P. and R. van Kempen（2000）*Globalizing Cities：A New Spatial Order？* Oxford：Blackwell Publishing.

马琳娜勒达（Marinaleda）

西班牙，马琳娜勒达，1989—

www.marinaleda.com

马琳娜勒达是西班牙塞维利亚省的一个小镇，拥有2700人口，自1989年起该镇开始运作一个农垦合作社（Cooperative）[(p.130)]项目。该镇成为一个没有土地的工人们共同奋斗的核心地区。该合作社由市长胡安·曼纽尔·桑切斯·高迪罗（Juan Manuel Sánchez Gordillo）指导，他于1979年被选举成为联合工人合作社的代表。直到20世纪80年代，该地区大多数的土地都由贵族农场主所有，并以工业化的方式进行大规模的橄榄和棉花种植。在20世纪70年代里，该地区经历了非常高的失业率，当时在马琳娜勒达达到了75%。在这一地区，大多数的工作机会是在农场上，但这种工作只需要季节性按天计酬的劳动力，这种工作的不确定性导致很多家庭离开此地寻找更好的工作机会。在马琳娜勒达，这种情况随着高迪罗当选市长，并继而建立起市政机构同当地农产业联盟之间的联合体相应解决。他们一起通过一系列直接行动（direct actions）[(p.140)]并发起运动为农垦合作社争取土地，这些行动包括占用土地以及举行罢工。长达11年的运动最终以周边私人农场所有者将农田出售给安达卢西亚政府而告终，而该政府最终将土地转交给了城镇。

自从那时起，马琳娜勒达成为一个以合作方式运作的聚居区模板，种植了许多橄榄林，以及一个3000英亩的农场，每年产出大量的多种类的劳动密集型作物，而不会引起企业化农业所带来的生态破坏。该镇还建成了一个合作经营的工厂，在进

马琳娜勒达举行的村民集会。摄影：Sylwia Piechowska

行产品深加工过程中（比如生产橄榄油）提供更多的工作机会。

新的住房一部分是利用政府补贴进行建设，而剩余部分则通过自建完成，自建过程提供了劳动资产抵偿的方式，从而实现了使当地人住房租金低至每月15欧元。那些申请住房的人，如果在其他地方没有房产，就可以获得一块土地，并免费在之上建房，同时建筑师和其他专业人员会提供相应服务。这个小镇也会提供很多种社会服务项目，包括向老年人提供免费的家庭帮助，廉价的护理服务以及多种运动设施，包括游泳池，这些都通过合作式农场和工厂提供资金资助。自从一些特定的服务由集体共同承担，所有的马琳娜勒达人仅仅需要向中心政府缴纳极低的税即可，人们在他们称为“红色星期日”的日子里集体劳动进行垃圾收集以及街道清理。

尽管在马琳娜勒达，市长扮演了非常重要的角色，但该镇依然保持了直接民主管理程序，他们组织村民集会对所有关乎城镇管理事项进行投票，同时还建立起一个参与式预算系统，允许当地居民对议会投资和支出进行干预。在马琳娜勒达，早些年人们为了保卫土地建立农场、工厂以及基础服务而进行奋斗，然而现如今这种村民参与集会的积极性在不断衰减，因为新一代年轻人已经找不到参加的理由了。然而，当西班牙其他地区依然在为近年来的住房和经济危机而挣扎的时候，马琳娜勒达已经蓬勃发展了很长时间。这是一个样本，诠释了遵循集体土地所有的原则下，进行合作式管理和经济运营能够实现怎样的前景。

172

Laboratory of Insurrectionary Imagination（2007）‘A Utopian Detour’, *Les Sentiers de l'Utopie/Paths Through Utopia.*<http : //www.utopias.eu/paths/>[accessed 8 March 2010].

“矩阵”女性主义设计合作社（Matrix Feminist Design Co-operative）

英国，伦敦，1980—1995

“矩阵”女性主义设计合作社1980年成立，是一个建筑设计实践公司，同时也是一个读书团体，产生于女性主义设计团体，而该团体本身又是新建筑运动女性团体的一个分支。她们曾是英国最早公开在工作和设计过程中，以及所承揽项目里宣扬女性主义立场的建筑团体之一。该设计公司以一种工人合作社（co-perative）[p.130]的方式运作，具有非等级化的管理结构，并以合作方式开展工作。她们致力于探索围绕妇女和建筑环境之间关系的相关问题，但同时也关注女性同建筑职业以及建筑使用获取之间关系等方面问题。这一团体成立后组织的第一项活动就是出版了书籍《创造空间：女性同男性制造的环境》。在书中，她们探讨了建筑环境设计中的社会-政治传统，并专门研究了基于女性主义的理论和相关批判观点在城市设计中的应用，例如将家务工作同样也视为劳动力形式中的一种。在书中，她们提出了一项她们工作的基础性指导原则，这就是“因为在社会中是通过一种不同的方式被教育成人的，因而她们对于建筑环境具有不同的体验和需求”。

矩阵组织在两个主要的领域展开工作，公共资助的社会性项目设计以及技术

矩阵：一张描述"矩阵"团队工作的传单，用于客户组织。图片来源：Julia Dwyer

建议。从20世纪70年代晚期直到80年代初期这段时间里，政府基金都会以技术协助的方式提供给志愿者组织，从而被用于对与建筑环境相关的设计和其他技术问题提供建议。矩阵组织积极参与到这一过程之中，并以社区技术援助中心（Community Technical Aid Centre）(p.128)的方式进行运作。这一工作最终为一些社区组织策划发行了大量的出版物，例如"一个设计建筑的工作"就是他们所关注的一个社区组织，他们致力于促进使妇女融入到建造工业行业之中。这其中，矩阵组织扮演了空间自组体的角色，通过为妇女团体以及个人提供建议，使她们能够掌控所处的环境。这些工作都可以通过小型会议的形式开展，从而确定资助资金的来源，或者进行更大范围的可行性研究。

作为一个建筑实践单位，矩阵组织发展出一套参与性设计方法，强调建筑师的工作方式需要进行调整，从而使设计过程对于客户和使用者来说更易理解并易于融入其中。例如，她们尝试将传统绘图方式和模型使用方式进行调整，以往的建筑模型常常当作玩偶之家一样在使用。她们的出版物也出自于这些工作，例如《儿童保育建筑》一书，就是一项咨询工作的总结。这里矩阵组织的工作再一次是在尝试通过精心的选择研究并设计那些被男性主导的行业所忽视的空间类型，从而增强妇女的力量。这其中就比如妇女中心和护理所，同时她们还通过开发一些能够使妇女参与到设计进程之中的工具来实现女性力量的提升。

Matrix（1984）*Making Space*：*Women and the Man Made Environment*，London：Pluto Press.

梅里玛设计（Merrima Design）

澳大利亚，悉尼，布里斯班与考弗斯港，1995—

www.communitybuilders.nsw.gov.au/building_stronger/inclusive/merrima.html

梅里玛设计成立于1995年，当时是作为澳大利亚悉尼的政府公共事务部门中的梅里玛原住民设计单位。该事务所创始人为建筑师迪伦·康布梅里（Dillon Kombumerri），之后建筑师凯文·奥布莱恩（Kevin O' brien）以及室内设计师埃里森·佩奇（Alison Page）也加入该事务所。在起初，梅里玛的目标是在澳大利亚广大的荒野地区进行公共建筑设计，满足那些土著居民的需求和渴望。自2000年起，三位设计师分头工作，但是共同成立了一个原住民建筑师协会——梅里玛设计，"致力于通过建筑环境下的文化传播争取自我决定权"。康布梅里留在了悉尼的原住民设计单位里，而奥布莱恩和佩奇则分头在布里斯班和考弗斯港进行实践活动。

他们的早期阶段主要旨在解决原住民对于建筑的需求问题，着眼于设计公共性建筑，并在这些公共建筑的形式语言设计中加入文化参照以及象征特性。但是后来自从很多不同的土著社区共同参与到一个项目之后，这种方式被证明存在一定问题，因为无法决定哪一个社区的标志和符号被优先使用。由于土著部落里对于先祖的描述是与决定部落首领直接相关的，这也意味着一个部落可以通过在一个地方、一件物品或者一栋建筑上标识他们的符号来宣誓该他们对这个物品的所有权，因此在这种情况下，上述问题就变得尤为显著。最终，在梅里玛近期的作品里采用了一种不同的做法，将原住民生活的环境作为核心对象进行考虑，以此方式实现促使原住民融入现代社会。通过与那些参与的部族进行不断对话，他们创造出一种尊重原住民文化习俗的建筑形式，这种建筑极端重视场所的价值，并针对居民的文化需求营造空间。事实上设计单位中的所有员工都是土生土长的居民，这也使得梅里玛对于所涉及的社会和文化问题都具有很深的理解。

173

梅里玛所采用的另一种策略就是利用他们的项目为原著居民提供工作岗位，或者是培训机会。在维尔卡尼亚（Wilcannia）健康服务项目中，他们为手工匠人和劳动者建立起一套培训计划，向他们传授烘焙泥砖的技艺。在另一个吉拉瓦创新工作中心项目中，他们在同牢房犯人间组织起一次房屋设计竞赛。在所有这些项目中，梅里玛的工作就是寻找一种为那些在各种政治形态中被排斥在外的人群赋予力量的方法，而这种方法就是通过创造一个能够应对这些人群的社会和文化需求的设计过程，并将建筑作为一种提供自我帮助和学习的工具。

O' Brien，K.J.（2006）'Aboriginality and architecture : Built projects by Merrima and unbuilt project on Mer'，unpublished thesis，University of Queensland.

麦斯大厅（Mess Hall）

美国，芝加哥，2003—

www.messhall.org

麦斯大厅是位于芝加哥的一个实验性文化中心，作为一个临时性项目创立于2003年。它既是各种展览、论坛、电影放映、工作营、音乐会、活动以及集会的组织者，同时也为激进政治、视觉艺术、应用性生态设计以及创新性的城市规划提供探讨的场所。该中心运营了一个商店，一个由土地所有者捐赠的无租金土地，而当前所进行的一些项目就是依靠这些产业得以开展。这一空间使得麦斯大厅成为当地社区的一个完全免费的资源，这也是他们创立之初的一个基本原则。他们并没有常规性的开放时间表，但是会专门针对活动日程安排进行开放，相应的日程安排以及邮件列表都被在网上公布。这就意味着为了能够参加麦斯大厅举办的活动，当地居民以及游客需要自己了解活动信息，而不能直接撞上门来。近期，该团体共有八位“管理人”，他们拥有进入空间的钥匙，同时他们也负责该空间每日的运营以及活动、展览的组织工作。他们的付出都是不计报酬的，尽管他们曾经获得过一些资金支持，但是该中心大多数时间都是依靠成员的热情与慷慨得以支持。

近年来，麦斯大厅团体组织了大量的活动，包括：缝纫工作营，人们可以学习如何自己制作服装从而鼓励回收利用、创新并对纺织品进行再利用；对垃圾流分类的活动，该活动旨在对废弃材料进行回收和再利用；一个以废弃的新自由主义城市为主题的图书发行会：自 2000—2005 年以来的芝加哥自发文化项目；一个和名为“无限可能的小东西”机构共同主办的活动，该活动倡导一种参与性、创新性的研究，研究如何对那些由非公共事物占据了的公共空间进行临时性的转变；一个关于“让我们再造世界，充满感染力和乐观精神的图书馆”的报告；以及一系列关于转变工作本身性质的讨论。

麦斯大厅的一次“免费”舱体活动（2008）。摄影：Samuel Barnett

麦斯大厅图书馆（2008）。摄影：Justin Goh

通过这一系列多样化的活动设置，麦斯大厅组织承担了空间自组体的角色，一方面他们提供活动空间，另一方面提供一种支持性结构，促使在商业化空间（如咖啡店和商店）之外产生本地化的互动和交流，或者是使画廊和图书馆空间变得更具社会福利性质。虽然如此，麦斯大厅团体依然保持了一个展览空间，并围绕“管理人”的兴趣组织活动。

174

Hall，M. and R. Hollon（2007）‘Surveilling Crime Control’，*Area Chicago：Art/Research/Education/Activism*. Available. Online HTTP：<http：//www.areachicago.org/p/issues/issue-4/surveilling-crime-control/>（accessed 31 Dec 2009）.

生活的其他方面
（Morar de Outras Maneiras）

巴西，贝洛哈里桑塔，2004—

www.mom.arq.ufmg.br

“生活的其他方面”（MOM- 以新的方式生活）是一个以巴西贝洛哈里桑塔的米纳斯吉拉斯联邦大学建筑学院为主体的研究组织。他们的工作主要关注日常性的空间，例如居住或者简单的公共设施。MOM 尝试为他人赋予更大的力量，并将建筑视为一种开放性的流程，始于设计但最终导向建造和使用。这项工作中并不会建造房屋，而是建造一些他们称之为“工具”或者“界面”的东西，这些东西被设计成能够帮助涉足建筑流程中的个体实现他们自己的空间。

空间性界面，被一些在空地上的人群用于创造一个临时性空间，观赏城市的美景。摄影：MOM

在这一过程中的实践和研究都是相互影响关联的；任何一环都与其他环节相依而存。他们同那些居住在非正式聚落中的人们一同合作，帮助他们建造自己的家园，这样的活动常常是在围绕该问题组织的研讨会和工作坊中进行的。建筑师作为这一过程中的一个关键要素，发挥了促进者和媒介人的作用，他们知道在何处施加影响，同何人进行合作，并且知道何时应当让步而何时又该积极争取。这种方式在他们在贝洛哈里桑塔的非正式聚居区中与自建者共同工作时就显得尤其明显。通过他们的研究，他们确认在可使用的建筑材料类型和自建者所能使用的建造技术之间存在着不匹配性：建筑产品被设计成需要在大尺度上使用专门性的昂贵设备才能进行建造，而自建者自己却不能够建造。于是 MOM 将其实践定位为解决这种不匹配性，承担起一个媒介者的角色，为那些很少从事这项工作但对此非常急需的自建者们提供完成房屋建造所需的知识。由于没有什么自建房者会主动向建筑师寻求帮助，因此 MOM 需要采取更为主动的姿态。在这一过程中，自组体在他们走出去提供帮助同时便已产生，促使一些目标得以实现，并对其进行研究，针对建筑产品与他们所提供的实践建议之间的关联进行评价和质疑。

175

MOM 的参与工作因而具有了政治性与伦理性层面的意义：他们通过审议和协商从而施加影响，并进而影响了整个进程。这并非仅仅关于解决具体问题，而是提出问题，这样所有在一个进程中有关的影响因素都能够施加他们各自的影响，从而批判性的认知他们所生存的建筑环境，并对其进行转变。

MOM（2008）‘Architecture as Critical Exercise：Little Pointers Towards Alternative Practices’，*field*：2（1）：7–29.

马福建筑 / 艺术团体
（muf architecture/art）

英国，伦敦，1994—

www.muf.co.uk

马福团体于 1994 年成立于伦敦，在官方宣传中他们将自己描述为“一个艺术与建筑方向的合作性实践公司，致力于公共领域方面项目”。该组织的创始成员丽莎·菲奥尔（Liza Fior）、凯瑟琳·克拉克（Katherine Clarke）和朱丽叶特·比德古德（Juliet Bidgood）都曾被视为主流从业者，然而这个组织在创立时的目标大胆而明确，对于这些主创人员来说，这是他们的另一种尝试。作为创建马福时最明确定义的一项原则，丽莎·菲奥尔经常会提及“将感兴趣的妇女们都聚集到一起。”女性主义并没有被公开宣扬，然而在她们作品的底层经常会明确体现女性主义的宗旨，尤其是在其“合作性实践”这一信条上，其释放出强烈坚持“共知性”原则的信号，同时其实践所处的公共领域环境也显示出她们将房屋作为一个实体以外更多的社会（空间）野心。

马福的作品包括城市设计、建筑和策略性文件，这其中规划过程保持了开放性，允许其他人对其发表看法；事实上这些实践项目本身就完全是建立在广泛社会群体的意见之上的。通过在公众与私人之间、团体与个人之间提供咨询，会显现出各方利益与立场，而空间设置与材料方案都被看作是各方利益之间的协商手段；通常情况下，马福建议提供一个行动的框架而不是决定具体的工作结果。利用直觉、渴望与争论引导决策；方法产生自实干，并最终在成果中得到反馈。非强加性的这一理念可以概括她们的所有工作，同时她们还在过程与产出间不断保持着审慎和对话的方式，以及对默认的观念保持着怀疑的态度。

这种方式使得马福能够支持那些边缘化的对空间的需求，同时她们经常更倾向于支持很多个小规模的、温和的方案，而不会去选择支配性的解决方法。她们一直强调每一个案例中的特殊性，并且具有开放性的思维，倡导尽量忽略建筑师们传统的研究方法，这也意味着一个项目事实上取决于各种机缘巧合。在她们的项目中，建筑师们的实践活动由以前信誓旦旦获取全部的控制权，转变为更为反射性的凭借直观来判断的方式。在很多情况下，马福建议她们的客户不要进行建造。保持一种伦理性的姿态或许会让她们在短期丧失一些工作，但是从长期角度来看，这为其带来了长期牢固的合作关系，从而获

位于巴金（Barking）镇广场上的旧式英国装饰性建筑。摄影：muf

176

公鸡与羽翼，利物浦。摄影：muf

得更多的工作。近年来，马福在大尺度更新计划中采取合作的方式，在其中一方面需要同商业开发者合作，同时又要保持工作方式的真实性，在两难之中她们开拓出一条艰难的道路。在这种过程中，马福巧妙的颠覆性创举以及极强的说服能力，使得她们能够劝导投资商和市政机构在获取的同时提供出更多的东西。

Muf（2001）*This Is What We Do*：*A Muf Manual*，London：Ellipsis.

新炼金术研究中心
（New Alchemy Institute）

美国，科德角，1969—1991

www.vsb.dape.com/~nature/greencenter

新炼金术研究中心是一个由约翰·托德（John Todd），南锡·杰克·托德（Nancy Jack Todd）与威廉姆·麦克拉尼（William Mclarney）于1969年成立的研究中心。该中心的成立起因于对于现代工业化农业生产方式的批判，研究寻找一种可替代的能量集约化的、整合式的生命系统，从而与这个星球和谐共生。他们的目标是创造一种自给自足式的，区域化的自治性的社区，不需要依赖化石燃料运行。由于约翰·托德和威廉姆·麦克拉尼都是海洋生态学家，他们的工作从湿地生态学中获得灵感，创造出一种微环境，他们将其成为“生命机器”。

177

他们在农业方向上的研究专注于高强度有机农业技术以及不依赖于机械的种植类型。“水产养殖”是一种鱼类养殖模式，该模式能够在小尺度范围内，如在人们的花园和后院里进行。“生态大棚”本质上则是一种大型的温室，创造出具有池塘和耕地，农产品全年都可生长的人工环境，从而能够适合作物生产。这种尝试从最一开始条件简陋，仅仅具有一个覆盖了塑料穹顶的生态大棚，以及一个小型可充气式的水池，慢慢发展成了一个高度成熟并且专业化的环境，并容纳下一个生产性的生态系统。这其中很多项目都已实现，包括1974年建于加拿大，由加拿大政府资助的“爱德华王子岛方舟”（PEI Ark）。该地点也成为对多项“生命机器”原则进行测试研究的基地。

很多项研究成果都在新炼金术研究中心的期刊上得以发表，提供了细节指导以及工作手册，并期待其他人能够再现他们的实验。这项工作具有很强的前瞻性视野，它尝试改变我们生存的方式并将人类再次同生态系统紧密联系起来，而不是局限于解决那种非可持续性生活方式的问题。新炼金术研究中心于1991年关闭，但是他们所取得的成果仍然可以通过坐落于科德角的绿色中心获得。约翰和南锡·托德之后成立了海洋方舟国际组织，依然继续着相似的工作。

很多由新炼金术研究中心发展出来的概念想法现如今都可以被视为生态设计实践的标准，例如堆肥处理厕所，利用植物进行水体净化，太阳能收集装置，以及利用堆肥过程产生的热量对温室进行供暖的堆肥式温室（几世纪前法国就在利用马粪腐熟散发的热量对园艺种植的玻璃房进行保温，这种技术是对这种古老的方法进行现代版改良）。新炼金术机在这些自给自足、自组织（self-organising）（p.197）行为背后的观念中融合了一种政治性的无政府主义情结，并带有环境保护主义色彩，反对城市生活，并认为人类的栖居应给地球带来最小的影响。在这种激进观念中体现了空间

科德角方舟（Cape Cod Ark）。图片来源：John Todd（左）
茨威格水池，在太阳能养殖池中的水培技术，科德角方舟。图片来源：John Todd（右）

自组织的思想，但是更重要的则是他们进行了时间性研究，使得另一种生存方式成为可能。他们所进行的工作与当今的氛围更具关联性，现在世界再一次聚焦生态敏感性设计方式。

Todd, N. J.（1977）*The Book of the New Alchemists*, New York：Dutton.

新建筑运动
（New Architecture Movement）

英国，伦敦，1975—1980

新建筑运动（NAM）发起于1975年，在一次由建筑师革新理事会（Architects' Revolutionary Council）（p.97）这样一个联系更为紧密的机构组织的会议上成立。NAM也保持了一种与普通建筑师明确相左的立场：他们对传统专业主义观念，在职业领域中内化的结构，尤其是对现行聘任系统中建筑设计师很少与它的使用者进行联系这种现状提出批判。NAM也号召成立建筑师工会，并宣称皇家建筑师学会（RIBA）并没有代表在私营机构中工作的大多数建筑师的利益，当时一直（现在也依然如此）被私营公司中的高层所主导，而不是由这些公司的雇员主导。

关于这些方面的讨论大部分都在《场记板》（SLATE）这本NAM的时事通讯杂志中发表，该杂志于1976—1980年间出版，所发表文章主要针对当地机构性住房、教育、建设项目中的妇女问题、建筑师学会开办的学校，以及“建筑中重要的事情”等问题进行讨论。《场记板》杂志主张建筑不能与其政治内涵和社会责任相脱离，同

178

时该杂志还指出皇家建筑师学会所推崇的那些建筑，已然成为一些建筑师的借口，让他们对于那些与其作品息息相关的人们可以毫不负责任。

《场记板》杂志于1980年停止出版，同时NAM也转向其他领域，包括“建设项目中的妇女问题”，该组织曾是NAM委员会中的一个工作组，同时也是矩阵合作社（Matrix）(p.171)成立的契机。该组织是最早在英国明确进行女性主义建筑实践的团体之一。然而，到了20世纪80年代中期，这些团体大多数原动力渐渐消散殆尽，并逐渐销声匿迹。其中一个可能的原因就是随着撒切尔时代的过去而走向终结。NAM对于行业标准无可辩驳的批判无论在过去还是现在都是同样切合的，而《场记板》杂志中的尖酸、激进、诙谐且认真的评论，为当今留下了一笔灵感的财富。

New Architecture Movement（1976—1980）*Slate*：*the newsletter of NAM*，London：NAM.

康斯坦特·纽文惠（Nieuwenhuys，Constant）

1920—2005

康斯坦特·纽文惠是一位荷兰艺术家，同时也是国际情境主义组织的创始成员，该组织成立于1957年。他也因其乌托邦项目——新巴比伦——而声名在外，该项目始于1956年，他投身于该项目将近20年时间。康斯坦特也是延续自盖伊·狄博德（Guy Debord 1931—1994）的情境主义者组织背后的一名理论驱动者，然而由于他两个角色之间的差异过大，最终导致康斯坦特在1960年离开了该组织。

情景主义者组织是一个彻头彻尾的政治性团体，他们对资本主义社会带来的社会疏离进行了批判，也因此对当代文化产生了持续性的影响。他们将现代社会视为一系列奇观，是在时间上分离的瞬间，其中缺乏在生产过程的积极参与以及对活生生的现实的体验。康斯坦特与狄博德二人

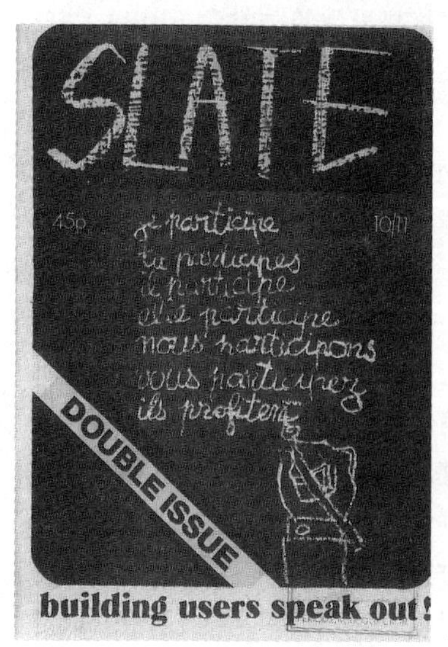

场记板杂志第9期封面（左）
“为什么工作？”《场记板》杂志中的漫画（右）

之间的分歧主要集中在前者所具有的结构主义倾向；通过他对"统一性城市主义"的探索，康斯坦特不仅仅关注城市大环境以及对于情境主义城市的社会反应，还包括实实在在的城市产物，比如建筑空间。新巴比伦这个项目如今被认为是情景主义者在城市领域进行的一次典型表达。

新巴比伦项目围绕"取消工作"这一概念进行设计，这是一个建立在总体自组性以及土地集体所有制基础上的城市。由于不再需要进行繁重的工作，居民可以同新巴比伦一起随意迁移，这一想法受到了吉卜赛营地概念的启发，并设计成能够促进这种游牧生活方式的形式。这种城市被划分为一系列相互连接的单元，并通过一种集中式服务和运输网络进行运作。通过大量的模型、图纸和场景拼贴画，康斯坦特探索了各种不同的单元，这些单元借助支柱漂浮于地表之上，利用桥和通道连通；机动交通在这些连接上方或下方流动，而居民则通过步行方式在各个单元之间穿行。尽管这种城市的实际形象和运行方式都只能通过表现图和设计模型的方式进行探讨，但是建筑本身则被构想成一种社会关系，在其中康斯坦特详细阐述了对资产阶级、功利主义社会的批判。从康斯坦特对于这种城市的细节进行讨论和呈现出来的深度可以看出他并没有将这种尝试仅仅当做一种辩论性的设想，而是确实认为它是未来城市一种非常切实可行的发展方向。

新巴比伦关注于社会空间结构，并从每个城市公民可控的城市方面着手研究，从而使他们能够在给定的基础设施条件下建构起新的氛围和情景。这是一种能够易于适应和改变的动态环境，允许居民通过游玩和互动发挥他们的创造力。整个新巴比伦计划都建立在于一种技术梦想之上，但是现在被普遍认为不可能被实现的。但是追踪者 / 游牧观察家（Stalker/Osservatorio Nomade）（p.200）的弗朗西斯科·卡雷利（Francesco Careri）则认为，或许需要换一种想法来看待新巴比伦，其实他已经在当代城市中空地区域和狭缝区域被实现了。

179

Wigley, M.（1998）*Constant's New Babylon：The Hyper-architecture of Desire*, Rotterdam：010 Publishers & Witte de With.

诺伊罗 – 沃尔夫建筑师事务所（Noero Wolff Architects）

南非，开普敦，1985—

www.noerowolff.com

诺伊罗 – 沃尔夫建筑事务所最早于 1985 年组建于约翰内斯堡，当时名为乔·诺伊罗建筑师事务所，后于 1998 年随着海恩里希·沃尔夫（Heinrich Wolff）的加入更名为诺伊罗 – 沃尔夫建筑师事务所，目前该事务所总部设在开普敦。他们的工作一直在反映一个信条——能使当地居民参与其中的草根性项目具有能够改变生活的能力。在 20 世纪 80 年代早期，诺伊罗曾作为非洲民族议会（ANC）的长期成员以及反种族隔离激进主义者，并在约翰内斯堡附近的索韦托及其他一些乡镇开展工作，并被德斯蒙德·图图（Desmond Tutu）大主教任命为教区建筑师。在同黑人社区激进主义者并肩工作的过程中，诺伊罗参与到对当地居民进行培训的活动中，训练他们使用廉价并且现成的材料建造他们自己的住房。从那时起，诺伊罗 – 沃尔夫建筑事

开普敦，度侬镇的因客温克维基中学。图片来源：诺伊罗－沃尔夫建筑事务所

务所所建造的项目涉及各种建筑类型，同时他们一直坚持自己的原则，不为持有与他们不同政见的客户设计。

他们在乡镇里的项目一般都力求拓展所接受委托的职权范围，他们常提到在那里建造房屋的机会太少了，以至于每一个项目都必须同时处理很多事情。他们也会尽可能让当地居民参与到设计过程中。因而在位于伊丽莎白港口的红地抗争博物馆这个他们最富挑战性同时也是最成功的项目中，诺伊罗－沃尔夫在当地成立起一个顾问团体来监督整个项目，该团体最终演变成为一个口述历史项目。他们设想该项目将成为一种新的博物馆，为那些在历史上被禁止参观这类文化设施的人群服务，这个博物馆坐落于一个棚户居民区中，该地区曾因发生过抵抗运动而名声在外。在设计项目是，他们没有遵从博物馆建筑的类型语汇，而是借用了一些工厂、场所建筑所使用的视觉语言，从而在反对种族隔离制度抗争运动中扮演了一个组织性中心的角色。在诺伊罗－沃尔夫的实践中，建筑即被作为一种反抗形式，之后又被作为一种能够带来变革的实践措施，在那些曾将建筑和城市设计作为压制工具的区域环境中，带去变革的力量和提供未来的希望。

Noero，J.（2003）‘Architecture and Memory’，in Krause，L. and Petro，P.（eds）*Global Cities：Cinema，Architecture，and Urbanism in a Digital Age*，Piscataway，NJ：Rutgers University Press.

当代建筑师联盟（Ob’edineniye Sovremennikh Arkhitektorov）

俄罗斯，莫斯科，1925—1930

当代建筑师联盟（OSA-Union of Contemporary Architects）1925年成立于莫斯科，创始人为莫伊塞·金兹伯格（Moisei Ginzburg）、雷奥尼·维克特（Leonid Victor）和亚历克山德·维斯宁（Aleksandr Vesnin）。从创始之初起，OSA就坚决主张建筑技术是定义社会问题、构建新生活和居住方式时的核心要素，并尝试以这种观点改变建筑师们的惯常做法。通过运用建筑学知识和专业技能，OSA的成员将

180

莫斯科，纳科芬建筑。
摄影：Florian Kossak

理论联系实际这一概念向前推进了，同时改变了将建筑师视为一种“房屋建造组织者”的传统观念。他们在新型社会建筑类型学研究上付出了大量的努力，提出了“社会冷凝器”这一为人所熟知的概念，而这一概念也贯穿于该团体理论以及实践性工作中。

1926年，OSA创办了《当代建筑》(Sovremennaya arkhitektura)杂志，并以此为工具推动他们看待设计方法、理论与操作方面的问题以及苏联社会、经济和民族状况等问题的观念的发展。在杂志第一期中，金兹伯格探讨了想法的发展如何在“功能性方法”中发挥作用，而在这些“功能性方法”中无论在“数据还是在决策层面”，过程都“应该公开并接受监督”，并因此“对公众负责”。金兹伯格将当代建筑的目标看作是提供一种场所，在其中“消费者”可以做出某种具体的贡献，而建造则是一种集体性行为，具有很强的可参与性，同时无论是公众还是专家都能够做出特定的贡献。更为明确的是，他将建筑师这一角色所发挥的作用描述为将不同地位职位的人进行相互融合，使其各司其职，但不应突显自身而埋没他们。

在当时的时代背景下，设计一般都由建筑师或开发商所支配掌控，金兹伯格提出的方法显得十分的激进；他将建筑理解为某种为使用者而作而同时与使用者共同完成的事物。在他的理论里，建筑被描述为一种具有社会敏感性、明确目的性但是所出产产品是一种持续性过程的学科。

Khan-Magomedov, S.O. (1987) *Pioneers of Soviet Architec ture: The Search for New Solutions in the 1920s and 1930s*; trans. Alexander Lieven, London: Thames and Hudson.

维克多·帕勃内克 (Papanek, Victor)

181

1927—1999

维克多·帕勃内克是一位设计师兼教育家，致力于推动对社会和环境负责的伦理设计。他的理念着眼于设计和建筑领域，来源于其本人的工业设计实践经验，又受到他在人类学领域兴趣的影响。帕勃内克用很长时间对纳瓦霍人、因纽特人和巴厘人社群进行研究，并同他们共同生活，在此期间他探究了不同社群与其所使用工具之间的关系。他警告发达社会，称其产品设计并不实用，也不符合美学的标准。

帕勃内克还是一位直言不讳的批评家，他谴责对环境造成大规模破坏的跨国大公司和消费文化，并呼吁对工业设计实践和施工中的环境问题给予更多关注。他出版了很多影响颇深的相关著作，包括《为真实世界而设计》（1971）和《绿色律令》（1995），这两部著作都表达了设计应以用户为中心，设计师应有道德责任的观点。

182

Papanek，V.（1985）*Design for the Real World：Human Ecology and Social Change*，2nd edn，Chicago：Academy Chicago Publishers.

公园构想（Park Fiction）

德国，汉堡，1994—2005

www.parkfiction.org

公园构想项目始于1994年，发起于一场居民协会反对德国汉堡港区某用地开发的运动，即港边协会（Hafenrandverein）。项目阻止了开发商在这块颇为著名的地块上建设住宅办公开发项目，代以另一个计划和设计——协会草拟了一个公园计划，并设法将其付诸实践。尽管公园构想是一个集体参与式的筹划方案，但依然由数位核心人物领导全局，他们与地方官员谈判并组织整个运动，这些人包括艺术家克里斯托弗·谢弗（Christoph Schäfer）、电影制片人玛格丽特·岑基（Margit Czenki），以及后来受雇于市政府，与居民联络的艾伦·施迈瑟（Ellen Schmeisser）。

该项目位于汉堡圣保利区，这一地区在一段历史时期里并不赞同在20世纪80年代非常著名的“霸屋运动”。在被地方当局和西德较发达地区长期忽视的背景下，该地区的行动主义者倾向于摒弃私人开发形式，转而追求公共设施建设。公园构想项目就高度贯彻了这份诉求。尽管在无比漫长的工作进程中，项目提炼出了一些能够适用别处的方法，但是该项目依然是难以在其他地方重现的。项目得出的最成功的策略经验就是，不能只是争取公共空间，而是要把公共空间作为既存事实来行动：组织者在该基地举办了一系列的公共活动，包括讲座、展览、露天放映和音乐会等。领导人谢弗指出，正是居民和游客对“公园”的不断利用使它成为“社会现实”。

该项目的启动资金来自于城市文化部门下属的“公共空间艺术”计划。项目在最初阶段就形成了“愿望集体生产”（collective production of desires）的理念。公园构想项目运用一系列特殊方法使规划过程对人们来说触手可及，例如在公园中举办临时活动等。同时，他们还在公园中设置了“规划收集器”，它可以在街区间移动收集居民的意愿。制片人玛格丽特·岑基拍摄了电影《愿望将从屋内来到街上》，还推出了一款关于规划过程的游戏，让官僚机构的工作透明化。公园构想项目还提出了其他策略，例如在国际艺术和音乐展进行展出，包括德国卡塞尔文件展（“计划收集器”被采用），以及参加圣保利区的一个邀请此类项目组分享经验的活动。这些参展活动使得公园构想广为人知，以致

公园构想的活动
摄影：Olaf Sobczak

最后当局很难阻止提案，公园最终于 2005 年建成。

Schäfer，C.（2004）'The City is Unwritten：Urban Experiences and Thoughts Seen Through Park Fiction'，in Bloom，B. and Bromberg，A.（eds）*Belltown Paradise*/ Making *their own Plans*，Chicago：White Walls Inc.，pp.38–51.

参与运动（Participation）

20 世纪 70 年代，现代主义运动颓势渐显，建筑师们纷纷寻求纠正建筑与其使用者间的失衡关系的方法。他们开发了各式手法来使未来的使用者们参与设计进程，比如设立工作室、协商会以及街道办等。此外，自建房也是一种选择：它不仅可以令使用者参与住宅的设计过程，还能让他们参与施工过程，最终就能提供更为灵活可变的布局以满足用户的需求。自建房让建筑师和使用者目标一致，在某种程度上也使得设计师能投入创意，而非仅仅扮演技术协助者的角色。

卢西安·克罗尔（Lucien Kroll）是 20 世纪 70 年代"参与运动"的先锋人士之一，他是一位以卢万大学（1970—1976）医疗部学生宿舍设计闻名的建筑师。在该项目中，学生们希望他的方案能取代校方提出的单调设计，甚至为此发起了一场运动，并获得成功。他在同学生及其他未来使用者激烈讨论之后，做出了一个实体模型，而随后该模型的不断演变也记录了他的整个设计流程。最终产生的建筑具有碎片化的外观，分裂为数个部分，而每个部分则分别交付给工作室内各个建筑师小组设计。为此克罗尔采用了分割式的建筑整体框架和结构，其间的填充物则采用类似约翰·哈布拉肯（John Habraken）（p.153）的做法，使建筑高度定制化。

医疗部（Maison Medical）的概念成为了一种特定建筑形式的代名词，在其影响下，其他项目也希望纳入参与式技术，其中就包括澳大利亚建筑师埃尔弗里德·胡特（Eilfried Huth）的项目。胡特曾进行过一些与尤娜·弗莱德曼（Yona Friedelman）（p.151）手法类似的空想设计，而在 20 世纪 70 年代，他转向更加实用、现实的建筑风格，致力于提高普通人的物质生活水平。胡特在自助式房屋（包括自建房）领域进行了参与式建筑的实践，并发现居民参与自身房屋的设计建造过程将使形成的社区更为强大团结。同时胡特还认为，只有随着时间的流逝，项目的本质才能逐渐显现。他承担的第一个项目是一个16栋房屋的开发工程，耗时16年，未来的居民们组建了一个委员会，参与包括挑选工人在内的各个设计步骤。

自建房模式不仅是一种参与性建筑的体现方式，还是一种技术教育：例如在包豪斯勒（Bauhäusle）(p.107) 项目中，建筑学学生利用沃尔特·西格尔（Walter Segal）(p.196) 设计的系统，在课程设计中建造自己的宿舍。此后的案例还有在英国通过为人们提供自建房培训来推广项目的社区自建机构（Community Self Build Agency）(p.128)。

183

下文是社区参与性建筑的一个著名案例，该项目与英国的社区技术援助中心(p.128)，即拉尔夫·厄尔斯金（Ralph Erskine）（1914–2005）的社会福利房项目有关。项目位于纽卡斯尔市的泰恩河畔，建于1969—1975年，用于安置河岸造船厂和工厂的工人。厄尔斯金在一个废弃的葬仪接待室中设立了社区办，广开门户，邀请当地居民光临并分享观点：从对恶意破坏管道的看法，到对项目最终设计的意见。此外，厄尔斯金还有一个实验性的计划——珍妮特广场，最终建成于1972年，有47个志愿家庭参与其中。这些志愿家庭的工作也将拜克地区居民的复杂关系和层级结构直接映射到了最终设计上。厄尔斯金接近基层大众的参与式方法要求建筑师的长期奉献，在项目进行期间，建筑师会成为当地街区的一分子。

拜克墙。摄影：Carol McGuigan

亨特·汤普森（Hunt Tompson）是英国另一位引领社区建筑的先锋人物，他的合伙人爱德华·伯德（Edward Burd）在一项运动中扮演重要角色，该运动倡导在设计过程中对租户权利给予更多关注。两人合作的实践发起于1971年，而他们与租客组织的合作则始于1982年伦敦哈克尼区的观草房（Lea View House）改造项目。当时，他们将租客和私人客户一视同仁的做法是相当罕见的，而后来这一做法就成为社会福利房项目的标准。伯德于1999年引退，由此两人的实践活动也改名并转变方向。

奥托卡·尤尔（Ottokar Uhl）认为，参与性建筑就是指设计高度灵活的住宅，使得使用者能够根据需要进行改变。在这种可变房屋理念的指导下，尤尔创造出一种能打破固有建筑师–使用者阶级结构的新建筑。尤尔还与约翰·哈布拉肯（John Habraken）(p.153) 合作研究系统性建造方法，探究能随需求的变化而改进升级的建筑设计方法。为此尤尔开始投入全生命周期建筑的设计，研究其如何适应人口结构和生活方式的转变，他还同塞德里克·普莱斯合作研究建筑的拆毁方式。

梅露希娜·费伊·皮尔斯
（Peirce，Melusina Fay）

1836—1923

梅露希娜·费伊·皮尔斯出生于佛蒙特州伯灵顿，她创造了一种共同完成家务的模式，希望借此将妇女们从每日的家务中解放出来，去追求其他兴趣。她的动力之一来自生活经历——妇女们每日做着苦工，而男人们则认为允许她们做其他事情是种恩赐。另一个动力则来自她的母亲——一位因家务压力英年早逝，没能好好追求梦想的优秀音乐家。因此，皮尔斯针对家庭经济展开了系统性批判。而且，她不仅指责男性懒惰，同时还批判资产阶级女性的“懒惰”。为此她撰写了数期《家务合作》，于1868—1869年间刊载于《大西洋月刊》杂志。

皮尔斯创立的模式中，15—20名妇女结为一个合作社，共同承担一些诸如煮饭、洗衣和缝纫的任务，这些劳动由熟练的妇女承担，她们也因此领取薪水。产品和服务则平价向成员们出售，所有人共享利润。同时，较富裕家庭的妇女（如她本人）作为管理者，而较贫穷的妇女则进行基础工作。虽然皮尔斯的计划保留了完整的阶级划分，但在当时，集合大量不同背景妇女的行为依旧相当极端。该计划废止了家用仆人，还暗示职业妇女也可以加入合作社。但是，尽管这个计划充满实验性，其实质却只是一个女性引领的无阶级社会活动。实际上，她的家务合作理念与当时的工人运动（实现了消费者的合作，例如农民与机械商店合作）十分类似。皮尔斯的贡献则在于她将上述思潮延伸入家庭领域，使妇女受益。

1870年，皮尔斯在波士顿组织家务合作协会，尝试将她的理念付诸实践，但是实验中途夭折，因为丈夫们并不允许妻子随意参加协会。她还计划组织一个公共厨房，同样未能实现，合作购物也未获成效。尽管实验屡屡失败，皮尔斯仍然继续进行理论研究，并以其理念为前提构想房屋设计。随着地价进一步上涨，甚至连中产阶级都开始考虑在公寓居住，而皮尔斯就将其最初方案中，位于分散住宅的公共厨房和洗衣房转移到了公寓中。此前，C·傅立叶（Charles Fourier）（p.150）曾过提出类似先例，他认为巴黎的单元式公寓是个人家庭住宅到共产村庄的一种捷径。皮尔斯在1903年为附集体厨房的合作式公寓建筑申请了专利。她认为妇女是家庭和街区设计的最佳人选，她的先锋工作还为其他对集体家务组织提供了灵感，如拉斯金（Ruskin）聚落、社区餐厅俱乐部和厨房等。

Peirce, M.F.（1884）*Co-operative Housekeeping：How not to do it and How to do it*, Boston：J.R. Osgood and Co.

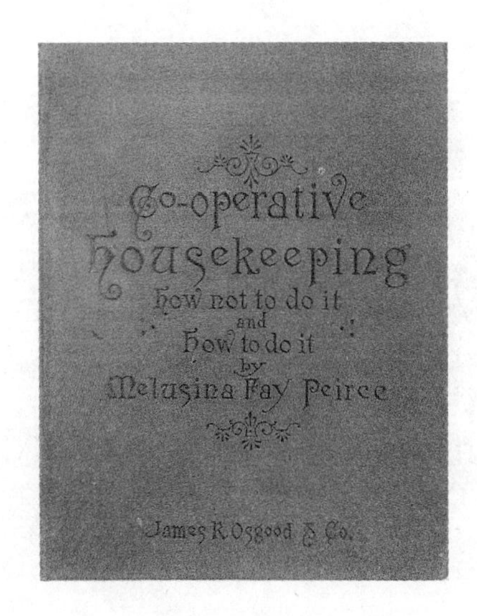

184

慈善住房
(Philanthropic housing)

英国，1800—1900

19 世纪，英国的工业化进程推动城镇高速发展，但同时也造成了住房严重短缺以及公共卫生的严重不足。政府主动反应迟缓，严重的社会不公迫切需要慈善事业的进步。但在维多利亚时代，慈善模式过度依赖宗教和社会道德，只帮助那些被视为值得拯救的人，实际上并无法满足社会中最穷困人群的需要。与之截然不同的是，自助模式尝试将权利赋予穷人，追求发展合作社实践（Co-operative practices）[(p.130)]，寻求友好的社会环境。

救济院始于维多利亚时代前并延续至今，是最早的慈善住房案例之一。第一座救济院于 10 世纪在约克郡建立，为那些支付不起标准价的人提供租房补贴。此后，英国共建立起约 30000 所救济院，然而仅有数百家坚持初衷。时至 19 世纪，救济院为大量人口提供服务，但随着住房标准普遍提升，它们仅为老年人提供服务。现在，救济院多由地方慈善团体管理并审查租客资格。

185

维多利亚时代的慈善住房大多由实业家提供，他们希望自己的工人享受更好的生活条件。罗伯特·欧文于 1800—1829 年间，在苏格兰建造的新拉纳克（New Lanark）村是最早的著名案例。欧文接管了一个纺织厂，并对其进行改造，来展示他心目中的健康合作社区的组织方式。在工作实践中，新拉纳克更加强调鼓励和监管而非惩罚。尽管欧文接管时很多住宅已经建成，但是他又扩大了产权，以便提供更好的卫生环境，并建设了公共设施，例如一所专门学校。除建筑项目外，欧文的社会福利项目也同样重要：他限制了儿童和妇女的劳动，同时他还是英国托儿所设施的先驱，此外他还为老年人设置了庇护所。而新拉纳克商店则成为合作社实践（Co-operative practices）[(p.130)]的先导，它提供了一个公平交易的系统，收益惠及整个社区，比如用来支付教师的薪水。

伦敦的西区出租房(West Hackney House)，如今仍用作救济院。摄影：Nishat Awan

伯明翰附近的邦维尔村（Bournville）是另一个工厂村庄的典范，由贵格会教徒乔治·凯德伯里和理查德·凯德伯里兄弟于1893年建造。他们将工厂从城镇中心区迁移到市郊，以便为员工提供更优质健康的生活条件。凯德伯里兄弟还率先实行了津贴制，并成立了工会，并且为员工提供医疗服务。相似的案例还有实业家威廉·H·利弗（William H.Lever）于1899—1914年间在维拉尔（Wirral）建立的阳光港。该项目的主题是注重休闲娱乐的市郊花园，并配备了现代化住宅、露天游泳池、艺术展览馆、学校、音乐厅和小园地，资金全部来源于工厂的利润。

在维多利亚时代，一些慈善家也会穷人解决住房问题，奥克维亚·希尔（Octavia Hill）（1838-1912）就致力于为穷人提供高品质的出租房。在伦敦，她反对当时认为贫民窟应当被拆除重建的普遍观点，她相信这种改造会驱逐那些真正需要帮助的人。与之相对的是，希尔更倾向于对贫民窟进行翻新和维修，并对其租赁状况和租金加以严格控制。她相信这种做法能在穷人中唤起负责的态度。此外，希尔还培训租客掌握房屋管理事宜。她说服富有的捐助人购买房产[包括1863年，购买了3套住宅的约翰·拉斯金（John Ruskin）]，由她来进行管理和出租。同一时期，乔治·皮巴第（George Peabody）于1862年在伦敦成立了皮巴第慈善基金，用他的私人财产为那些只能支付最低租金的人提供住房，并将至少3%的收入用于改造住宅，使这些密集区的公寓的建筑形式紧随伦敦潮流。

虽然慈善住房存在许多问题，尤其是它并非服务于社会中的最穷困者，但是上文所述的慈善家和慈善项目引领了英国的慈善住房运动，他们开创的新模式还在许多其他国家得到运用。

Owen, D.E.（1964）*English Philanthropy*, 1660—1960, Cambridge, MA：Harvard University Press.

规划师网络（Planners Network）

美国，1975—

www.plannersnetwork.org

规划师网络起源于一个成立于1964年美国民权运动期间的组织——“规划师的平等机会”（Planners for Equal Opportunity），该组织专门关注纽约拒付租金的情况。1975年，为了取代刚解散的“规划师的平等机会”，切斯特·哈特曼（Chester Hartman）成立了规划师网络，通过给激进的规划师们发放简报来共享信息。此后，这种共享信息的方式一直是规划师网络活动的重要组成部分，他们还从2002年开始，发行一本名为《进步的规划》（Progressive Planning）的季刊。现在，该组织由500名左右包括专业人士、学生、学者以及组织活跃地区的积极分子在内的成员组成。组织总部位于纽约州伊萨卡的康奈尔大学，在美国主要城市都设有分支机构，组织在加拿大以规划行动（Planning Action）(p.186) 的名义开展活动，还在英国设有相关机构。

186

起初，组织的首要目标是将志愿服务提供给社会团体、租住客和街区组织，从而服务那些被排除在主流规划过程之外的人，他们特别关注妇女问题，以及种族歧视和隔离所产生的恶果。由于关注点与同

《进步的规划》封面（2009），图片来源：Planners Netuork

样在民权运动和妇女解放运动期间成立的社区设计中心（Community Design Centers）[p.126]有所重复，此后规划师网络的关注点扩展到了同性恋权利、移民以及城市和乡村背景下的新自由经济。组织的很多工作都由地方分支机构进行，这些机构围绕地方问题独立运作，自行动员活动、促进讨论。最近，规划师网络发行了《迷途导引》（Disorientation Guide），提供给那些希望在学习中加入行动主义的学生，同时也为在不反对该组织工作的开放学术环境中学习的人提供帮助和支持。他们还定期举办座谈会，并刻意将其与专业组织举办的座谈会做出区分，以脱离现有框架，聆听所有与建筑环境问题直接相关的人（街区组织、妇女组织、工会成员和工会代表）而非“专业人士们”的声音。

187

Planners Network（quarterly from 1997）*Progressive Planning：The Magazine of Planners Network*，New York：Planners Network Inc.

规划行动（Planning Action）

加拿大，多伦多，2001—

规划行动是一个位于多伦多的非营利组织，成员包括城市规划师、建筑师和活动家。他们是负责协调2000年多伦多规划师网络（Planners Network）[p.185]会议的一群研究生，因不满会议结果而聚集在一起。后来他们创立了规划行动，希望它成为一个解决地方问题的更为激进的组织。组织由若干工作小组构成，每个小组处理一个非常具体的问题，例如为多伦多滨水区提供一个替代方案，或是调查全球性决策对当地规划的影响，或者为地方团体提供规划、设计和辩护服务。他们不仅批判性地挑战现状，还对城市的未来图景做出提案和建议。

规划行动效仿了英国社区技术援助中心（CTACs）[p.128]和其他类似组织，但与这些组织不同的是，规划行动还扮演着压力集团的角色。他们曾经开展过针对2002年多

多伦多大学 [Dis] 与规划师网络进行的校园解说游览（2003）图片来源：Planning Action

公共会议。图片来源：Planning Action

伦多官方规划的反对活动，他们认为官方规划只是在迎合业主和开发商的利益，还批评规划体制缺少参与度。他们运用专业知识对规划委员会进行了干预，还在社区刊物上发表文章，并组织公共会议，打破规划行业的狭窄圈子进行开放讨论。

Hammett，K，（2006）'Voices of Opposition'，*Designer/Builder*，13（2）：11-14.

散地（Plotlands）

英国，英格兰东南部，1870—1939

散地是指在英格兰东南部位于规则地块之外的小片土地。这些土地上有一些19世纪晚期到第二次世界大战期间自建的住房，其中大部分都脱离了传统规划体系。虽然地方议会承认散地的存在，但最终这些散地仍然由于强制购买法令而被新城镇和花园式郊区取代。举例来说，即使埃塞克斯郡的贾维克沙洲（Jaywic Sands）由于地理和经济的边缘性已经发展停滞，同样几乎没有留下旧时社区的痕迹。散地现象在20世纪20—30年代间达到顶峰，之后便被第二次世界大战和其后的规划法规所中断。

散地是一系列特殊环境的产物，是一种奇特的英式现象，这种现象同人们对拥有自己(不论多小的)土地的渴望密不可分。19世纪70年代，英属殖民地的进口增长引起了农业衰退，农场破产，土地被开发商分割成小块廉价出售。边缘区（例如海岸线地区或那些土地不肥沃地区，比如埃塞克斯郡的黏土区）的农民遭受的打击最为严重。而随着度假产业的兴盛，对于想要逃离城市拥挤环境的伦敦人来说，买一小块地盖度假小屋或是置办一小块房产成为一种时髦又经济的选择。

这些自建自营的住房通常不具备供水和卫生等基础市政服务设施，这些设施的配备需要房屋所有者向议会提出申请或者提供资金，而这一点就带来了强烈的社区意识。因为规划法规很宽松，所以散地的建筑形式极具个性，有些由船只或者火车车厢改造而来，有些则是避暑别墅，而且可以使用从废弃红木制品到废弃花园栅栏的任何材料建造房屋。而随着时间的流逝，这些住房的居民被搬迁到新城镇，或是随着散地区域的升级，逐渐成为蔓延郊区的一分子。

188

丹尼斯·哈迪（Dennis Hardy）和科

散地上使用旧演出篷车、方格篱笆和其他废弃物建造的住宅（1971—1972）。摄影：Stefan Szczelkun

林·沃德（Colin Ward）[p.210]在《所有人的乡村乐园》一书中给出了散地的明确定义，同时指出，随着越来越多的规划和建筑法规要求房屋入住前必需建设完备，加之房屋抵押贷款的难度增加，英国的自建房模式即将走向终结。但是由于缺少价格实惠的住房，加之如今人们对自建房（self-building）[p.196]的强烈渴望，散地模式将变得越来越重要。

Hardy，D，and Ward，C.（1984）*Arcadia for All. The Legacy of a Makeshift Landscape*，London：Mansell Publishing.

189

艾克·普拉沃托
（Prawoto，Eko）

艾克·普拉沃托是一位将乡土智慧融入当代设计的印度尼西亚籍建筑师兼教育家，他认为建筑作为一种物理实体的同时也是社会实体。他的设计运用当地资源和回收材料，不仅环保，而且还减少了建筑造价，使得建筑工人的薪资得以最大化。而在偏远乡村地区建设时，他会进行资源调查来确定可用的建材，并与当地工匠和建筑工人合作。

普拉沃托研究了用竹子、麦秆和椰子壳等材料建造抗震房屋的方法，并致力于将这些材料重新带入大众视野。然而在印度尼西亚，人们却更青睐更为现代化的混凝土建筑。在哥伦比亚，西蒙·萨斯和马塞洛·维莱加斯（Simon Vélez and Marcelo Villegas）[p.206]引领了当代竹建构物研究，却也同样遭受冷遇。普拉沃托的尝试与萨斯和维莱加斯有所不同，他的建筑尺度较小，因而对专业建造训练的要求更少，从而更适于自建。2006年的震灾期间，普拉沃托的尝试（重新引入本土建材）成为了及时雨，让当地村民不必苦等政府救济的援助物资，而是能够及时以最低成本建设抗震住宅。

位于芝拉扎市（Cilacap）乌戎阿朗（Ujung alang）的竹结构社区学习中心（2005）。摄影：Eko Prawoto Architecture Workshop

当地的泥泞环境和水土流失的问题需要特殊建造技术解决。摄影：Eko Prawoto Architecture Workshop

作为空间自组体的典范之一，普拉沃托的实践并不仅限于建筑学，而是扩展到了与艺术家合作、展览（包括威尼斯建筑双年展）、教学和辩论等领域。

Gunawan Tjahjono（2010）'Context, Change, and Social Responsibility in the Work of Eko Prawoto', *Journal of Architectural Education*, 63（2）: 147-152.

塞德里克·普莱斯（Price, Cedric）

1934—2003

塞德里克·普莱斯的作品大多数并未得到实际建造，但他对当代建筑学却有着不可忽视的影响。普莱斯在某种程度上怀疑公共机构把建筑当作巩固权利的工具，因而他在自己的图纸、教学过程和文章中质疑建筑学的纯粹性。普莱斯构想了基于时间的建筑法，具体而言，指一系列可变的临时干预手法。普莱斯对英国无休止地增加并保护历史建筑进行了猛烈抨击，并且倡导影响深远的无规划（non-plan）理念，批判专制、过时的规划法规，呼吁将城市规划的控制权交还市民，从而使自组织（self-organised）(p.197) 进程的发生成为可能。

尽管普莱斯拥有包括伦敦动物园鸟舍（1961）在内的数个建成项目[与工程师弗兰克·纽比（Frank Newby）和摄影师劳德·斯诺顿（Lord Snowdon）合作完成]，但真正巩固其声望的却是那些未建成的项目，例如玩乐宫（Fun Palace（1960-1961））和陶思带（Potteries Thinkbelt（1964）等。这两个项目基于战后英国全新的经济和社会环境在方法上进行了创新。普莱斯充分信任新技术，他相信在使用得当的情况下，新技术可以产生民主体系结构。

190

玩乐宫的业主琼·利特伍德（Joan Littlewood）是一名拍摄煽动性电影的导演。他认为剧场应该是一个能让观众对演员感同身受的场所，这一点完美支持了普莱斯检验用户主导的互动环境的理念。他将建筑设想为一个不断变化的学习环境，被设计成用来拆解和重构——显然，后来巴黎的蓬皮杜中心借鉴了这一理念。但是，尽管得到了巴克明斯特·富勒（Buckminster Fuller）等许多人的支持和赞助，项目最终仍然未能实现。

随着制造业走向衰退，陶思带项目试图利用新兴信息经济和知识经济的潜力来

伦敦动物园鸟舍。
摄影：Tatjana Schneider

复苏英国萧条的制造业腹地。这一项目一方面含蓄地批判了大学精英教育系统重文科而轻实用技术教育的做法，另一方面也对当时许多新建大学校园发表意见。普莱斯在这一项目中利用地区废弃的铁路和工业用地，在车厢中建立了一个移动大学。

普莱斯的尝试极为鲜明地体现了建筑师作为空间自组体所扮演的角色。普莱斯创造了“预期建筑”（anticipatory architecture）和“有益改变”（beneficial change）等形式；他的设计既充满机巧智慧又富于挑战性，而且质疑现有体制并与用户合作。

191

Hardingham，S. and Price，C.（2003）*Cedric Price*：*Opera*，Chichester：Wiley-Academy.

“公共事务”实践组（public works）

英国伦敦，1999—

www.publicworksgroup.net

“公共事务”实践组成立于1999年，是一个以伦敦为中心的艺术和建筑实践组织。实践组最初五个创始人如今仍有三位留任：艺术家凯瑟琳·玻姆（Kathrin Bohm）、建筑师多兰芝·洪塞里（Torange Khonsari）和安德雷亚斯·朗（Andreas Lang）；此外，实践组的主要成员还包括2005年加入的艺术家波利·布兰南（Polly Brannan）。“公共事务”在项目中研究让使用者融入公共空间的方式，并制定有关策略来支持城市和农村环境中的社会、文化活动和其他自发活动。他们采取了一些有趣的方式来使当地用户、居民和路人参与其中——往往通过在基地现场举办活动来宣传项目概况。

2006年以来，“公共事务”开展了广受好评的“周五讲习会”活动，该活动广邀实践者和理论家讲述其工作，并参与非正式讨论。此外，他们还在自己的工作室中预留了一个“开放办公桌”，租给相关领域的从业者。“公共事务”的活动追求合作，以及建立并培养非正式网络，这一点在“周五讲习会”和“开放办公桌”中都有所体现。合作是“公共事务”工作的核心：相关团体、专家和专业人员被吸引来，以项目为中心共同工作。

“公共事务”为绝大多数项目开发了自己具有代表性的语汇——草图、分析图以及[与网页设计师多里安·摩尔（Dorian Moore）合作开发的]私人网站。它们直观、细腻地表达了每个项目的进程、参与者及项目之间的相互关系和设计的演变过程。这种表达方式让“公共事务”得以强调各项目中偶得的灵感和非正式交流的重要性，并运用自己的DIY审美迅速清晰地记录这些灵感。这种DIY精神同样体现于实践组对自助出版的偏爱：实践组发行的爱好者杂志（fanzines）(p.90)同步记录了包括“周五讲习会”在内的许多项目的进程。“公共事务”在所有活动中扮演着促进者和东道主的角色，为那些创造共享社会性空间的交流活动提供必要的条件和空间。

园艺产品，伦敦蛇形画廊（2004）。摄影：David Bebber

移动门廊，伦敦（2000—进行中）。摄影：public works

Public Works（2006）*If You Can't Find it, Give us a Ring*，Birmingham：Article Press.

劳姆雷柏（Raumlabor）

德国，柏林，1999—

www.raumlabor-berlin.de

劳姆雷柏是一个德国柏林的建筑师组织。1999年，针对柏林墙倒塌后城市的急速无限制发展，一群建筑师共同建立了劳姆雷柏。他们通过一些有趣的方式来批判主流的建筑生产模式，提倡使用临时构筑物改变城市景观——他们把这种方式称作“都市原型”。劳姆雷柏的实践项目包括充气结构、废品制成的潜水艇，以及一些比较严肃的作品，比如用清理被掩埋河道时产生的碎石堆出一座小山。这些项目不仅批判官方规划，同时也影响和改变着官方的决策，他们为柏林当地一个政府部门创作的科罗拉多规划（Kolorado Plan）项目就是如此。劳姆雷柏还提出了应对城市萎缩的长期策略，包括小规模干预，以及让当地居民参与街区规划等。

劳姆雷柏一词的含义是“空间实验室”。劳姆雷柏的工作介于建筑领域和公共艺术领域之间。他们主要设计公共活动场所、演出场所和剧场。与专业人士合作是劳姆雷柏工作策略的关键部分，对于特定的项目，他们会召集包括工程师、社会学家、当地专家、人种学家和普通市民在内的各方人士共同合作。劳姆雷柏的工作主要针对公共空间，他们认为建筑师的任务并非解决问题，而是突出问题所在。劳姆

位于斯托尔岑哈根（Stolzenhagen）的实验性建筑工作坊，2006。该项目由劳姆雷柏柏林和斯托尔岑哈根分部发起。照片来源：Raumlabor

雷柏在其项目中尝试制造一种交流和协商的空间，人们在这一空间中建立联系，消解冲突。他们认为建筑首先是作为“社会现象”而存在的。劳姆雷柏认为自己承袭了20世纪60年代的乌托邦组织的精神，尤其是尤娜·弗莱德曼（Yona Friedelman）[(p.151)]、巴克明斯特·富勒（Buckminster Fuller）[(p.96)]和豪斯–拉克尔协作组（Haus–Rucker–Co）[(p.155)]的作品。尽管城市触媒（Urban Catalyst）[(p.203)]和Exyzt事务所[(p.145)]亦进行着类似的工作，但是在当代对于实验性、可逆性建筑的实践中，劳姆雷柏仍独占鳌头。

Maier，J. and Rick，M（eds）（2008）*Raumlabor. Acting in Public*，Berlin：Jovis Verlag.

里瓦克（Riwag）

巴勒斯坦，拉马拉，1991—

www.riwaq.org

里瓦克建筑保护中心是一个位于巴勒斯坦拉马拉的非政府组织，该组织由巴勒斯坦建筑师兼作家萨阿德·艾米里（Suad Amiry）成立于1991年。组织的主要工作是处理冲突与占领背景下的文化遗产问题，保护历史建筑及其所在街区，并发展传统建筑技术，推广其应用。里瓦克意识到，在巴勒斯坦文化遗产不断遭到破坏的特殊环境下，保护工作不能仅交给专业人士，而是需要当地居民和组织的参与。在认识到这一点后，里瓦克将其工作延伸到了社区，并增加了教学活动。这些工作使得人们逐渐意识到文化遗产的重要性，同时还有效改善了重要历史街区居民的社会、文化、经济状况。此后，里瓦克便不再将建筑保护等同于阻止建筑改变，而是将这一过程视作发展和复兴的基础，并借此在以色列占领所带来的持久性蓄意威胁下建立巴勒斯坦人的身份认同感。他们的建筑翻修项目旨在创造社会急需的就业机会，并将人们的遗产保护意识转化为实在的财富，而非将遗产保护作为被动的责任。修复完毕的建筑往往会被改造成社区的文化共享空间。

在过去的三年里，该组织还举办了里瓦克双年展，并参与了2009年的第53届威尼斯双年展，以展出和推广其工作成果。他们的“50村庄”（50 Villages）项目旨在通过文化项目、工作坊、重建周边基础设施以及供应重建物资等，将巴勒斯坦的乡村地区纳入一个网络，以克服偏远地理位置导致的孤立无援。迄今为止，里瓦克的工作通过让巴勒斯坦公民积极参与自身生活环境的控制和保护，已经为取得更大范围的影响力奠定了基础。

Soueif，A.（2009）‘Reflect and Resist’. *The Guardian*，[internet] 13 June. Avaliable HTTP：<http：//www.guadian.co.uk/

巴勒斯坦比尔宰特（Birzeit）洛扎那（Rozana）社区的复兴项目。摄影：Riwaq

artanddesign/2009/jun/13/art-theatre> [accessed10 February 2010].

郊野工作室（Rural Studio）

美国，亚拉巴马州，奥本，1993—

www.ruralstudio.com

郊野工作室是隶属于亚拉巴马州奥本大学建筑学院的一个设计/建造工作室，由已故的塞缪尔·莫克比（Samuel Mockbee）于1993年成立。如今，工作室已为黑尔县一些全美乡下最贫穷的社区建造了超过60栋建筑。在工作室成立之前，莫克比曾在他自己的莫克比/科克尔（Mockbee/Coker）建筑事务所进行了长达14年的个人实践，发展了将乡土建筑与现代技术相结合的独特风格。莫克比/科克尔建筑事务所的早期项目之一是为低收入家庭设计三栋"慈善小屋"，然而在得了几个颇具声望的大奖之后，他们就开始接待更为富有的客户，并中止了对慈善小屋的资金援助。事务所不再为了最需要的人而创作，这使得莫克比决定在自己的母校建立一个设计/建造工作室。而在这个教学和建造项目中，莫克比得以将他独特的设计方法和教学过程结合起来，而这一模式至今植根于郊野工作室的工作之中。

在创立早期，郊野工作室在与未来使用者协商后建造了一系列住宅。建造过程中采用了回收利用和社会捐赠的材料：从用块式地毯和纸张砌墙到用汽车车牌贴面，各种材料无所不用。这些建筑是特定环境条件下极低预算的产物，也是对于可持续建筑的一次尝试。由于奥本大学提供的经济支持有限且并不稳定，学生们需要以募捐的形式寻求资金和材料以维持项目进行。二年级学生分为两组建造该住宅，第一组学生花一学期参与建造过程，第二组学生则在学年结束前接替第一组完成项目。而五年级的学生则用一学年的时间来建造体量更大、更为复杂的项目，例如小教堂和社区中心。在莫克比的领导下，郊野工作室跻身最著名和最成功的设计/建造工作室之列，并

阿克隆市 2 号儿童俱乐部的建造过程，亚拉巴马州，阿克隆（2007 毕业设计）照片来源：Rural Studio

激励了其他大学创立类似的工作坊，例如基本计划（BaSic Initiative）、城市建造（URBANbuild）和设计工作室（Design Workshop）等。

2001 年莫克比逝世后，郊野工作室的工作方式在安德鲁·弗里厄（Andrew Freear）的指导下略有改变。工作室开始接受更大、更复杂的建筑项目，以及更多的公共项目。工作室的项目还包括设计一个预算 2 万美元的住宅原型，并随后将这一设计交付当地的建筑施工者，期望以此为人们提供实惠的住房并创造就业。现在，这些项目的成功意味着他们可以获得奥本大学更稳定的资金支持，并收到慈善基金会的捐赠。对于参与其中的学生来说，郊野工作室的影响尤为深远。通过在亚拉巴马州的乡村生活和工作，莫克比、后继的弗里厄以及他们的学生们都将自身融入了当地社区。工作室的项目让这些大多来自中产阶级的学生置身于极度穷困的环境，而这种做法亦被认为是增加人生经验的过程——莫克比称之为“社区中的课堂”。事实上，莫克比的教学方法与 C·摩尔（Charles Moore）在 20 世纪 60 年代发起的耶鲁建筑计划（Yale Building Project）[p.213]十分类似。两者都设法向学生灌输作为建筑师的社会责任感，同时在真实生活环境中向学生传授团队合作的技巧，并培养其使命感。

194

Dean，A. O.（2002）*Rural Studio：Samuel Mockbee and an Architecture of Decency*，New York：Princeton Architectural Press.

无忧宫影院
（Sans Souci Cinema）

南非，索韦托，2002—2009

无忧宫影院项目采取社会运动的形式重建了曾于 1995 年焚毁的无忧宫社区影院，该影院位于克利普镇（Kliptown）索韦托镇区。建筑师林赛·布莱姆纳（Linsday Bremner）和 26’10 South 建筑事务所通过提出问题而非概念的方式入手该项目：“将一片废墟变成影院，最少需要多少资源？”建筑师通过举办活动和创建组织发展“复原影院”的理念，力图塑造一种关于无忧宫的记忆——一种关于过去的空间概念，

在无忧宫影院原址举办的咨询活动。照片来源：Linsday Bremner / 26’ 10 South Architects

这种概念将会使当地社区对未来的共同愿景确定下来。

无忧宫影院起初只是一个铁制牛棚，随后变成舞厅，最后在 1948 年成为电影院。在南非种族隔离时期，该影院作为一个容纳黑人享受城市公共体验的公共空间，影响颇为深远。影院还与政治反抗有着千丝万缕的联系，传说 1976 年的暴动就策划于此。克利普镇的历史溯及 1903 年，由于被排除城市的行政边界之外，加之多种族的人口组成，这一地区产生了独立的精神。该镇作为 1955 年人民大会的举办地而闻名于世：《自由宪章》就颁布于这片尘土飞扬的土地。如今人民大会举办原址已经变成沃尔特·西苏鲁纪念广场（Walter Sisulu Square of Dedication），是一片主要城市空间，周围环绕着大型机构和商业建筑。

在几乎没有可用资金的情况下，无忧宫项目对建筑师提出的挑战不仅在于设计方案，同时也在于寻求支付建造费用的手段——换言之，就是要将设计项目的愿景加以修剪打磨，来适应严苛的资金约束。

195

在不断尝试和改进下，设计团队通过三个思路令重建方案在概念上和实践上尽可能接近原有构想：其一，他们将设计重点放在剧院所扮演的公共象征的角色上，举办一系列表演活动，吸引当地居民作为演员或观众参与其中；在赋予“废墟”生命的同时，复兴它作为社会活动场所的角色。其二，将露天电影、舞蹈研修、节日活动和展览等公共活动与商业运作结合，既可获得赞助，又能将无忧宫塑造为文化吸引点。其三，设计方案中还包含了影响力建设的过程，如此一来，在影院声望提高的同时，项目策划团队还可以积累社会资本。

尽管项目在早期就已成就颇丰，但并不代表它已经取得成功，事实上，该项目的未来仍存在变数。项目的阶段性方案显示，设计师希望往日的废墟能变成包括影院和剧院在内的多功能场所。建筑师们希望游客和居民积极参与追溯和再创造无忧宫历史的过程，在他们眼中，这个不断推进的重建计划并非例行公事，而是为了帮助无忧宫赢回昔日在当地社区中的认同感。

Bremner，L.（2008）'What' s the use of architecture?'，*Domus*，912（3）：15-19.

萨莱（Sarai）

印度，新德里，1998—

www.sarai.net

萨莱位于新德里，是一个独立的社会和人文科学研究机构，隶属于社会发展研究中心（CSDS）。CSDS 和瑞克斯三人组（Raqs Media Collective）于 2001 年成立了萨莱，并将其定位为“另类的非营利机构”。在研究和实践中，萨莱对于城市（尤其是南亚城市）之间的交集部分进行了调研，他们调查了这些地区的技术和文化状况，并重点研究信息和交流政策。他们通过多种方式宣传工作成果，例如学术研究、艺术实践、出版物、公共活动和建立“媒体实验室”。他们还向印度的独立研究员提供奖学金，以资助没有其他资金来源的研究课题。萨莱自身则经由许多不同的渠道获得支持：由 CSDS 提供工作空间、印度社会科学研究院提供资金，通过与沃格社团（Waag Society）的合作项目，获取荷兰政府的赞助。

尽管萨莱的工作是与新媒体打交道，但这些工作仍与日常生活和物质现实密不可分。举例来说，他们在政策上和实践中都坚持使用免费软件。在印度的社会环境下，在他们设立“媒体实验室”的贫困地区，培训人们使用需要支付昂贵的软件授权费的专利软件并不可行。“莫哈那网络”（Cybermohalla）项目使得这些贫困地区的居民，尤其是年轻人和女性，有机会学习电脑、数码摄影、影片制作等现代科技。

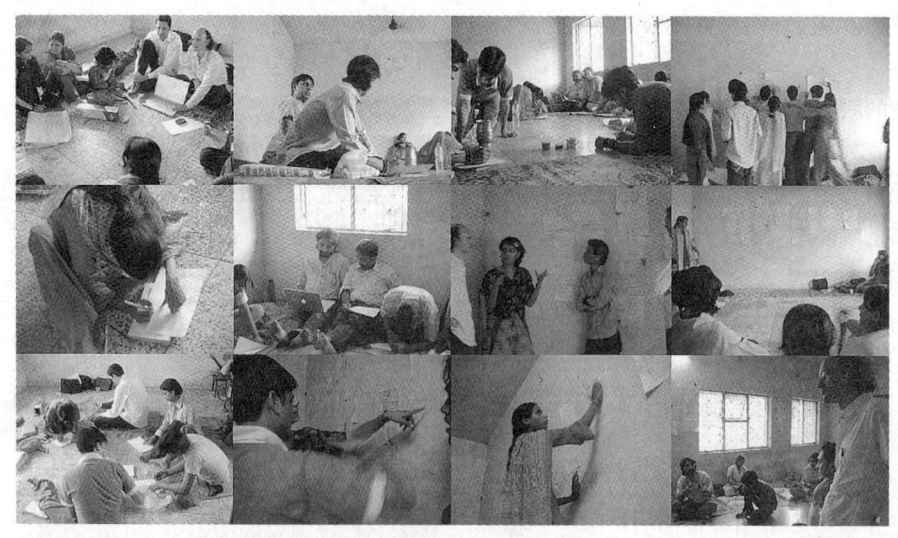

尼古拉斯·赫希（Nikolaus Hirsch），米歇尔·穆勒（Michel M ü ller）和“莫哈那网络”全体成员在位于格瓦拉的新址为未来的“莫哈那网络”中心举办第一次工作坊（新德里，2007）。摄影：Nikolaus Hirsch / Miche / Müller

萨莱与播种（Ankur）(p.95)合作推进这些地方级活动，后者是一个将教授和学习过程作为改变社会的工具的非政府组织。通过合作，萨莱和播种共同在居民参与相关研究、工作坊和项目的地区建立起了邻里空间的网络。

萨莱还策划了一系列出版物，包括每期一个特定主题的年刊《萨莱读刊》（Sarai Reader）：最近几期的主题包括“边界”、“动荡”和“日常生活的城市”；他们还发行了印地语版本的《萨莱读刊》（Deewan E Sarai），此外还有其他与研究相关的出版物。这些出版物主要面向学术界的读者，并且可以从萨莱的网站免费获取，这一点同样体现了萨莱的开放精神。

Sarai（2001-）*Sarai Readers*，New Delhi：Impress.<http：//www.sarai.net/publications/readers/>（accessed 22 May 2009）

沃尔特·西格尔（Segal，Walter）

1907—1985

www.segalselfbuild.co.uk

沃尔特·西格尔是一位著名建筑师，因设计了木框架结构自建房系统而名声远扬。西格尔设计这一系统的初衷是为他自己提供临时经济的住房解决方案，但他很快就意识到了这个系统的持久性和潜在价值：其他人也可以使用该方法建造属于他们自己的住宅。西格尔设计的模数系统最大的优点是灵活和开放，让住户可以在建造过程和未来使用中灵活发挥。这让房屋的住户兼建造者能够自主控制自己的生活环境，这种做法可以视为是对当时千篇一律、毫无个性化的住宅生产的一种批判。

1970年，在伦敦的刘易舍姆区，这一建造系统得到了采用。市政委员会向自建

使用 Segal 系统建造的住房。摄影：Chris Moxey

者提供了三块因太小而无法商用的基地。尽管对于这种情况的基地来说，自建是一种非常合适的解决方案，自建者仍然花费了五年时间与市政委员会协商才获得建设许可。在与乔恩·布鲁姆（Jon Broome）的商讨下，西格尔在该建造系统中使用了现成的、易于操作的建造材料，而且无需任何泥工作业。一旦固定完木框架、安装好服务交通核，住户就可以根据需要自行安装标准尺寸的面板。提供给自建者的文件包括基本平面、剖面和标明建造顺序的说明书。这是一个基于网格的建造系统，由螺丝将构件固定在一起，它质轻、干燥（无须泥工作业）、可拆卸，自建者可以自由对其进行修改。整个家庭能够一起建造自己的家，甚至小孩和老人也可以加入其中，所以该建造系统本身就能带来一种强烈的团结感。对很多人来说，西格尔设计的建造方法已经成为早期模范，不仅因为它的建造过程，也因为它体现了住宅设计的参与性。现在，由他首创的方法已被沃尔特·西格尔自建信托（Walter Segal Self-Build Trust）改良和推广。

197

Wharton, K.（1998）'A Man on His Own [Interview]', *Architects Journal*, 187（18）: 78-80

198

自组织运动（Self-organisation）

地方活动者往往难以动摇常规的建筑和城市规划体系，而自组织实践则为空间生产提供了另外一个可选择的体系。自组织实践渊源可溯及政治运动、音乐形式的文化产品、艺术、文学和擅自土地占用（squatting）(p.199)、自治社区等另类居住方式；所有这些都体现了人们渴望通过发展极为独立的方式来挑战既有体系。已有许多空间实践将这一诉求延伸到了建筑和城市规划领域，例如社会中心（Centri Sociali）(p.117)和克里斯提亚尼亚自由镇（the Freetown of Christiania）(p.119)。

除了作为非正式活动外，也开始有建筑师和艺术家考虑自组织行为作为正式策略的潜力：塞德里克·普莱斯（Cedric Price）(p.189)在20世纪60年代的尝试成功发挥了建筑使用者的创造力，他在某种程度上受到了倡导总体都市主义（Unitary Urbanism）的"情景主义者"（Situationists）(p.178)的影响。同一时期，自我管理建筑工作室（atelier d'architecture autogérée's）(p.105)在巴黎一个废弃地区设计了生态盒子（Ecobox）项目，该项目中居民、学生和设计师谨慎而渐进地共同合作。米兰的伊索拉艺术中心在其主体及周边街区面临拆毁更新时，同样在抵抗运动中了采用了自组织的方式。自组织策略引起了建筑师、艺术家和本地居民的关注，而由他们组成的活跃组织产出了种类繁多的作品，这些作品不仅颇具批判性，而且还提供了可选方案。

自组织运动从根本上挑战了建筑行业对控制和管理的教条式的依赖。它并非简单地建议人们参与一个已经受控的项目，而是在项目付诸实践之前，就积极培养人们对改变的渴望和需求。该运动还包括对设计过程本身的设计，使得人们有能力改变自身的生活环境，就是说让使用者不是作为外部人士参与设计流程，而是自身就作为本地化元素嵌入流程之中。自组织项目由多个领域的人士协作完成，所以项目本质上就具备互相联系的特点，因而能够直接导向空间集体生产。

位于墨尔本圣科达的 Veg-Out 社区花园，建于 1998 年。摄影：Tatjana Schneider

Hughes，J. and Sadler，S.（eds）（2000）*Non-plan：Essays on Freedom，Participation and Change in Modern Architecture and Urbanism*，Oxford：Architectural Press.

棚屋 / 贫民窟居民国际（Shack/Slum Dwellers International）

跨国机构，1996—

www.sdinet.co.za

棚屋 / 贫民窟居民国际（SDI）是一个跨国的非政府组织，成立于 1996 年。该组织当前的注册国是南非和荷兰，而组织成员的所在国则遍及非洲、亚洲和拉丁美洲大陆。该组织是一个城市贫民和流浪人群组成的“联邦”，这些人以城市或国家为单位自行组合。与第二次世界大战后各国政府对待贫困与发展问题的普遍态度不同的是，SDI 更强调穷人自助的必要性。他们开发了许多机制或称“仪式”，来推动贫困者之间的互相扶持，同时，SDI 还要求其成员必须坚持跟进这一过程。这些机制主要关注治理和领导的问题，而其中关键策略之一就是鼓励日常节省——这不仅是积累资金的方式，亦是为组织社区而作的预备。当生活在同一地区中、相似条件下时，人们的日常互动能够带来更多的语言交流，能够制造见面、讨论和动员的机会。此外，尽管 SDI 并非专门针对女性权益，但他们仍在活动中强调，女性的参与是家庭财务和住房需求倡议成功的关键。SDI 还指出，女权运动在历史上趋向于一种无党派政治运动，并影响了社会和政治层面的变革。

SDI 以人际网络的形式组织教学实践，并将成员的横向交流作为实践的基础。SDI 的成员们彼此学习经验，而不是依赖脱离实际、往往不合宜的“专家”知识。成员们组织存款小组、规范化土地所有权、改善居住基础设施，并建设创收系统和住房项目，与此同时，他们也到其他地区游历，并同那些进行相同尝试的人们会面。网络的发展增强了 SDI 的力量，使其对政府和捐助行为更具影响力；随着人数的增加，SDI 逐渐壮大，这个草根组织迅速成为一个大范围的社会运动。最近，SDI 同国际人居组织（Habitat for Humanity International）(p.100) 一起，成为了仅有的两个加入城市联盟（Cities Alliance）的非政府组织。尽管也存在批评的声音，比如有人认为他们正趋向于用新自由主义力量武装自己，进而在某种意义上成为了城市贫困者的“扩音桶”，但不可否认的是，SDI 仍然曾经在政府和政治党派无所作为的时候设法为地方运动和动员创造了空间。

Burra, S., D'Cruz, C. and Patel, S.（2001）'Slum/Shack Dwellers International（SDI）: Foundations to Treetops', *Environment and Urbanization*, 13 : 45-59.

阿卜杜马利奇·西蒙（Simone，AbdouMaliq）

阿卜杜马利奇·西蒙目前在伦敦大学金史密斯学院教授社会学，迄今为止，他曾在非洲和美国的多个大学任教。作为一名城市规划专家，他一直从事着非洲城市的研究，最近则致力于非洲东南部城市的研究。西蒙将他在两个方面的工作结合在了一起：其一是他在非政府组织中工作时的泛非洲经历，以及所做的市政府和社区设施更新项目，其二是城市文化、政治、国际关系和批评理论的研究。西蒙的研究关注现代主义理论在解读当代非西方城市现实时的不全面性。他的工作聚焦于学术研究所未及的地区，研究人们的日常经历。例如他于 2004 年出版的著作，《即将到来的城市》（For the City Yet to Come），该著作调查了很多地区的社会网络，其中包括喀麦隆的杜阿拉；塞内加尔首府达喀尔省的一个大郊区——皮金区；吉达地区的非洲共同体；以及温特韦德（Winterveld），一个位于比勒陀利亚边缘的街区。西蒙将后殖民地时代的文学及发展研究与城市设计相结合，进而提出，非洲城市应当被视为抵制错位城市规划的优秀案例，而不是规划师和政府眼中的失败城市。他的工作揭示了这些非洲城市的潜力，并指出了将其特殊资源用于促进城市规划法令和政策发展的方法。

Simone, A.（2004）*For the City Yet to Come : Changing African Life in Four Cities*, Durham : Duke University Press.

擅自土地占用（squatting）

广义上讲，擅自土地占用的定义是占用并且改变未被使用的土地或建筑。这一理念基于一种假设前提，即占用土地这一行为本身就是一种权利，超脱于法律管辖之外。在这里土地占用是一种政治行为，一种反对土地私人投机和个体收益的直接行动（Direct action）(p.140)。历史上最早的土地占用案例，是掘地者（Diggers）(p.139) 声称“土地是所有人的共同财产”并恢复公共耕地。最近的相关案例则是英国一项名为“土地属于我们（The Land is Ours）”的运动，这一运动主张通过政策改革和土地占用，让所有人都能拥有自由平等地享受国家开放空间的权利。

在南半球，土地占用与房屋产权和生存策略密不可分。棚屋 / 贫民窟居民国际(p.198) 和阿伯罕拉里·贝斯姆乔德罗（Abahali baseMjondolo）(p.89) 等城市组织正为与日俱增的非正式居所居民征求土地使用权。MST- 巴西无地工人运动（Movimento dos trabalhadores Rurais Sem Terra）是一个成立于1984年地乡村土地占用组织，该组织的目的是将荒地重新分配给最需要土地的人们，以作为他们食物和收入的来源。MST起源于巴西，通过不懈努力成为南美最大的社会运动之一。MST的土地占用活动行使了一种巴西国会规定的法律权利：让荒地发挥“更大的社会效用”。土地占用的法律地位因国家而异，根据具体情况，可能被视作占用者和法定所有者之间的内部冲突，也可能会被认定为一种违法行为。

在北半球，土地占用与意识形态斗争和人们对其他生活方式的渴望（比设置免费的文化空间和自由的政治中心）紧密联系在一起，例如意大利的社会中心（Centri Sociali）(p.117)运动和哥本哈根的克里斯提亚尼亚自由镇（the Freetown of Christiania）(p.119)运动。柏林曾是欧洲土地占用活动的中心，有着许多地方倡议组织，比如K77土地占用组织，它通过参与式和自组织的程序，花费十年的时间，把一栋不适宜居住的老建筑改造成为一个公共生活和工作的空间。而美国则有自己独特的城市房产计划（urban homesteading）现象：贫困的居民接管了存在大量荒屋的街区，翻修房屋供自己使用。城市房产计划通常是草根的奋斗，它不仅合法，而且还被部分州政府用来解决可支付住房短缺的问题。2007年的金融危机之后，美国的土地占用运动蓬勃发展，使得数以千计的荒屋被收回。正如收回土地组织（Take Back the Land）所指出，这些房屋无人居住，而被驱逐的居民却无家可归；该组织调动行动小组来使将人们安置进空屋。

在建筑领域，擅自土地占用扮演着非常重要的角色，从草根街区倡议组织，如公园构想（Park Fiction）(p.181)，到专业建筑师组织，如社区技术援助中心（CTACs）(p.128)，从科林·沃德（Colin Ward）(p.210)，一位作家兼

柏林被占用的住宅
摄影：Chris Hamley

社会活动家（他发现了英国土地使用权从掘地者到散地（Plotlanders）(p.187)的另一段历史），到许许多多的与非正式居所的居民合作并为其奋斗的人们或实践。所有这些都与擅自土地占用运动（squatting movement）(p.199)密不可分，无论作为一种求生手段还是政治行动，抑或两者兼备，土地占用的基础都是一种与主流资本主义模式截然不同的想象世界的方式。

Neuwirth，R.（2004）*Shadow Cities：A Billion Squatters，A New Urban World*，New York：Routledge.

追踪者／游牧观察家（Stalker/Osservatorio Nomade）

意大利，罗马，1994—

www.osservatorionomade.net

追踪者是指一群罗马第三大学的建筑师和研究人员，他们在20世纪90年代中期集合起来。2002年，追踪者创建了游牧观察家（ON，Osservatorio Nomade），一个由建筑师、艺术家、社会活动家和研究人员一起进行实验性工作的研究网络，致力于创建自组织的空间和场所。

追踪者组织已经形成了一种明确的城市研究方法，运用参与式方法为某地构建一种“集体想象”。他们特别发展了一种通过集体行走来“激活土地”的方法，这是一个让人类了解空间过程。追踪者在城市的“非确定”（indeterminate）空间或缝隙空间行走，这些空间一直遭到忽视，或在传统建筑实践中被当作问题空间。追踪者把自己的行走实践称作“transurbance”，并将其视为一种集体表达模式，一种用来描绘城市和城市变化的工具，以及一种收集故事、唤醒记忆和体验、将自身代入他人的工具。他们聚焦于当代城市地区的缝隙空间，并用所得信息和经验来处理城市规划问题和土地争议问题。追踪者最初在罗马郊区的台伯河的边缘运用这一方法，此后又将其用于许多其他城市，如米兰、巴黎、柏林和都灵等。

由早期步行实践至今，追踪者／游牧观察家已经发展了一种深入参与建筑的方法。因为发现建筑环境无法及时回应使用者的需求，所以他们运用精心有趣的介入方式，从社会关系入手改变空间。追踪者／游牧观察家的项目围绕边缘群体展开，他们与欧洲的罗姆人（或称吉普赛人）、库尔德人和流浪者合作。他们的项目表现出了对于边缘群体的关怀，而且还在项目过程中与他们合作。通过地图图式、实地访问、介入和参与等方式，追踪者／游牧观察家激发了创造一种愉悦的社会性空间的自组织进程。

Lang，P.（2001）‘Stalker on location’，in Franck，K. A. and Stevens，Q.（eds）*Loose Space*，New York：Routledge.

超级油轮（Supertanker）

丹麦，哥本哈根，2002—

www.supertanker.info

超级油轮地处哥本哈根，是一个由城市社会创业家（urban-social entrepreneur）组成的紧密网络，由洛斯基尔德大学的建筑师J·勃兰特（Jens Brandt）、社会学家M·弗兰德森（Martin Frandsen）、城市地理学家J·L·拉森（Jan Lilliendahl

Larsen)、流程设计师A·哈格多恩(Anders Hagedorn)和艺术家M·R·马德森(Martin Rosenkreutz Madsen)主导，该组织专攻行为研究、流程设计，并专注于城市发展的交会区域。超级油轮自成立以来一直尝试着与各种人群合作，如居民、城市开发人员、规划师、政治家、草根组织和艺术家等。该组织起源于2003年，是在反对重建哥本哈根港的政治环境下建立的一个城市内部实验室，组织意在充当公正的协调者。在接下来的两年中，他们尝试了不同的公共对话(public dialogue)方式和自组织理念，循序渐进地将目光投注于城市社区未被发现和认知的潜能。

超级油轮的工作与马福(muf)[(p.175)]类似，他们都尝试设计环境和事件来使对于空间的各种意见得到表达，并设计相关流程以听取边缘人群的呼声。他们通过组织一系列会议(2004年，2005年和2006年)和公共事件，以及在期刊发表学术论文，发展了一种开发城市荒地创造潜力和社会潜力的方法。他们的工作使得一些新方法得以产生，比如政治研讨领域的“试用期！”(Free Trial!)；市民参与方面的“城市过程”(Urban Process)；用户导向空间设计方面的“城市工坊(Urban Workshop)”；以及社会革新领域的“少数族裔设计”(Minority Design)。如今，超级油轮已经成为了一个协会和有限公司，得到社会、艺术各界和各种研究基金的资助。

Brandt, J. and others (2008) ‘Supertanker: In Search of Urbanity’, *Arq : Architectural Research Quarterly*, 12 : 173–181.

动物园团队(Team Zoo)

日本，1971—

www.zoz.co.jp

动物园团队位于日本，是一个由很多小事务所组成的合作团体，而这些事务所则由建筑师、城市规划者、家具制造师和平面设计师组成。1971年，一群东京早稻田大学的研究生以“象设计集团”(Atelier Zō)的名义成立了该组织，他们深受建筑

“试用期！”，为一个讨论克里斯提亚尼亚未来发展的会议设计，这一公共会议的概念来自法庭格局
摄影：Supertantker

师兼教育家吉阪隆正的影响，赞同后者重视区域意识和方言的想法。1978 年，该组织规模扩大，他们把自己称为动物园团队（Team Zoo），并将以动物命名组织的每一项实践。动物园团队的组织结构是日本独特环境的产物，战后日本经济高速发展，催生了一波建设热潮，要求极快的建造节奏，而这一点对于小事务所来说则难以实现。因此，这些小事务所团结在一起，以应对高要求的大规模项目，而在此期间他们又各自独立工作。其他人则没有这么幸运，东京高额的租金使得大量的个体工作者被迫迁离，这些人承担的项目主要是学校、幼儿园、社区建筑以及住宅。

动物园团队接受的大部分项目都是大型公共设施建筑级别的改建设计，原有被拆解，然后再被攒聚在一起。动物园团队同样坚持使用地方的建材和工匠；这一点通常会促使他们雇用的工匠成立新的工作坊。举例来说，海豚工作室（Atelier Iruka）在神户胁町（wakimachi）图书馆的表皮设计中，使用了传统的抹灰技术。他们为此召集了掌握濒危技艺的老工匠，并组织训练年轻学徒，确保这种技艺至少可以再传承一代。此外，他们还委托当地瓷砖工厂制造传统花鸟和龙瓷砖，让该工厂免于倒闭。另外，象设计集团是动物园团队中最为活跃的事务所，因其设计的建筑隐喻动物与该组织名字相呼应而闻名。以多摩·赛拉坎托（Domo Cerakanto）项目为例，它的造型源自一种神话中的鱼。结合此类隐喻和地方传统的建筑与日本当代建筑形成鲜明的对比，同时，动物园团队松散的组织结构保证了他们能够在竞争激烈的环境中，继续慢节奏和个性化的建筑设计方法。

Speidel，M.（ed）（1991）*Team Zoo*：*Buildings and Projects 1971-1990*，London：Thames& Hudson.

约翰·特纳（Turner，John）

www.dpu–associates.net

约翰·特纳是一位英国建筑师，其著作广泛关注住宅和社区组织。特纳在秘鲁土地占用居民点的工作中度过了性格形成期（1957—1965 年），因此他的写作内容深受这段经历的影响。在那里，特纳对大量复兴建设和贫民窟更新项目（这些项目是全国范围的社区发展动力培育的一部分）进行研究并提出建议。这一时期，秘鲁也是一系列争论房屋政策、社区发展和自助措施的活动核心。特纳的理论立场就形成于这种环境中，同时还结合了秘鲁城市理论家费尔南多·贝朗特（Fernando Bela ú nde）、佩德罗·贝尔特兰（Pedro Beltr á n）和卡洛斯·德尔加多（Carlos Delgado）的工作。

特纳的核心理论是，住宅最好由居住者提供并进行管理，而不是被国家集中管理。特纳指出，在自建房和自组织管理的住宅和社区这一领域，北半球应该多向快速发展的南半球城市学习。特纳通过大量的实际研究，为国际住居同盟（Habitat international coalition）[p.100] 出版了一本题为《建筑社区》（Building Community）的书。他明确指出与当地人共同设计的街区运作得更好，当地人熟悉自己所在的环境，因此应当被赋予“建造的自由”（freedom to build）。而“建造的自由”正是特纳一本论文集的标题。至于这种自由是国家所赋予的，还是来自擅自土地占用（squatting）(p.199)早已不再重要。在此框架下，国家以及私人咨询师（如建筑师和工程师）扮演的是推动者的角色，促进经验和地方级专业技能的落实，并将专业化形式的知识转化为可利用的知识。

特纳的主张比世界银行的"辅助自助"（aided self-help）政策（通常归功于特纳）更为激进，因为他不仅主张居民自行建造自己的住宅和街区，还倡导赋予居民经营和管理的控制权。在《建造的自由：居住者掌控住宅进程》（Freedom to Build：Dweller Control of the Housing Process）（出版于1972年）一书中，特纳罗列了这些时至今日仍然意义重大的观点。同时，欧洲也有一些让居民参与自己居住环境决策的尝试，例如20世纪60年代到20世纪70年代参与运动（participation）(p.182)的建筑师们的工作，斯堪的纳维亚的协作住房（Cohousing）(p.122)运动，英国的技术援助中心（Technical Aid Centres）(p.188)，以及沃尔特·西格尔（Walter Segal）(p.196)等建筑师的工作，此类尝试的全部潜质还有待开发。

Turner，J.（1972）*Freedom to Build：Dweller Control of the Housing Process*，New York：Macmillan.

联合国人类住区规划署（UN-Habitat）

跨国组织，1978—

www.unhabitat.org

联合国人类住区规划署是联合国（UN）的一个人类移民和定居中介机构，最初在1978年以联合国人类定居中心的名义成立，之后在2002年成为联合国的一个完整机构。该机构意在与决策者和当地社区合作，建立一种供所有人使用的庇护所。联合国人类住区规划署总部在奈洛比设有地区办事处，同时在巴西里约热内卢和日本福冈设有分部。该机构隶属于联合国大会并受其资助，机构本身是全球性的，项目遍及五大洲。它主要运营两项世界范围的运动，一个是城市管理全球运动（The Global Campaign on Urban Governance），另一个是安全的土地保有权全球运动（The Global Campaign for Secure Tenure）。该机构通过这些运动以及其他方式，聚焦于诸多问题以及由该机构促成的特殊项目。

联合国人类住区规划署和世界银行合办了一个名为城市联盟（Cities Alliance）的贫民窟翻新促进组织，致力于使住房发展政策和战略更具实效，并协助人们争取住房权，推广可持续城市，促进城市环境规划和经营，并且帮助被战争或自然灾害破坏的国家进行后冲突土地管理和重建工作。组织的其他项目则涉及水、卫生和城镇固体废弃物管理；涉及地方领导者的训练和能力建设；涉及保证妇女权利，并确保性别问题被提上城市发展和管理政策的日程；以及通过联合国人类住区规划署的安全城市计划（Safer Cities Programme）打击犯罪；还有研究和监控城市经济发展等。该机构还负责组织世界上最大的城市问题和社会公平论坛——双年世界城市论坛（World Urban Forum）。

联合国人类住区规划署在全球61个国家开展了154个技术计划和项目，大部分都位于最不发达的国家。其中一些项目就位于阿富汗、科索沃、索马里、伊拉克、卢旺达和刚果民主共和国等冲突地区。该机构的运营活动帮助政府制定一些政策和战略，以加强全国和地方自力更生管理的能力。该机构的研究部门还作出了大量影响力极高的报告。

UN-Habitat（2008）*The Challenge of Slums*，London：Earthscan.

城市触媒（Urban Catalyst）

204

德国，柏林，2001—2003

www.urbancatalyst.net

城市触媒是一个位于柏林的欧洲研究项目，在2001—2003年间探索城市地区剩余地临时利用的战略。该项目由菲利普·米塞维兹（Philipp Misselwitz）、菲利普·奥斯华尔特（Philipp Oswalt）、克劳斯·欧沃迈耶（Klaus Overmeyer）发起。城市触媒是一个跨学科的研究和公共介入平台，其目的是鼓励建筑师和规划师讨论利用城市剩余空间的方法。这些空间不在传统城市规划的管辖之内，往往由地下经济运营，因此讨论的中心通常围绕着剩余空间各种未经规划或不正式的使用方式。城市触媒将柏林作为基地，组织了一系列的事件、展览、出版物和工作坊，目的是寻找将剩余空间整合进当代城市设计的策略。城市触媒在探索一种全新的城市发展形势，即由市民而不是开发专家主导城市发展。

Studio UC and Senatsverwaltung für Stadtenwicklung Berlin（eds）（2007）*Urban Pioneers*，Berlin：Jovis Verlag 2007.

都市农业（Urban Farming）

都市农业，或称城市耕作，指的是在城市环境中种植作物和饲养牲畜。尽管小范围、地方化的食物生产（包括18世纪晚期开始在欧洲流行的个体分配）历史悠久，但是将这种农业实践同城镇的经济系统和生态系统结合却是一项新的尝试。这项尝试意味着可以将食物残渣和废水等来自城市排水管网的废物作为城市资源加以利用，同时还兼顾了一些城市问题，如土地短缺和发展压力等。

最近，古巴的例子证明了都市农业的实效性，1989年苏联解体后，都市农业就在古巴粮食安全保障中发挥着至关重要的作用。从前古巴依赖从苏联进口的化肥和农药，然而随着石油急剧减产，整个古巴，尤其是首都哈瓦那的250万人口面临着食物短缺的危险。古巴政府采取的相应措施就是鼓励各种规模的都市农业发展，既包括在私人菜园种植庄稼，也包括在国有研究园生产粮食，而最为成功的案例则是在面向公众的国有土地菜园耕作。民众菜园（huertos populares）计划从1991年开始，菜园规模从几平方米到三公顷不

罗通达·德·柯西马尔，哈瓦那，古巴。摄影：ennifer Cockrall-King

都市农业窗帘：摄影：Bohn 与 Viljoen

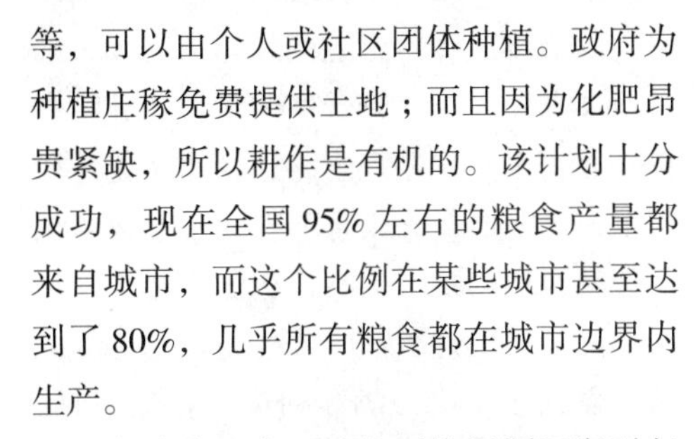

等，可以由个人或社区团体种植。政府为种植庄稼免费提供土地；而且因为化肥昂贵紧缺，所以耕作是有机的。该计划十分成功，现在全国95%左右的粮食产量都来自城市，而这个比例在某些城市甚至达到了80%，几乎所有粮食都在城市边界内生产。

在欧美国家，随着环境问题逐渐引起关注，都市农业也变得越来越流行，因为它可以减少粮食生产过程中的碳足迹，提高生物多样性，并带动当地就业。建筑师博恩（Bohn）和威伦（Viljoen）以伦敦为基地，效仿古巴的模式并将其适用于欧洲城市的景观营造计划书（landscaping proposal）。他们的“持续生产性城市景观”（Continuous Productive Urban Landscape）计划设想了一种都市农业的形式：园林从城市一直蔓延到乡村，战略性地将私人花园和公园连在一起，令这些花园不再只是单纯的装饰。博恩和威伦还认识到古巴模式是在其粮食短缺和共产主义的背景下建立的，如果要应用于欧洲的消费主义环境，首先需要改变人们的态度。他们呼吁普通人利用草坪边缘等边角空间作为游击花园（Guerrilla gardening）（p.152），但作物必须是粮食。博恩和威伦的目标是扮演自组织人或促成者的角色，在自然环境中尽可能地转变人们的态度和习惯。举例来说，他们在伦敦市中心组织了一项名为“连续郊游”（The Continuous Picnic）的活动，同时也设计工具和物品促成这样的行为，其中就包括一种在极其有限的空间中垂直种植社区农圃的技术——“都市农业幕”（Urban Agriculture Curtain）。

都市农业在英国也非常流行，但重点并不是种植庄稼，而是饲养牲畜以确保从未接触过牲畜的市中心儿童能够学习食品生产的知识。最早的案例是位于伦敦恶犬岛的穆德舒特公园和农场（Mudchute Park and Farm），成立于1977年并运营至今。项目位于19世纪60年代米尔沃尔码头硫酸泄漏所遗留的废弃地（后来成为当地居民共同珍惜的野外场所）。1974年，在此建设高层住宅的计划遭到当地反对，而由建筑师凯瑟琳·赫伦（Katharine Heron）带领的居民主张建设"人民公园"。1977年，该地成立了穆德舒特协会，来使这一地区得到保留和发展。该地区引入了牲畜和马，志愿者和志愿团体又种植了树木和植物。穆德舒特鼓励当地学校使用牧场，开始带上鲜明的教育色彩。

在城市地区生产粮食的渴望遍及全球，2006年，爱尔兰金赛尔继续教育学院的学生在可持续栽培专家罗勃·霍普金斯（Rob Hopkins）的监督下，进行了一项名为"转型镇"（Transition Town）的运动。转型镇的概念是为镇、村庄和街区等提供设备，以应对石油峰值问题带来的变化。转型镇的目标是找到一种创造性的全面方法，以解决我们对石油的过度依赖，改变能源消耗、食品生产、教育和经济习惯。而在所有计划中，本地粮食生产至关重要，因为它可以创造自给自足的社区，不依赖于粮食进口或运输而来的农村粮食。转型镇的概念已经通过互联网传播到了很多其他国家，比如英国、加拿大、美国、澳洲、智利和意大利。

Viljoen，A.（ed）（2005）*Continuous Productive Urban Landscapes：Designing Urban Agriculture for Sustainable Cities*，Oxford：Architectual Press.

瓦斯塔－希尔帕建筑事务所
（Vãstu-Shilpã Consultants）

印度，艾哈迈达巴德，1956—

www.sangath.org

1956年，印度建筑师兼规划师兼教育家柏克瑞斯·多西（Balkrishna Doshi）在艾哈迈达巴德（Ahmedabad）创立了瓦斯塔－希尔帕建筑事务所。多西是适用技术（Appropriate Technology）的代表人物之一，同时也在现代印度建筑发展、将来自东方的传统与现代建筑相结合的过程中扮演核心角色；此外，他还将现代主义与东方传统（尤其是多西钟爱的印度哲学）结合。事务所的名字取自印度教的瓦斯塔－希尔帕圣典，即印度教的自然主义设计哲学，基于一系列关于环境、宇宙、比例和取向的规则。多西将这些影响与同勒·柯布西耶和路易斯·康合作的工作经验结合在一起，来生成适宜本地气候和文化环境的建筑。多西作为教育家曾在多家教育机构任教，还创建了艾哈迈达巴德建筑和规划学院，并设计了该学院建筑。此外，多西还创建了一个致力于研究可持续设计、适用技术以及乡土建筑和城市的非营利机构——瓦斯塔－希尔帕基金会。

尽管瓦斯塔－希尔帕也承担一些私人住宅、工作室和公建设计，但是他们的住宅设计和城市设计与本书探讨的空间自组织问题更为相关。20世纪60年代，印度提出了区域工业化的政策，将该区域中新建的带家属区的工厂选址限制于城镇郊区或靠近当地村庄。在此背景下，瓦斯塔－希尔帕提出了一种将经济增长需要与传统技艺和生活方式相结合的新城镇设计方法：

他们设计了种类繁多的住宅，并为其设计预制混凝土构件、当地建材构件和雕刻艺术品等可添加构件。20 世纪 80 年代，这种模式在一个类似元素（Elemental）(p.143) 晚期作品的新城镇设计——亚兰市镇项目中得到发展，他们利用了低收入、土地占用家庭因需求而获得的潜在建构知识和自建房技术。亚兰市镇项目包括了一片 85 公顷的场地上不同收入的人群，并且为其提供了包括电力、供水和排污系统在内的基础设施。虽然部分例子中建设的是整栋的房屋，但是贫困家庭也可以有很多其他选择：只购买一块土地，或购买一块带地基的土地，或者购买一块带有建成"服务核"（包括厨房、卫生间和一个辅助用房）的土地。亚兰项目尝试建立一种贫困者可以支付的住宅模式，产权所有者可以在已有基础设施的基础上，按照自己的家庭平均收入，分期付款添加设施。

正因为瓦斯塔－希尔帕是一个隶属于设计实践的研究机构，他们才得以做出如此适合土地占用家庭需要的设计。印度政府委任他们用一段时间仔细研究此类居民点，全面了解其实体结构、社会结构和经济结构，并将其运用到设计中去。

Rybczynik，W. and Vãstu-Shilpã Foundation（1984）*How the Other Half Builds*，Montreal：McGill University.

西蒙·萨斯和马塞洛·维莱加斯（Vélez，Simón and Villegas，Marcelo）

www.marcelovillegas.com

西蒙·萨斯是一位哥伦比亚建筑师，与工匠马塞洛·维莱加斯共同工作。两人一起突破了竹建构的极限，引起了全球范围对于竹子的重视，同时也挑战了本国认

印多尔市亚兰的廉价住宅。摄影：Vãstu-Shilpã

印多尔市亚兰廉价住宅的模型。摄影：Vãstu-Shilpã

为竹子建材代表贫穷和社会边缘的认知。萨斯反对现代主义建筑潮流，这让他着手研究各种可能的使用竹子建构的方式，他尤其钟爱一种叫做瓜达（Guada）的本地竹子，因为这种竹子极为强韧。萨斯和维莱加斯通过融合乡土建筑技术，从哥伦比亚乡村开始，建造了一系列实验性建筑，随后又扩展到了世界其他地区。

207

身为建筑师和工匠，两人的紧密合作让他们得以自由实验各种建造方法，并由此带来了很多技术革新，比如为了取代无法适应竹子萎缩的传统捆绑节点，他们发明了使用螺栓固定的竹子节点系统。其他创新还包括在特定节点注入砂浆——这一做法大大提高了结构强度；以及发展更适合于他们的环境和材料的地基系统和屋顶系统。举例来说，为了增加抗风性，他们故意将屋顶做得沉重，而非使用通常的轻质屋顶做法。萨斯和维莱加斯的工作方法结合了手绘草图和全尺寸模型，而且他们总是雇用同一批训练有素的工匠，这些工匠在长年的建造实验过程中积累了丰富的知识。

萨斯和维莱加斯通过上述创新，为古老的建材注入了新的生命，并将其转变为地震频繁地带强度、稳固性和适应性最佳的材料。他们组织的定期研讨会和工作坊有助于将竹子作为一种环保廉价的生态建材推向很多发展中国家，使这些国家免于依赖进口材料和技术。萨斯和维莱加斯主要致力于建筑细部层面，这一点与谢英俊（Hsieh Ying-Chun）（p.106）不无相似，但萨斯和维莱加斯的建造方法需要更多的专业训练。而相比之下，但同样使用竹结构的艾克·普拉沃托（Eko Prawoto）（p.188）的方法更适用于自建房、尺度更小。

Vélez, S.（2000）*Grow Your Own House*：*Simon Velez and Bamboo Architecture*，Weil am Rhein：Vitra Design Museum.

墨西哥城的 2008 版临时游牧艺术馆是有史以来最大的竹结构建筑。照片来源：Simón Vélez

208

改良当地建造技术的“手工”建造方法。摄影：Construction team / BASEhabitat

海瑞歌为孟加拉迪士卡设计的学校的走廊。摄影：Katharina Doblinger

以手工艺为基础的本土设计（Vernacular and Craft-based Design）

很多年轻建筑师正在通过将本土技艺和当代设计技巧相结合的方式，来探索绿色生活和可持续建构。这类建筑实践大部分位于南半球国家的贫困地区，建筑师在那里利用当地技艺，并运用参与式的方法进行实践。这些建筑师不只是设计建筑本身，还筹集基金、调动志愿者，并组织相关开发工作。例如，建筑师弗朗西斯·凯里（Francis Kéré）(p.161)就为自己的家乡——布基纳法索的一个小镇在德国筹集基金，进行了大量建设。

桑吉夫·尚卡尔（Sanjeev Shankar）来自印度新德里，他在当地的作品将传统的手工艺和开源的包容性设计相结合。在其最近的一个项目“随机应变”[Jugaad（2008）]中，一群居民花了3个月的时间，手工用将尽一千个废弃的油罐在自己的街区建成了一个临时展馆。他的工作坊还组织了一个关于材料回收利用的讨论会，最终设计出一个由滑轮控制调整阴影的巨大顶棚。此外他还其他项目中与印度各地的手工艺人合作，使用皮革和竹子等材料，运用传统技艺做出充满现代感的设计。

安娜·海瑞歌（Anna Heringer）和艾克·罗斯瓦格（Eike Roswag）设计了孟加拉国卢德拉普拉的METI学校（于2005年建成，学校的名字意为Modern Education and Training——现代教育和训练——中译者注），而对当地材料和建构方法的运用正是该设计的出彩之处。这座建筑为孟加拉非政府组织迪士卡（Dipshika）设计，该组织通过提供更好的基础设施和就业机会来改善农村生活，减少农村人口向城市的流失。这所学校鼓励创新的、以学生为中心的教学。而且，学校在建造时还运用了当地的建构方法，以为当地人提供工作岗位。两位建筑师通过增加一道防水工序，并使用砖作为地基，改良了当地使用湿稻草和泥土的建造技术，学校的二层则使用竹子建造。海瑞歌和罗斯瓦格用4个月的时间组织了学校的建造过程，而其中只有地基是由公司建造的，其余则全部由当地人手工完成。这些当地人都经过德国专家的

209

培训，还有来自澳大利亚和孟加拉国的建筑学学生协助他们工作。

Slessor，C.（2009）'Magic carpet：Sanjeev Shanker's New Delhi art installation'. *Architectural Review*，225（1345）：82–85.

维也纳合作田园城市运动（Viennese Co-operative Garden City movement）

在经历过第一次世界大战和其后的政治经济冲击后，维也纳政府已经无力再服务于市民。住房的严重短缺迫使很多人只能住在自己建造的房屋里，在土地占用（squatted）（p.199）土地上经营少有余粮的农场。到1918年时，已有超过十万人生活在这样的处境中。1919—1923年，社会民主党对城市进行了一系列彻底的改革，包括维也纳市政府建居住区项目（Wiener Gemeindebauten）的建设，而这一项目可能是欧洲规模最大、最成功的合作房项目。项目在20世纪80年代进行了大修，这批住房最初是为工人建造的，至今仍然很受欢迎，而如今尽管住户早已变得多样化，但是他们依然保持着该社区的合作精神。基于埃比尼泽·霍华德（Ebenezer Howard）在田园城市（garden cities）（p.168）理论中提出的理念（自给自足的卫星城包围中心城市），项目设计了400个居住单元，这些单元共用幼儿园、图书馆、医疗中心、干洗店、讲习班、合作商店和运动器械等各类设施，同时还配有一定面积的自给自足的菜园。

210

项目组首先成立了一个负责管理和建设的组织——中央，阿道夫·路斯（Adolf Loos）曾担任组织的总建筑师。但事实上，项目大获成功的原因并不在于建筑设计方案，而是项目的组织结构和管理方式：建造过程包含参与式因素，大多数未来的居民都参与了建造过程，他们提供了高达建造过程总量80%的劳动力，减少了约10%–15%的开支。建造过程剔除了所有中间利益，包括供给和运输材料过程中的费用，为此项目组还成立了一个自治机构。通过使用再利用材料，建造过程几乎没有浪费任何资源，而这些关于节约的严格规定也使得项目无需募集资金。土地则由市政府以零抵押的形式，在保留土地所有权的情况下租给了该组织。

211

虽然这种合作建造和管理的形式赋予了这个社区合作精神，但同时也在住户和周边中产阶级居民间制造了矛盾。维也纳社会民主党的工作是在右翼的压力下进行的，保守的国家政府同样声称该项目不会长寿。尽管该计划最终以最低成本建出了品质优良的低收入住房，但是1930年，随着一战引起的住房和食物短缺状况有所缓解，人们开始寻求有收益的交易，社会民主党最终仍然下野了。

Blau，E.（1999）*The Architecture of Red Vienna*，1919–1934，Cambridge，MA：MIT Press.

Rotenberg，R.（1995）*Landscape and Power in Vienna*，Baltimore，MD：John Hopkins University Press.

科林·沃德（Ward，Colin）

1924—2010

科林·沃德是一位建筑师，同时也

是英国无政府主义运动的领军人物；他在英国福利系统和社会历史领域（特别是住房和规划方面）著作颇丰。1947—1960年间，他曾任无政府主义报纸《自由》的编辑一职，之后又在1961—1970年间担任《无政府主义》期刊的编辑，在他的周围，聚拢了一群作家和思想家，他们将会继续凭借自己的实力产生影响。沃德提出了“务实的无政府主义”（pragmatist anarchism）的理念，着眼于移除组织和行政管理中的权威形式，代之以基于无阶级框架的非正式和自组织机制。与其他无政府主义者不同的是，沃德认识到一个完全的无政府社会在理论上是不可能的，因为不使用武力和高压政治就不太可能达成普遍共识。因此，沃德的务实的无政府主义理念是在寻求一个“自由人社会”而非“自由社会”。

沃德著作的特色在于将关于无政府主义本质的理论探讨与实际感受（寻求可以改变现实生活状况和日常生活条件的实证结果和解决方式）相结合。其著作的关键主题之一就是推广土地占用（squatting）(p.199)、住房合作社和自建项目等形式的合作性自助策略。沃德对沃尔特·西格尔（Walter Segal）(p.196)非常推崇，并将沃尔特的自建系统视为住房、推广参与制、居民控制的方式的典范。沃德的很多晚期作品本质上是关于历史的，他在《雇工和土地占用者》(Cotter and Squatters）一书中描绘了英国土地占用这一非正式习俗的历史，其中包括掘地者（Digger）(p.139)运动，英格兰南部的散地（Plotlanders）(p.187)和威尔士的T Unnos传统（相信只要一夜之间在公有土地上建成房屋，土地就会归其所有——中译者注）——这一传统与土耳其的盖奇康都（gecekondu，土耳其语，意为在未经允许的情况下快速建造的住宅，即土地占用者的住宅，引申义也指贫民窟——中译者注）和第三世界国家的业余建造对策（amateur building tactics）(p.92)遥相呼应。沃德在其他著作中还揭示了土地分配的历史，以及儿童适应其居住环境的创造性方式。

沃德的著作对于消除成见并改变针对无政府主义的普遍观点贡献良多，同时还展示了这种理论在很多建筑相关问题上的实用性。

Ward，C.（1976）*Housing：An Anarchist Approach*，*London*：Freedom Press.

莱斯利·凯恩斯·威丝曼（Weisman，Leslie Kanes）

莱斯利·凯恩斯·威丝曼是一位女性建筑师兼教育家和社区活动家，她的工作假设建造环境是既有社会秩序的表现，也就是说，空间和基于空间的关系突出反映了社会中既有的性别、种族和阶级关系。因此，威丝曼将空间使用和挪用视作一种政治行为。此外，她的研究和教学目标是颠覆现存权利关系，建设更为公平的城市；作为一名教育家，威丝曼还强调了专业人士兼关心社会的公民在确保建设环境没有排外和歧视情况中所扮演的角色。在20世纪60—70年代女权运动的背景下，威丝曼在1974年与别人共同创立了女子规划和建筑学校（WSPA），这所学校正适应于当时在男性支配的专业领域

参与 1975 年首期 WSPA 的妇女和儿童。照片来源：Leslie Kanes Weisman

建立女性组织的大趋势。WSPA 是一所完全由女性教导女性的暑期学校，学校的教学内容和模式都远超传统方式。学校的目标是创造一种氛围，通过简单和创造性的方式来打破教师和学生间的阶级隔阂，比如通过设置一个所有人都可以补充的日程表，来让每个人都可以提议举办研讨会。威丝曼还在 1987 年与别人联合举办了“自我庇护”（Sheltering Ourselves）教育论坛——一个由住房和社区发展相关女性组成的协会。这个网络包括了建筑师、决策者、草根组织、律师以及住房合作社，网络坚持的立场是居住权应该被视为人权的一种。 211

对威丝曼来说，女性和建筑环境的关系折射了城市居民同城市的建设者和决策者的关系。她在近期著作《通过设计识别》（Discriminating by Design，于 1992 年出版）一书中首次提及了这些观点，并在《通用设计》的一段论证中对这些观点进行更新，拥护不排除包括残疾人在内的任何人的设计方式。《通用设计》与英国的女性设计服务（Women' s Design Service）（p.212）早期进行的针对女性服务的招牌和条款的工作存在诸多共鸣。

威丝曼的建筑方法一直非常注重实效，这一点使她得以在 2002 年开始政治生涯。她在长岛的南澳镇任职，担任分区规划上诉委员会的一员，该委员会是一个逐条介入规划法规的团体。她同越来越多的建筑师，如泰迪·克鲁斯（Teddy Cruz）（p.144）等人持相似观点，认为建筑学的变革与调整修改法律法规的需要密不可分。威丝曼由教育家兼活动家向政客的转变就清楚地表明了建筑学和政治之间的相关性，同时也体现了在一些情况下有必要得到掌权的地位来影响建筑学的变革，这一点在巴西库里提巴（Curitiba）（p.166）建筑师 / 市长的案例中同样得到了很好的体现。 212

Weisman，L.K.（1992）*Discriminatinn by Design：A Feminist Critique of the Man-Made Environment*，Urbana：University of Illinois Press.

《全球目录》（Whole Earth Catalog）

美国，加利福尼亚，门罗公园，1968—1972

www.wholeearth.com

《全球目录》在 1968—1972 年间定期出版，书中罗列了书籍、地图、专业刊物、露营装备、工具和机械等各种产品，还有建造方法、种植方法，还刊登了各种专业文章，话题包括机农业、资源枯竭、太阳能、回收和风能。它实际上是为那些想过自给自足生活的人们准备的一本充满各种窍门和建议的手册。今天，《全球目录》已经成为20世纪60年代末美国反文化现象的代名词。这份目录是编辑斯图尔特·布兰德（Stewart Brand）和他的合作者，数学家路易斯·詹宁斯（Lois Jennings）和平面设计师詹姆斯·伯德温（James Baldwin）的思维产物；目录在1972年前定期出版，随后又间歇出版到1998年。

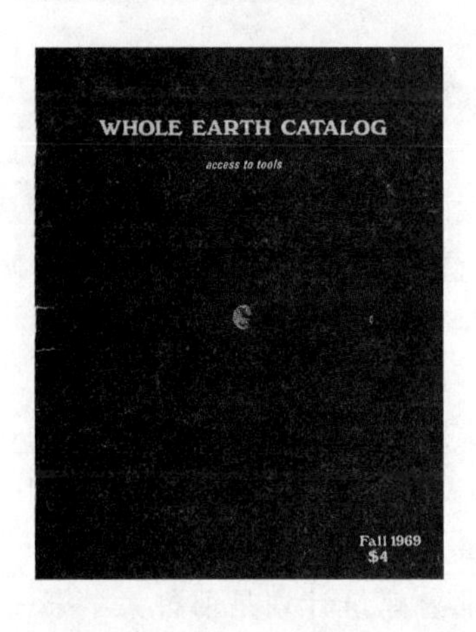

《全球目录》包含系统理论和进化主义（又称控制论学派）；它所秉持的社会整体性模型的概念性立场，其灵感来自人类学家乔格里·贝特森（Gregory Bateson）、理论家马绍尔·麦克卢汉（Marshall McLuhan）、建筑师巴克明斯特·富勒（Buckminster Fuller）[(p.96)]和数学家诺伯特·韦恩（Nobert Wiener）的作品。起初，《全球目录》的兴趣点在于公社和时事（布兰德的灵感部分来自逃离都市（Drop City）[(p.141)]（科罗拉多的乡村嬉皮士社区），随后则长期着眼于计算机和替代技术。《全球目录》力图成为一项探究为草根运动提供信息和力量，以及实现草根运动的方法的研究。《全球目录》同其姊妹组织“法拉隆研究所”（Farallones Institute）由同一个非营利教育机构——加利福尼亚门罗公园专注发展替代技术解决方案的“波托拉研究所”（Portola Institute）成立。

《全球目录》中并不售卖商品，而是作为信息库，提供零售商的详细联系方式、商品价格和便利的获得方式。它的DIY方法通过提供被称作“工具的得到方法”的信息来为门外汉提供价格参考。《全球目录》的野心很大：它是一个纸质的数据库，被描述为互联网的概念先驱，以及获取信息的大众化渠道——这一点类似于谷歌早期的更温和的野心。多年以来，《全球目录》已经演变为数种不同形式，包括《全球目录补充》（Whole Earth Supplement）、《全球目录概览》（Whole Earth Review）和《共同进化季刊》（CoEvolution Quarterly）。

Sadler, S.（2008）‘An Architecture of the Whole’, *Journal of Architectural Education*, 61（4）: 108–129.

女性设计服务（Women’s Design Service）

英国，伦敦，1984—

www.wds.org.uk

1984年，女性设计服务（WDS）在伦敦作为一个工人合作社成立，致力于为女性改善建筑环境。它的初始成员曾作为“社区建造设计”（一个社区技术援助中心Community Technical Aid Centre）[(p.128)]的一份子，在大伦敦议会（GLC）工作，他们在那里意识到了需要成立一个组织来推广妇女的兴趣。因此他们成立了一个带有鲜明女权主义色彩的组织——女性设计服务，该组织认为女性的呼声遭到了忽视，而且女性被迫在不适合她们的环境中生活和工作。

213 大伦敦议会最初创立了WDS，组织为社区团体提供咨询服务、可行性研究报告和申请基金的协助。1986年大伦敦议会的取消使组织难以获得资金，为此WDS进行了重组，并致力于建立一个女性和建筑环境相关工作的体系。组织成为了一个资源和信息中心，同时为社区项目提供初步可行性研究。这一时期，WDS产生了一些最重要的作品，比如《并不都是曲折和迂回的》（It' s not all Swings and Round-abouts）和《为了女性的便利》（At Women' s Convenience）等出版物，着眼于女性在公共场所的安全、儿童的游乐场和公共厕所缺乏等特定问题。他们的工作给英国的建筑环境带来了持续影响，例如组织的工作直接导致了法律规定必须设置婴儿换尿布设施。

在成立之初，WDS的处境朝不保夕，主要依赖政府资金和提供咨询服务所得的额外收入。而如今，该组织正参与复兴计划，代表居民的利益行动，组织延续了活动停止已久的社区技术援助中心的精神。

214

Women' s Design Service（1990）*At Women's Convenience：A Handbook on the Design of Women' s Public Toilets*，London：WDS.

Eeva Berglund（2009）*Doing Things Differently：WDS at 20*，London：WDS.

耶鲁建筑计划（Yale Building Project）

美国，康涅狄格州，纽黑文，1967—

www.architecture.yale.edu/drupal/student_work/building_project

耶鲁建筑计划是耶鲁大学第一年建筑课程的必修部分，学生们在该课程中设计并建造自己的建构。耶鲁建筑计划被视为基本计划（BaSic Initiative）、城市建造（URBANbuild）和设计工作室（Design Workshop）等设计－建造工作坊的先驱。如今，这些工作坊在美国十分流行，但是当C·摩尔（Charles Moore）在1967年发起耶鲁建筑计划时，它还是当时绝无仅有的。那时耶鲁已经具有了无经验设计－建造文化，举例来说，学生们为彼此的家庭建造住宅和滑雪小屋，摩尔则对这些活动进行了规范。项目通过在美国的一些最贫困地区进行建造活动，让学生置身于一种此前从未遇到的贫困环境。摩尔坚信建筑教育远不止于培养绘画能力，他在耶鲁担任主席期间，打破了让学生做展馆、画廊等一次性建筑物的学院派传统。取而代之的是，他将注意力放在日常使用上，关注如何设计物美价廉的住宅。尽管摩尔本人对项目至关重要，但是他的视野是植根于20世纪60年代的政策的，同时学生们期望获得对于一种与社会相关的建筑形式，因此学生们本身就具有很强的能力，在识别很多项目的早期场地和社区上发挥了作用。

多年来，耶鲁建筑计划的基础教学模式基本保持不变：学生们首先独立工作，然后以组为单位，经过与居民的磋商，根据给定的简介进行设计。随后在该学年中，客户和导师评判方案，最终选出一个设计，由学生们合作完成详细绘图和建造过程。学生们分为若干组，每组负责项目的一个特定方面，导师负责提供建议。该计划自启动以来包括了各种项目，从早期阿巴拉契亚（Appalachia）乡下的社区建筑物，到20世纪80年代更为现代的展馆建筑（有限预算的产物），再到近期与仁人家园（Habitat for Humanity）和社区住房服务（Neighbourhood Housing Services）等住房组织合作的项目。而且，学生所画的图的类型和本质也在演变，从第一栋建筑的基础草图发展到了今天的全套图纸。

耶鲁所发展的教学方法抛弃了纯粹的学院教育体系，转而追求基于动手实践的学习模式。学生负责建造过程并学习协作工作，共同作出决策（尽管过程往往混乱而艰难）。这些学生、使用者和其他当事人始终强调共有知识，并作为一个集体实践而非现代主义观念中的独立建筑师，来学习建筑协调和设计的必要技巧。

Hayes，R. w.（2007）*The Yale Building Project：The First 40 Years*，New Haven：Yale University Press.

精选文献

本书中每一个案例的关键词索引都直接在文中每一个词条的后面说明了，如果您还需要得知更多信息请移步我们的网站。次一级的关键词解释在每一章后面的尾注说明里。以下是一个精选版本的文献目录，收录了最有用的关于空间自组织的著作期刊。

An Architektur，‘An Architektur. Produktion und Gebrauch gebauter Umwelt’，An Architektur，20002

“建筑”这份期刊由成立于柏林的同名团体创办，从2002年开始成为所有关注建筑环境营造的批判性分析领域的人们最具综合性的资源。

Brian Anson，*I'll fight for it!：behind the struggle for Covent Garden*（London：Cape，1981）

本书记录了大量有关于伦敦考文特花园地区的建筑与住宅规划的争论。本书一直给学生和关注推广社区建设的人以启发。

John Chase，Margaret Crawford and John Kalishi，*Everyday Urbanism*（Monacelli Press，1999）

本书是少量几本关于西方城市设计并将人们的关注点引向每日的场景中的书之一，并且展示了亨利·勒菲弗的学说（法国著名的马克思主义理论家“存在主义的马克思主义”的代表人物，是城市社会学理论的重要奠基人。——中译者注）是如何在城市中得以应用的。

The Dictionary of Alternatives：Utopianism and Organization，ed. By Martin Parker，Valerie Fournier and Patrick Reedy（London：Zed Books Ltd，2007）.

一个非常好的积极的城市规划实践方向的集锦，一部分与空间自组织理念重合。

Paulo Freire，*Pedagogy of the Oppressed*，trans. Myra Bergman Ramos（London：Sheed and Ward，1972）.

这是批判教育学的奠基性著作，弗雷勒在本书中探究了学生、老师和社会之间的关系，并着重强调了教育在挑战压迫中所扮演的角色。

Anthony Giddens，*The Constitution of Society：Outline of the Theory of Structuration*（Berkeley：University of California Press，1984）.

本书以及其他金顿在70年代和80年代写出的书对于自组织概念的成型都具有十分重要的影响。

Robert Good man，*After the planners*（Harmondsworth：Penguin Books，1972）

本书是对建筑与城市规划行业的一个挑衅的质疑，该书主张这些团体不应该以它们自身为终结，而应当转而服务于那些使用他们创造的建筑物和空间的民众。

Félix Guattari，*The Three Ecologies*，trans. Ian Pindar and Paul Sutton（London：Athlone Press，2000）

在本书中加塔利（Guattari）论述了他对与智慧、社会、和环境相关联的“生存智慧”的概念。（来自于深生态学的概念，相对于将人类与自然二元对立的浅生态学。深生态主义者认为，一旦体认到自然的整一性和个体的关系性，便会具有一种“生态智慧”，译者注）这是一本非常实用的简介，让我们可以了解伽塔利的行动主义政治观点以及他如何试图在上述三方面之间建立起横向联系的。

Henri Lefebvre，*A Critique of Everyday life*，3 vols（London：Verso，1991–2008）

这三部曲是1968年巴黎学生运动和情境主义者的精神来源。（情境主义是二战后欧洲非常重要的一个社会文化思潮，是对战后在法国以及其他西方世界伴随消费主义而出现的资本主义社会新的现代化的统治形式的集中批判，直接影响了欧洲现当代先锋艺术和激进哲学话语权。译者注）全面深刻的论述了资本主义和消费主义社会和自然的背离。

Making space. Women and the Man-Made Environment，*ed.* By Matrix（London：Pluto Press，1984）.

这本书除了给我们提供女性看待世界的视角外，还是扮演了一个非常重要的提醒者的角色，告诉我们空间的创造并不是两性平等的。

Karl Marx，*Capital*：*A Critical of Political Economy*. Volume|Book One：The Process of Production of Capital，1887.

资本论是有史以来影响最大最畅销的书之一。这本书是对资本主义的批判性分析，但尽管它阐述了资本主义和其生成空间的相关性，但它一般不会出现在建筑学的图书馆里。马克思的伟大还在于他对“理论实践”的定义——革命性的、辨证思维的行动，这是解读本书的关键，同样也是空间自组织定义的灵感来源。

Samuel Mockbee，‘*The Rural Studio*’，in *The Everyday and Architecture*，ed. By Jeremy Till and Sarah Wigglesworth（London：Academy Editions，1998）. *Reprinted in Constructing a New Agenda*：*Architectural Theory 1993-2009*，ed. By A. Krista Sykes（Princeton：Princeton Architectural Press，2010），107–115.

本书是对重新思考建筑师职能和社会责任的一个短小却充满激情的情愿。无论对学生、教师还是建筑师都充满了启发性，尤其是同时参阅莫科比创立的郊野设计事务所的方案时。

Non-Plan：*Essays on Freedom*，*Participation and Change in Modern Architecture and Urbanism*，ed. By Jonathan Hughes and Simon Sadler（Architectural Press，1999）.

本书收集的论文都源于塞德里克・普莱斯（Cedric Price）和其他几个人共同创作的同名文章。它对规划和建筑环境的重新定义开启了一个新的里程。

John Turner，*Housing by People*（London：Marion Boyars，1976）

本书和先前已经停印的《建筑的自由》是特纳对建筑和环境会被其使用者真正塑造这个观点的渐入佳境的阐述。在拉丁美洲的实践经历使他的宣言赋予空间自组织同其所处的背景环境之间的关联新的含义。

致 谢

本书承蒙英国艺术与人类研究委员会研究奖金资助，我们非常感谢他们所给予的支持，没有这种支持，我们肯定无法完成这项浩大的研究工程。我们需要对建筑设计学院（An Architektur）表达感谢，他们在2006年组织了反对性建筑交流营活动，为我们提供了一个在这个项目开始之前就可以对其进行展示的机会。在早期我们邀请组成了一个督导小组，他们自始至终提供了大量的建议，并随时供我们征询至关重要的意见，因此我们也要向该小组的成员表达我们由衷的感谢：Tom Bolton，Julia Dwyer，Andreas Lang 和 John Worthington。其他一些人，比如来自马福团体的 Liza Fior，来自流体组织（fluid）Steve McAdam 和 Christina Norton，Nigel Coates，Markus Miessen，Kathrin Böhm 以及来自公共事务（public works）团体的安德烈斯·朗，来自 AOC 组织的 Geoff Shearcroft 和 Daisy Froud，还有 Jane Rendell，他们在前几个月里同我们一同对这个项目进行讨论，并帮助我们发展相关的概念。这一项目还包括了很多伴之而来的活动，所有这些活动都帮助我们形成了文中的讨论。首先是于2007年在谢菲尔德举办的“交替的思潮”专题研讨会，之后是2008年由谢菲尔德大学建筑学院的自组织研究小组 Cristina Cerulli，Prue Chiles，Florian Kossak，Doina Petrescu，Tatjana Schneider，Renata Tyszczuk，Jeremy Till，Stephen Walker 和 Sarah Wigglesworth 主办的 AHRA（建筑人文科学研究协会，Architectural Humanities Research Association）年会，最后还有我们组织的名为“变化中的实践”2009年度英国皇家建筑师学会（RIBA）研究专题研讨会。我们需要感谢所有参加上述活动的参与者们，以及那些帮助组织这些活动的人们，此外还有皇家建筑师协会的研究委员会成员和机构职员，尤其要感谢 Sebastian Macmillan，Keith Snook 与 Bethany Winning。我们还要对谢菲尔德大学建筑学院的同学们表达感激之情，没有他们的努力，前两项活动不会如此成功。他们还组织采访，积极的投入讨论之中，并且通过他们的作品不断地探讨“作为一名建筑师意味着什么”这一问题的边界。那些在2007/2008年度接受杰里米和塔雅娜召集，参加“柔性理论实践”（SoftPraxis）设计课程的同学们，他们非常愉快的对我们的一些想法以及建筑学的教育环境等问题进行了实验。

基于空间自组织的精神思想，这整部书的编纂应该说就是一项充满协作性的事业，我们要对那些帮助我们填补重要地理性缺失的朋友们表达感谢。这些人中包括 Matthew Barac，（他也非常慷慨的为我们撰写了一部分入选案例内容），Axel Beccera，Jose Manuel Catedra Castillo，Esther Charlesworth，Lu Feng，Paul Jenkins，Yara Sharif，还有 Sam Vardy，（他也参与撰写了一项入选案例）。Adam Dainow 帮助我们编辑了大量的照片素材。

我们还非常感激在整个项目过程中我们的出版商 Routledge 给予我们的支持，尤其是建筑专案编辑 Francesca Ford，还有 Laura Williamson。对于这本书籍出版计划提出的建议和意见既是令人鼓舞的同时也是具有很高指导价值的，因此我们非常感谢那些认真为我们书写评审意见的人们，尤其是 Murray Fraser，他放弃了自己的匿名权，这样我们就可以围绕它所提出的重要问题进行深入的探讨。与塔雅娜与杰里米前一本书《灵活的住房》一样，同平面设计师 Ben Weaver 的合作令人愉悦，他非常出色地将他的设计风格融入每一个项目之中。本项目的成功同样还要归功于网站，目前该网站已经收到了难以计数的点击率，这很大一部分要感谢来自实用艺术组织的 Dorian Moore 对网站的设计，他使网站及简单人性化又内容充实。

当然如果没有本书所记述活动的参与者——空间自组体们——的积极参与这个项目和这本书都是不可能完成的任务，同时我们要为这里每一个人回复我们问题以及索取图片时的慷慨态度向他们深深地致敬。那些提供帮助的人们的名字在单独的篇幅中列出，这里我们向他们所有人表示感谢。

最后，在个人层面，尼尚想要感谢 Phil Langley 和 Doina Petrescu，他们一直陪在身边并提供帮助和建议。塔雅娜希望感谢 Florian kossak，感谢他从未间断的提供批判性意见，还有 Sander，在每一次活动中他都不厌其烦的同我们共同工作，并且在如此年轻的年级便同我们一起进行教学和参与评论。对于上述两人，塔雅娜想说；“无尽的感谢”杰里米承蒙 Sarah Wigglesworth 的支持，并表达感谢，她早已融入对于这个主题的漫长讨论之中，因为她自己也扮演了一名空间自组体的角色。

我们还要感谢以下个人、组织和团体，他们积极地回应了我们的要求并提供了图片：Abahlali baseMjondolo，Riwaq 的 Nazmi Al-Jubeh，Samuel Alcázar，An Architektur，ArchNet 和 Aga Khan 文化信托机构的 William O' Reilly，Jersey Devil 的 Steve Badanes 以及华盛顿大学建筑环境学院视觉资源收藏机构的 Joshua polansky，Raumlabor 的 Markus Bader，MOM（Morar de Outras Maneiras）的 Ana Baula Baltazar 和 Silke Kapp，Ursula Biemann，Peter Blundell Jones，Bohn and Viljoen 的 Katrin Bohn，Findhorn 的 Carin Bolles，John Bosma，http：//www.flickr.com/photos/155262666@n05/4178972681/，Supertanker 的 Jens Brandt，Josef Bray-Ali，南纬 26' 10 建筑师事务所的 Lindsay Bremner，David Anthony Brown，Paul Bruins，Centre for Alternative Technology 的 Kim Bryan，Kéré Architecuture 的 Claudia Buhmann，Bureau d'é tudes，www.spiralseed.co.uk 的 Graham Burnett，加州大学伯克利艺术美术馆与太平洋影像档案的 Stephanie Cannizzo 和 Genevieve Cottraux，马福建筑艺术团体的 Claire Carroll 和 Liza Fior，Craig Chamberlain，Andrew Clayton，Nelson Clemente，Jennifer Cockrall-King，The Center for Land Use Interpretation 的 Mathew Coolidge，Planning Action 的 Deborah Cowen，Luciano DeSouza，

Crimson 的 Ewout Dorman 和 Michelle Provoost，Matrix 的 Julia Dwyer，来自隆巴德－弗雷德项目的 Jessica Eisenthal，Sarah Ernst，来自“土地是我们的”团体的 Simon Fairlie，Dome Village 的 Ronda Flanzbaum，Sarai 的 Iram Ghufran，Graham Gifford，Dennis Gilbert，Cay Green，Mess Hall 的 Justin Goh 和 Rozalinda，Lisbet Harboe，Arif Hasan，John Hill，Nikolaus Hirsch，Baupiloten 的 Susanne Hofmann 和 Iliana Rieger，Chora 的 Janna Hohn，00：/ 团队的 Sarah Hollingworth，Earthship Biotecture 的 Kirsten Jacobsen，来自“一个小项目”团队和鲍尔州立大学的 Wes Janz，Canadian Centre for Architecture 的 Daria Der Kaloustian，Soleri Archives 的 Hanne Sue Kirsch，Florian Kossak，Lacaton & Vassal 的 Anne Lacaton，public works 的 Andreas Lang，Melaine Lefeuvre，www.flickr.com/photos/citesouvrieres，EcoLogical Solutions 的 Max Lindegger 和 Robin Harpley，Ant Farm 的 Chip Lord，Kieran Lynam，Yvonne Magener，Carol McGuigan，University of Vermont 的 Anthony Mclnnis，ThinkArchitecture 的 Helge Mooshammer 和 Peter Mörtenböck，Chris Moxey，Elemental 的 Víctor Oddó，Noero Wolff Architects 的 Lauren Oliver，atelier d’architecture autogérée 的 Doina Petrescu，Sylwia Piechowska，Marjetica Potrč，Eko Prawoto，Adaptive Action 项目的 Jean-François Prost，Lee Pruett，Ortner & Ortner Baukunst 的 Beate Quaschning，Asiye eTafuleni 的 Tasmi Quazi，Michael Rakowitz，Center for Urban Pedagogy 的 Damon Rich 和 Rosten Woo，Clark Richert，Santo Rizzuto，Rodrigo，Orangi Pilot 项目研究与培训机构的 Amir Saifee，Bauhäusle 的 Daniela Schaffart，City Mine（d）的 Jim Segers，William Sherlaw，Patrick Skingley，Planners Network 的 Sarah Smith，Olaf Sobczak，JulianStallabrass，“占领”活动的 Helen Stratford 和 Katie Lloyd Thomas，威斯敏斯特大学英语系语言和文化研究所的 Stefan Szczelkun，Ocean Arks International 的 John Todd，Uomi，Vãstu-Shilpã Foundation 的 Joseph Varughese，Simón Vélez，Rural Studio 的 Danny Wicke，Tom Wooley，Tony Wrench，Jan Zimmermann。

索　引

（注：词条后为原书页码，中译本排在正文切口侧）

B

C

D

E

M

N

O

P

R

S

T

U

V

W

Y

Z